先进制造设备

主　编　白雪宁　林　希
副主编　李　莉

U0234865

北京理工大学出版社
BEIJING INSTITUTE OF TECHNOLOGY PRESS

内 容 简 介

本书是国家级 A 档"双高专业群"建设专业"机械制造与自动化"建设成果,也是国家精品建设专业"机械设计与制造"的核心教材之一。本书主要包括机床及机床传动基础知识,通用机床的组成、工艺范围及传动,数控机床的工作原理、刀具及其主要组成,车铣复合加工中心,柔性制造技术,以及工业机器人等内容。本书注重讲清基本理论,加强适用性,凸显"项目驱动,任务导向"的特色。书中每个教学项目都有工作页,并有参考答案,同时,教材还配有在线开放课、PPT 课件及相关的课程视频等教学资源,以供教学或自学使用。

本书可作为高等院校、高职院校机械类专业及其相关专业的教材,也可作为成人教育相关专业的教材,还可供有关工程技术人员参考。

图书在版编目(CIP)数据

先进制造设备 / 白雪宁,林希主编. -- 北京:北京理工大学出版社,2023.5

ISBN 978 - 7 - 5763 - 2335 - 1

Ⅰ.①先… Ⅱ.①白… ②林… Ⅲ.①机械设备

Ⅳ.①TB4

中国国家版本馆 CIP 数据核字(2023)第 078921 号

出版发行 / 北京理工大学出版社有限责任公司

社　　址 / 北京市海淀区中关村南大街 5 号

邮　　编 / 100081

电　　话 / (010)68914775(总编室)

　　　　　(010)82562903(教材售后服务热线)

　　　　　(010)68944723(其他图书服务热线)

网　　址 / http://www.bitpress.com.cn

经　　销 / 全国各地新华书店

印　　刷 / 唐山富达印务有限公司

开　　本 / 787 毫米 × 1092 毫米　1/16

印　　张 / 17

字　　数 / 366 千字

版　　次 / 2023 年 5 月第 1 版　2023 年 5 月第 1 次印刷

定　　价 / 79.00 元

责任编辑 / 多海鹏

文案编辑 / 多海鹏

责任校对 / 周瑞红

责任印制 / 李志强

前　　言

本书是国家级 A 档"双高专业群"建设专业"机械制造与自动化"建设成果，也是国家精品建设专业"机械设计与制造"的核心教材之一。

本书是依据机械设计与制造类专业教学指导委员会专家审定的编写大纲，参考机械加工类职业资格标准，并在大量企业调查与分析研究的基础上，充分融合了企业对高技能人才所需的知识、能力和素质要求，按照项目化教学体例编写而成的。

本书基于二十大报告中关于"深入实施人才强国战略，坚持尊重劳动、尊重知识、尊重人才、尊重创造"的要求，充分体现高等职业技术教育培养技术技能型人才的培养目标，深度融合"立德树人、德技双修"的教育教学理念，着重培养学生解决生产实际技术问题的能力。书中内容共分八个教学项目，主要包括机床及机床传动基础知识，通用机床的组成、工艺范围及传动，数控机床的工作原理、刀具及主要组成，车铣复合加工中心，柔性制造技术，以及工业机器人等内容。本教材有配套的在线开放课程（网址：https://coursehome.zhihuishu.com/courseHome/1000069872/171423/19#teachTeam），每个教学项目下均配有工作页、答案、PPT 课件及相关的课程视频等教学资源，以供教学或自学使用。

本书由陕西工业职业技术学院白雪宁、林希担任主编，河北科技工程职业技术大学李莉担任副主编，陕西工业职业技术学院朱航科、陶静、吴玉文参与了编写。具体分工如下：白雪宁编写导论、项目六，林希编写项目一、项目四、项目八，李莉编写项目二，朱航科编写项目三、附录，吴玉文编写项目五，陶静编写项目七，全书由白雪宁、林希统稿。

本书由陕西科技大学机电工程学院二级教授、博士生导师董继先担任主审，在编写过程中，对教材内容选取、职教特色体现、任务导向等方面提出了许多宝贵意见，在此深表谢意！同时，本书在编写过程中还得到了相关院校和部门有关人员的大力支持，在此一并表示衷心感谢！

由于编者水平所限，加之时间仓促，疏漏和不足之处在所难免，恳请广大读者批评指正。

编　者

目　录

导论　走进机床世界

知识目标

(1) 学习金属切削机床的发展简史与分类方法；

(2) 掌握金属切削机床型号的编制方法；

(3) 认识工业机器人。

技能目标

(1) 清楚金属切削机床在我国国民经济中的地位；

(2) 会通过机床的型号识别机床。

素养目标

(1) 形成爱岗敬业、吃苦耐劳的职业习惯；

(2) 培养学生奋斗、坚持和担当的素质。

任务引入

任务描述：在机械加工车间里，面对各种各样的机床，大家是如何辨识的？

相关知识链接

中国是制造大国，但还不是制造强国。目前，我国制造业的持续发展面临诸多问题，要实现由制造大国向制造强国的转变，加快发展先进制造业势在必行。工业转型升级规划首先需要大力发展先进制造装备，先进制造设备包括各式先进的机床、工业机器人和自动化生产线等。

一、金属切削机床在装备制造业中的地位

金属切削机床是用刀具切削的方法将金属毛坯加工成机器零件的机器，它是制造机器的机器，所以又称为"工作母机"，习惯上简称为机床。机床是装备制造的基础工具之一，其

技术水平的高低、质量的好坏，对机械产品的生产率和经济效益都有重要的影响。机床诞生到现在已经有一百多年的历史，随着工业化的发展，机床品种越来越多，技术也越来越复杂。从 1949 年中华人民共和国成立以来，中国的机床工业逐步发展壮大，迄今已走过了 70 多年。机床工业是实现工业化的基础装备行业，其重要性与战略意义关系到国民经济的长期发展和国家的繁荣富强，对于行业今后的科学发展至关重要。

机床是现代工业生产不可或缺的重要生产工具，同时也是一门复杂的应用技术。在机床的设计制造、加工工艺和实际使用中，既包括各种基础理论（刚度、热变形、振动、精度等），又有大量应用技术（布局、传动、控制等），它是人类科技知识与实际生产经验相互融合的结晶。

二、金属切削机床发展简史

机床是人类在长期生产实践中不断改进生产工具的基础上产生的，并随着社会生产的发展和科学技术的进步而渐趋完善。最原始的机床是木制的，所有运动都由人力或畜力驱动，主要用于加工木料、石料和陶瓷制品的泥坯，它们实际上并不是完整意义上的机器。现代意义上的用于加工金属机械零件的机床，是在 18 世纪中叶才逐步发展起来的。

18 世纪末，蒸汽机的出现提供了新型的能源，使生产技术发生了革命性的变化，在加工过程中逐渐产生了专业分工，出现了多种类型的机床。1770 年前后出现了镗削气缸内孔用的镗床，1797 年出现了带有机动刀架的车床。到 19 世纪末，车床、钻床、镗床、刨床、拉床、铣床、磨床和齿轮加工机床等基本类型的机床先后出现。20 世纪以来，齿轮变速箱的出现，使机床的结构和性能发生了根本性的变化。同时，由于高速钢和硬质合金等新型刀具材料的相继出现，刀具切削性能不断提高，促使机床沿着提高主轴转速、加大驱动功率和增强结构刚度的方向发展。与此同时，由于电动机、齿轮、轴承、电气和液压等技术有了很大的发展，使机床的传动、结构和控制等方面也得到了相应的改进，加工精度和生产率显著提高。此外，为了满足机械制造业日益广阔的使用要求，机床的品种也日益增多，如各种自动化机床、精密机床以及特种加工机床，等等。20 世纪 50 年代，在综合应用电子技术、检测技术、计算机技术、自动控制和机床设计等多个领域最新成就的基础上发展起来的数字控制机床，使机床自动化进入了一个崭新的阶段。

未来机床技术发展的主要方向：2022 年美国芝加哥国际制造技术（机床）展览会（IMTS2022）展示了国际机床行业最新技术动态和发展趋势。IMTS 展览会展示了高技术数控机床、数控系统，以及最新科技和生产方式，并突出展示了未来机床的发展趋势。

1）高精度

高速、高精与多轴加工成为数控机床的主流，纳米控制已经成为高速、高精加工的潮流。目前机床加工的尺寸精度已经达到微米级，加工的形位精度甚至达到了亚微米级和深亚微米级，并采用温度、振动误差补偿等技术，提高了数控机床的几何精度和运动精度等。目前，普通数控机床的加工精度可达 5 ~ 10 μm，精密级加工中心的精度可达 1 ~ 1.5 μm，超精密加工中心的精度可达纳米级。图0-1所示为机床加工精度的提高情况。现在提到的高精度，是指表面粗糙度、形位精度和尺寸精度间的相互协调，例如尺寸精度在微米级，形位精度为亚微米级，则表面精度在纳米级左右，而且还要保障工件表层结构的品质。同时，机床的高精度相应地也对控制系统、位置测量/反馈以及数控系统与伺服控制的匹配等提出了新的要求。

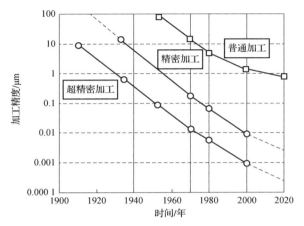

图0-1　机床加工精度的提高情况

2）高效率

20世纪后期，机床的生产率约提高了5倍，主要通过全面提高金属切除率和数字化制造技术等途径加以实现。随着刀具材料和机床结构的发展，各国应用新的机床运动学理论和先进的驱动技术，优化机床结构，提高功能部件性能，轻量化移动型部件，减少运动摩擦。高速加工技术的应用缩短了切削时间和辅助时间，实现了加工制造的高质量和高效率，同时从单一的高速切削发展至全面高速化，并借助柔性制造技术（FMS）和信息化生产管理技术，不仅缩短了切削时间，同时辅助时间和技术准备时间也大大降低。

3）复合化

由于复杂零件的加工要求越来越高，目前越来越多的复杂零件采用复合机床进行综合加工，以避免加工过程中反复装夹带来的误差，提高加工精度，缩短加工周期。复合机床是在原有的基础上集成其他加工工艺组合而成的，多为复合数控机床和复合加工中心。目前应用最多的是以车削、铣削为基础的复合加工机床，除此之外还有以磨削为基础的磨头回转式（或可换式）复合加工机床，以及集激光加工、冲压、热处理等各种工艺于一体的复合加工机床。未来的复合加工机床将结合数控技术、软件技术、信息技术、可靠性技术的发展，向构件集约化、结构紧凑化、配置模块化和部件商品化方向发展。

4）智能化

智能化是指工作过程智能化，即利用计算机将信息、网络等智能化技术有机结合，对数控机床进行全方位的监控。其内容包括数控系统中的各个方面，如智能化地提高驱动性能及使用连接方便，智能化地提高加工效率和加工质量，智能化地操作，以及自动编程、人机界面、智能诊断、智能监控，等等。数控加工智能化制造的关键是测控—加工——体化技术。同时，机床及机器人的集成应用日趋普及，且结构形式多样，应用范围扩大，运动速度高，多传感器融合技术、功能智能控制、多机器人协同慢慢普及。

5）绿色化

"绿色机床"的核心概念即减少对能源的消耗。我们期望绿色机床应该具备的特征有：机床主要零部件由再生材料制造；机床的重量和体积减少 50% 以上；通过减轻移动部件质量、降低空运转功率等措施使功率消耗减少 30%～40%；使用过程中的各种废弃物减少 50%～60%，保证基本没有污染的工作环境；报废机床的材料接近 100% 可回收。

总的来说，我国机床行业现在正高速发展，从产值来看，已经位于世界前列，如我国的沈阳机床厂和大连机床厂位于世界机床企业前十五强。但从类型上来说，我国取得主要发展进步的为中、低档机床，而高档机床市场则主要被国外占领。中国机床工业的设计、制造、使用、创新能力，尚处于低、中档水平。当今的中国机床，功能部件、控制系统、刀具和测量，在精度、可靠性、稳定性、耐用性上，与国外先进水平差距仍然存在。

面对这种差距，我们应以"新型工业化"建设制造业强国为目标，以新一代信息技术、人工智能、科技创新为指引，在"互联网＋"的基础上，以制造业数字化、网络化、智能化为核心，深入开展机床基础理论研究，加强工艺试验探究，努力掌握新技术，把握这个历史机遇，推动我国机床技术的革新与发展。

三、金属切削机床的分类

金属切削机床的品种和规格繁多，为便于区别、使用和管理，国家制定了标准对机床进行分类和编制型号。机床的传统分类方法主要是按加工性质和所用刀具进行分类，因此，机床分为 11 大类，即车床、钻床、镗床、磨床、齿轮加工机床、螺纹加工机床、铣床、刨插床、拉床、锯床和其他机床。在每一类机床中，又按工艺范围、布局型式和结构性能分为若干组，每一组又分为若干个系（系列）。

除了上述基本分类方法外，还有其他分类方法。

1. 按照万能性程度

1）通用机床

工艺范围很宽，可完成多种类型零件不同工序的加工，如卧式车床、万能外圆磨床及摇臂钻床等。

2）专门化机床

工艺范围较窄，它是为加工某种零件或某种工序而专门设计和制造的，如铲齿车床、丝杠铣床等。

3）专用机床

工艺范围最窄，它一般是为某特定零件的特定工序而设计制造的，如大量生产的汽车零件所用的各种钻、镗组合机床。

2. 按照机床的工作精度

普通精度机床、精密机床和高精度机床。

3. 按照重量和尺寸

仪表机床、中型机床（一般机床）、大型机床（质量大于 10 t）、重型机床（质量在 30 t 以上）和超重型机床（质量在 100 t 以上）。

4. 按照机床主要器官的数目

单轴、多轴、单刀、多刀机床等。

5. 按照自动化程度不同

普通、半自动和自动机床。自动机床具有完整的自动工作循环，包括自动装卸工件，能够连续地自动加工出工件。半自动机床也有完整的自动工作循环，但装卸工件还需人工完成，因此不能连续地进行加工。

6. 按控制方式

普通机床和数控机床。

四、金属切削机床型号编制方法

机床的型号必须反映机床的类型、特性、组别、主要参数及重大改进等。根据 GB/T 15375—2008《金属切削机床型号编制方法》规定，我国的机床型号由汉语拼音字母和阿拉伯数字按一定规律组合而成，主要分为通用机床和专用机床等。

1. 通用机床型号

机床型号由基本部分和辅助部分组成，中间用"／"隔开，读作"之"。前者需统一管理，后者纳入型号与否由企业自定。通用机床型号的构成如图 0-2 所示。

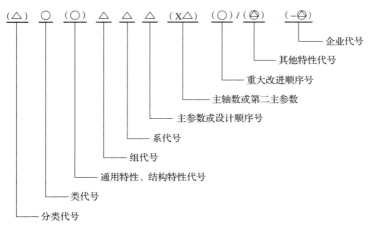

图 0-2　通用机床型号的构成

注：有"（）"的代号或数字，当无内容时，则不表示。若有内容，则不带括号。

有"○"符号者为大写的汉语拼音字母。

有"△"符号者为阿拉伯数字。

有"◎"符号者为大写的汉语拼音字母，或阿拉伯数字，或两者兼有之。

1）机床的分类及类代号

机床，按其工作原理可划分为车床、钻床、镗床、磨床、齿轮加工机床、螺纹加工机床、铣床、刨插床、拉床、锯床和其他机床共11类。

机床的类代号，用大写的汉语拼音字母表示，必要时，每类可分为若干分类。分类代号在类代号之前，作为型号的首位，并用阿拉伯数字表示。第一分类代号的"1"省略，第二、三分类代号的"2""3"则应予以表示。机床的类代号，按其相对应的汉字字意读音，例如，铣床类代号"X"，读作"铣"。机床的类别、分类代号及读音见表0-1。

表0-1 机床的类别、分类代号及读音

类别	车床	钻床	镗床	磨床			齿轮加工机床	螺纹加工机床	铣床	刨插床	拉床	锯床	其他机床
代号	C	Z	T	M	2M	3M	Y	S	X	B	L	G	Q
读音	车	钻	镗	磨	二磨	三磨	牙	丝	铣	刨	拉	割	其

2）通用特性代号、结构特性代号

这两种特性代号用大写的汉语拼音字母表示，位于类代号之后。

（1）通用特性代号。

通用特性代号有统一的固定含义，它在各类机床的型号中表示的意义相同。当某类型机床，除有普通型外，还有下列某种通用特性时，则在类代号之后加通用特性代号予以区分。如果某类型机床仅有某种通用特性，而无普通形式，则通用特性不予表示。当在一个型号中需同时使用2~3个通用特性代号时，一般按重要程度排列顺序。通用特性代号按其相应的汉字字意读音。机床的通用特性、代号及读音见表0-2。

表0-2 机床的通用特性、代号及读音

通用特性	高精度	精密	自动	半自动	数控	加工中心	仿形	轻型	加重型	简式或经济型	柔性加工单元	数显	高速
代号	G	M	Z	B	K	H	F	Q	C	J	R	X	S
读音	高	密	自	半	控	换	仿	轻	重	简	柔	显	速

（2）结构特性代号。

对主参数值相同而结构、性能不同的机床，在型号中加结构特性代号予以区分。根据各类机床的具体情况，对某些结构特性代号可以赋予一定含义。但结构特性代号与通用特性代号不同，它在型号中没有统一的含义，只在同类机床中起到区分机床结构和性能的作用。当型号中有通用特性代号时，结构特性代号应排在通用特性代号之后。结构特性代号用汉语拼音字母（通用特性代号已用的字母和"I、O"两个字母不能用）表示，当单个字母不够用时，可将两个字母组合起来使用，如 AD、AE、…，或 DA、EA、…。

3）机床组、系的划分原则及其代号

（1）机床组、系的划分原则。

根据 GB/T 15375—2008《金属切削机床型号编制方法》规定，将每类机床划分为十个组，每个组又划分为十个系（系列）。组、系划分的原则如下：在同一类机床中，主要布局或使用范围基本相同的机床，即为同一组；在同一组机床中，其主参数及主要结构和布局形式相同的机床，即为同一系。

（2）机床组、系的代号。

机床的组，用一位阿拉伯数字表示，位于类代号或通用特性代号、结构特性代号之后。

机床的系，用一位阿拉伯数字表示，位于组代号之后。

4）主参数的表示方法

主参数是表示机床规格大小及反映机床最大工作能力的一种参数，是以机床最大加工尺寸或与此有关的机床部件尺寸的折算系数表示，位于系代号之后。

各种型号的机床，其主参数的折算系数也不同。一般来说，对于以最大棒料直径为主参数的自动车床、以最大钻孔直径为主参数的钻床、以额定拉力为主参数的拉床，其折算系数为 1；对于以床身上最大工件回转直径为主参数的卧式车床、以最大工件直径为主参数的绝大多数齿轮加工机床、以工作台工作面宽度为主参数的卧式和立式铣床、绝大多数镗床和磨床，其折算系数为 1/10；大型的立式车床、龙门刨床和龙门铣床的主参数折算系数为 1/100。

5）通用机床的设计顺序号

某些通用机床，当无法用一个主参数表示时，则在型号中用设计顺序号表示。设计顺序号由 1 起始，当设计顺序号小于 10 时，由 01 开始编号。

6）主轴数和第二主参数的表示方法

（1）主轴数的表示方法。

对于多轴车床、多轴钻床、排式钻床等机床，其主轴数应以实际数值列入型号，置于主参数之后，用"×"分开，读作"乘"。单轴可省略，不予表示。

2）第二主参数的表示方法

第二主参数（多轴机床的主轴数除外）一般不予表示，如有特殊情况需在型号中表示，应按一定手续审批。在型号中表示的第二主参数，一般以折算成两位数为宜，最多不超过三位数。以长度、深度、跨距、行程值等表示的，其折算系数为 1/100；以直径、宽度值等表示的，其折算系数为 1/10；以厚度、最大模数值等表示的，其折算系数为 1。若折算值大于1，则取整数；若折算值小于 1，则取小数点后第一位数，并在前面加"0"。

7）机床的重大改进顺序号

当机床的结构、性能有更高的要求，并需按新产品重新设计、试制和鉴定时，才按改进的先后顺序选用 A、B、C 等汉语拼音字母（但"I、O"两个字母不得选用），加在型号基本部分的尾部，以区别原机床型号。

重大改进设计不同于完全的新设计，它是在原有机床的基础上进行改进设计，因此，重大改进后的产品与原型号的产品是一种取代关系。

凡属局部的小改进，或增减某些附件、测量装置及改变装夹工件的方法等，因对原机床的结构、性能没有做重大的改变，故不属于重大改进，其型号不变。

8）其他特性代号及其表示方法

其他特性代号置于辅助部分之首，其中同一型号机床的变型代号，一般应放在其他特性代号的首位。其他特性代号主要用于反映各类机床的特性，如：对于数控机床，可用来反映不同的控制系统等；对于加工中心，可用于反映控制系统、自动交换主轴头、自动交换工作台等；对于柔性加工单元，可用于反映自动交换主轴箱；对于一机多能机床，可用于补充表示某些功能；对于一般机床，可用于反映同一型号机床的变型等。

其他特性代号，可用汉语拼音字母（"I、O"两个字母除外）表示。当单个字母不够用时，可将两个字母组合起来使用，如：AB、A、AD，或 BA、CA、DA 等；也可用阿拉伯数字表示；还可用阿拉伯数字和汉语拼音字母组合表示。用汉语拼音字母读音，如有需要，也可用相对应的汉字字意读音。

9）企业代号及其表示方法

企业代号，包括机床生产厂及机床研究单位代号，置于辅助部分之尾部，用"－"分开，读作"至"；若在辅助部分中仅有企业代号，则不加"－"。

例 0－1 说明机床型号 MM7132A 的含义，如图 0－3 所示。

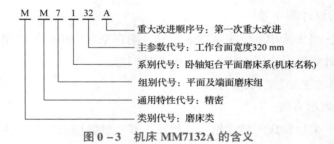

图 0－3 机床 MM7132A 的含义

例 0－2 说明机床型号 Z3040×16/DH 的含义，如图 0－4 所示。

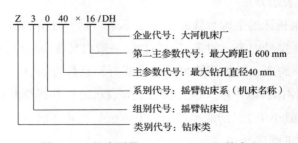

图 0－4 机床型号 Z3040×16/DH 的含义

2. 数控机床型号

以前，数控机床一般按机床种类＋K（数控）＋技术参数表示，如 CK6136（数控车）、

XK（数控铣）、XH714（立式加工中心）等，等级一般按 M（精密）或 G（高精密）等。

现在，数控机床编号一般是机床厂家自己规定，例如 VMC850B 为立式加工中心，V 在前面表示立式，M 表示机械 machine，C 表示中心 center。MC – HV40（卧加），H 一般表示卧式，V 在后面一般表示无极变速；MC – V50（立加）。每个企业的编号是不一样的，国外一般也这样编号。

五、金属切削机床的技术规格

某种型号的机床，除了主参数和第二主参数外，还有一些反映机床性能的技术参数，这些技术参数主要包括尺寸参数、运动参数及动力参数。尺寸参数反映了机床能加工零件的尺寸范围及与附件的联系尺寸，如卧式车床的顶尖距、主轴内孔锥度，摇臂钻床的摇臂升降距离、主轴行程等。运动参数反映了机床执行件的运动速度，如主轴的转速范围、刀架或工作台的进给量范围等。动力参数多指电动机功率及某些机床主轴的最大允许转矩等。

了解机床的主要技术参数，对于正确使用和合理选用机床具有重大意义。例如根据工艺要求，确定切削用量后，就应按照机床所能提供的功率及运动参数，选择合适的机型。又如在设计夹具时，应充分考虑机床的尺寸参数，以免夹具不能正确安装或发生运动干涉。机床的各种主要技术参数可从机床说明书中查出。

六、初始工业机器人

工业机器人是一种自动化的机器，所不同的是这种机器具备一些与人或生物相似的智能能力，如感知能力、规划能力、动作能力和协同能力，是一种具有高度灵活性的自动化机器。通常工业机器人的动作受控制器控制，该控制器运行由用户根据作业性质所编写的某种类型的程序完成。因此，如果程序改变了，机器人的动作就会发生相应改变。

相比于传统的工业设备，工业机器人有众多的优势，比如机器人具有易用性、智能化水平高、生产效率及安全性高、易于管理且经济效益显著等特点，使得它们可以在高危环境下进行作业。

1. 机器人的易用性

在我国，工业机器人广泛应用于制造业，不仅仅应用于汽车制造业，大到航天飞机的生产及军用装备、高铁的开发，小到圆珠笔的生产都有广泛的应用，并且已经从较为成熟的行业延伸到食品、医疗等领域。由于机器人技术发展迅速，与传统工业设备相比，不仅产品的价格差距越来越小，而且产品的个性化程度高，因此在一些工艺复杂的产品制造过程中，可以让工业机器人替代传统设备，这样就可以在很大程度上提高经济效率。根据数据统计显示，从 2016 年到 2017 年，全球工业机器人的总销量已经从 29.4 万台突破到 34.6 万台，可见工业机器人应用范围之广。

2. 智能化水平高

随着计算机控制技术的不断进步，工业机器人将逐渐能够"明白"人类的语言，同时工业机器人可以完成产品的组件，这样就可以让工人免除复杂的操作。工业生产中焊接机器人系统不仅能实现空间焊缝的自动实时跟踪，还能实现焊接参数的在线调整和焊缝质量的实时控制，可以满足技术产品复杂的焊接工艺及其焊接质量、效率的要求。另外随着人类探索空间的扩展，在极端环境如太空、深水以及核环境下，工业机器人也能利用其智能将任务顺利完成。

3. 生产效率及安全性高

机械手，顾名思义，即通过仿照人类的手型而生产出来的机械，它生产一件产品的耗时是固定的，同样的生存周期内，使用机械手的产量也是固定的，不会忽高忽低，并且每一模的产品生产时间是固定化，产品的成品率也高，故使用机器人生产更符合企业的利益。

工厂采用工业机器人生产，可以解决很多安全生产方面的问题。对于由于个人原因，如不熟悉工作流程、工作疏忽、疲劳工作等导致的安全生产隐患，基本都可以避免了。

4. 易于管理，经济效益显著

企业可以很清晰地知道自己每天的生产量，根据自己所能够达到的产能去接收订单和生产商品，而不会去盲目预估产量或是生产过多产品产生浪费的现象。而工厂每天对工业机器人的管理，也会比管理员工简单得多。

工业机器人可以 24 小时循环工作，能够做到生产线的最大产量，并且无须给予加班的工时费用。对于企业来说，还能够避免员工长期高强度工作后产生的疲劳、生病带来的请假等误工的情况。生产线换用工业机器人生产后，企业生产只需要留下少数能够操作、维护工业机器人的员工对工业机器人进行维护作业就可以了，经济效益非常显著。

工作页

任务描述：在机械加工车间里，面对各种各样的机床，大家是如何进行辨识的？

工作目标：能依据机床型号确定机床类型、特性、结构、主要参数及重大改进顺序等。

工作准备：

1. 金属切削机床是制造机器的机器，所以又称为"_____"。

2. 现代意义上的用于加工金属机械零件的机床，是在_____才逐步发展起来的。

3. 目前机床加工的尺寸精度已经达到_____级，加工的形位精度达到了_____级。

4. 从单一的高速切削发展至全面高速化，借助_____技术和_____技术，不仅缩短了切削时间，同时辅助时间和技术准备时间也大大降低。

5. 目前应用最多的是以_____、_____为基础的复合加工机床，除此之外还有以磨削为基础的_____复合加工机床。

工作实施：

说明下列机床型号的含义：

CM6132、X5032、T4163B、XK5040、B2021A、MGB1432、Y3150E、Z3040。

工作提高：

1. 阐述未来机床发展的主要方向。

2. 在使用和选用机床之前，了解机床的主要技术规格有什么意义。

工作反思：

名人简介

卢秉恒，机械制造与自动化专家，中国工程院院士。

卢秉恒，安徽亳州人，1986 年获西安交通大学工学博士学位，现任西安交通大学教授、西安交通大学先进制造技术研究所所长、教育部 RP&M 工程中心负责人，曾任国家自然科学基金委员会工程与材料学部专家咨询委员会委员。

自 1993 年以来，在国内率先开始光固化快速成形制造系统的研究，开发出具有国际首创的紫外光快速成形机及具有国际先进水平的机、光、电一体化快速制造设备和专用材料，形成了一套国内领先的产品快速开发系统，其中 5 种设备、3 类材料已形成产业化生产。该系统大大缩短了机电产品的开发周期，对提高我国制造业竞争能力及迎接入关挑战起到了重要作用。"九五"期间，主持及参加了国家"九五"重点科技攻关项目、863 计划及国家自然科学基金等项目共 9 项。"十五"期间主持国家重点科技项目、国家自然科学基金重点项目以及教育部快速成形制造技术工程中心和快速制造与装备国家工程研究中心建设等项目。

卢秉恒是一位在工厂一线工作过十余载的熟练工，也是中国增材制造技术的奠基人，被誉为中国 3D 打印之父。他始终坚持瞄准世界科技前沿，服务国家重大战略需求，在高档数控机床、增材制造、微纳制造、生物制造等领域取得了一系列引领性成就。

卢秉恒认为："制造技术创新，不但需要理论素养，更需要工程实践能力与坚持的韧性。"他说"论文不只要写在纸上，更要写在产品上，写在装备上。"他带学生就要求两点：要有新思路，自己动手干。学生在学校学课程、做课题，到企业做工程实践，还要到国外大学进修，甚至到外企工作。这种"知行合一"的创新教育理念值得学习。

卢院士对年轻人有着很多的关爱与期许，他说："人生中，有许多选择，可以听取家人、朋友多方意见，但最后的抉择是要自己作出的。往往需要有走自己路的勇气，通过无悔的努力，实现自己的价值。"

"做一流学问，创顶尖技术"，这是卢秉恒创建的先进制造技术研究所的座右铭，而他自己的座右铭则是"走自己的路，让别人去说吧！"

项目一 分析传动系统

知识目标

(1) 学习机床加工零件表面的成形方法;

(2) 掌握机床加工零件所需的运动。

技能目标

(1) 具有分析加工零件表面成形方法的能力;

(2) 能判断简单成形运动和复合成形运动。

素养目标

(1) 培养学生严谨、专注的工匠精神;

(2) 激发学生的求知欲。

任务引入

任务描述:在 CA6140 型车床上车外圆或车螺纹,需要哪些运动?这些运动之间有没有联系?

相关知识链接

一、机床加工零件表面的成形方法

机械零件的形状有很多,但主要由平面、圆柱面、圆锥面及各种成形面所组成。这些基本形状的表面都属于线性表面,均可在机床上加工,并能保证所需的精度要求。

从几何学的观点看,任何一种线性表面,都是由一条母线沿着另一条导线运动而形成的。如图 1-1 所示，平面可看作是由一根直线（母线）沿着另一根直线（导线）运动而形成 [见图 1-1（a）]；圆柱面和圆锥面可看作是由一根直线（母线）沿着一个圆（导线）运动而形成 [见图 1-1（b）和 1-1（c）]；普通螺纹的螺旋面是由"Λ"形线（母线）沿螺旋线（导线）运动而形成 [见图 1-1（d）]；直齿圆柱齿轮的渐开线齿廓表面是由渐开线（母线）沿直线（导线）运动而形成 [见图 1-1（e）] 等。形成表面的母线和导线统称为发生线。

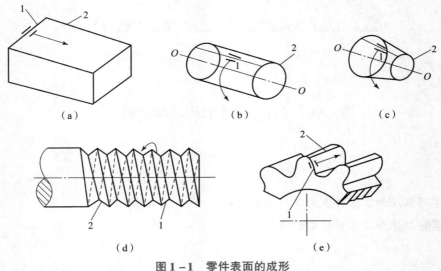

图 1-1　零件表面的成形

1—母线；2—导线

由图 1-1 可以看出，有些表面，其母线和导线可以互换，如平面、圆柱面和直齿圆柱齿轮的渐开线齿廓表面等，称为可逆表面；而另一些表面，其母线和导线不可互换，如圆锥面和螺旋面等，称为不可逆表面。切削加工中发生线是由刀具的切削刃和工件的相对运动形成的，由于使用的刀具切削刃形状和采取的加工方法不同，故形成发生线的方法与所需的运动也不同，归纳为以下 4 种。

1. 轨迹法

轨迹法是利用尖头车刀、刨刀等刀具做一定规律的轨迹运动，从而对工件进行加工的方法。切削刃与被加工表面为点接触，发生线为接触点的轨迹线。在图 1-2（a）中，母线 A_1（直线）和导线 A_2（曲线）均由刨刀的轨迹运动形成。采用轨迹法形成发生线，需要一个独立的运动。

2. 成形法

成形法是利用成形刀具对工件进行加工的方法。切削刃的形状和长度与所需形成的发生线（母线）完全重合。在图 1-2（b）中，曲线形的母线由成形刨刀的切削刃直接形成，直线形的导线则由轨迹法形成。

3. 相切法

相切法是利用刀具边旋转边做轨迹运动对工件进行加工的方法。如图 1-2（c）所示，采用铣刀或砂轮等旋转刀具加工时，在垂直于刀具旋转轴线的截面内，切削刃可看作是点，当切削点绕着刀具轴线做旋转运动 B_1，同时刀具轴线沿着发生线的等距线做轨迹运动 A_2 时，切削点运动轨迹的包络线便是所需的发生线。为了用相切法得到发生线，需要两个成形运动，即刀具的旋转运动和刀具中心按一定规律的运动。

4. 展成法

展成法是利用工件和刀具做展成切削运动进行加工的方法。切削加工时，刀具与工件按确定的运动关系做相对运动（展成运动或称范成运动），切削刃与被加工表面相切（点接触），切削刃各瞬时位置的包络线便是所需的发生线。如图 1 – 2（d）所示，用齿条形插齿刀加工圆柱齿轮，刀具沿箭头 A_1 方向所做的直线运动形成直线形母线（轨迹法），而工件的旋转运动 B_{21} 和直线运动 A_{22}，使刀具能不断地对工件进行切削，其切削刃的一系列瞬时位置的包络线便是所需要的渐开线形导线 [见图 1 – 2（e）]，用展成法形成发生线需要一个成形运动（展成运动）。

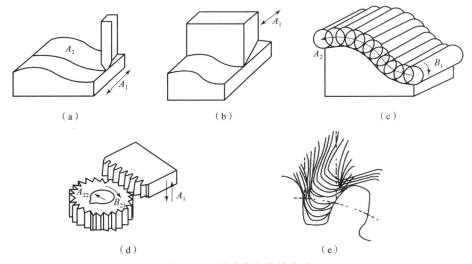

（a）　　　　　　　（b）　　　　　　　（c）

（d）　　　　　　　（e）

图 1 – 2　形成发生线的方法

二、机床运动

由上述可知，在机床上为了获得所需的工件表面形状，必须形成一定形状的发生线（母线和导线）。除成形法外，发生线的形成都是靠刀具和工件做相对运动实现的，这种运动称为表面成形运动。此外，还有多种辅助运动。

1. 表面成形运动

切削加工时，刀具和工件必须做一定的相对运动，以去除毛坯上的多余金属，形成一定形状、尺寸和质量的表面，从而获得所需的机械零件。刀具和工件之间的这种形成加工表面的运动叫作表面成形运动，简称成形运动。

表面成形运动按其组成情况进行分类，可分为简单成形运动和复合成形运动两种。

如果一个独立的成形运动是由单独的旋转运动或直线运动构成的，则此成形运动称为简单成形运动。如用尖头车刀车削外圆柱面时［见图 1-3（a）］，工件的旋转运动 B_1 和刀具的直线运动 A_2 就是两个简单成形运动；用砂轮磨削外圆柱面时［见图 1-3（b）］，砂轮和工件的旋转运动 B_1、B_2 以及工件的直线移动 A_3，也都是简单成形运动。

如果一个独立的成形运动是由两个或两个以上的旋转运动或（和）直线运动，按照某种确定的运动关系组合而成，则称此成形运动为复合成形运动。如车削螺纹时［见图 1-3（c）］，形成螺旋形发生线所需的刀具和工件之间的相对螺旋轨迹运动，为简化机床结构和较易保证精度，通常将其分解为工件的等速旋转运动 B_{11} 和刀具的等速直线移动 A_{12}，B_{11} 和 A_{12} 不能彼此独立，它们之间必须保持严格的运动关系，即工件每转一转时，刀具直线移动的距离应等于螺纹的导程，即 B_{11} 和 A_{12} 这两个单元运动组成一个复合运动。用轨迹法车回转体成形面时［见图 1-3（d）］，尖头车刀的曲线轨迹运动通常由相互垂直坐标方向上、有严格速比关系的两个直线运动 A_{21} 和 A_{22} 来实现，A_{21} 和 A_{22} 也组成一个复合运动。上述复合运动组成部分符号中的下标，第一位数字表示成形的序号（第一个、第二个、……成形运动），第二位数字表示同一个复合运动中单元运动的序号。如图 1-3（d）所示，B_1 为第一个成形运动，即简单成形运动；A_{21} 和 A_{22} 分别为第二个成形运动（复合运动）的第一和第二个运动单元。

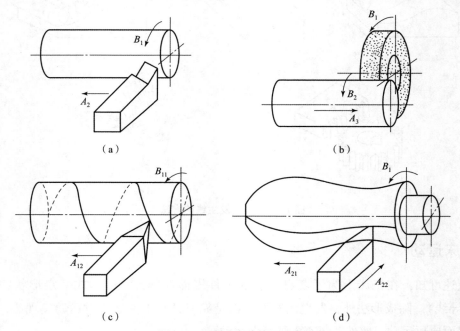

（a）　　　　　　　　　　（b）

（c）　　　　　　　　　　（d）

图 1-3　成形运动的组成图

此外，根据切削过程中所起作用的不同，成形运动又可分为主运动和进给运动。

1）主运动

直接切除毛坯上的多余金属使之变成切屑的运动，称为主运动。主运动速度高，要消耗机床大部分的动力。如车床工件的旋转、铣床刀具的旋转、镗床刀具的旋转、龙门刨床工件随工作台的直线运动等都是主运动。

2）进给运动

不断地将被切金属投入切削，以逐渐切出整个工件表面的运动称为进给运动。进给运动的速度低，消耗动力很少。车床刀具相对于工件做纵向直线移动、卧式铣床工作台带动工件相对于铣刀做纵向直线移动及外圆磨床工件相对于砂轮做旋转（称圆周进给运动）和纵向直线往复移动等都是进给运动。

任何一台机床，必定有且通常只有一个主运动，但进给运动可能有一个或多个，也可能没有，如拉床没有进给运动。

2. 辅助运动

机床在加工过程中除了完成成形运动外，还有一些为实现机床切削过程的辅助动作而必须进行的辅助运动，该运动不直接参与切削运动，但为表面成形创造了条件，是不可缺少的。它的种类很多，一般包括：

1）切入运动

刀具相对工件切入一定深度，以保证工件达到要求的尺寸。

2）分度运动

多工位工作台和刀架等的周期转位或移位以及多头螺纹的车削等。

3）调位运动

加工开始前机床有关部件的移位，以调整刀具和工件之间的正确相对位置。

4）各种空行程运动

切削前后刀具或工件的快速趋近和退回运动，开车、停车、变速或变向等控制运动，装卸、夹紧或松开工件的运动等。

工作页

任务描述：在 CA6140 车床上车外圆或车螺纹，需要哪些运动？这些运动之间有没有联系？

工作目标：了解表面成形方法以及形成加工表面时所需的运动。

工作准备：

1. 切削加工中发生线是由_____和_____得到的。

2. _____和_____之间的这种形成加工表面的运动叫作表面成形运动，简称成形运动。表面成形运动按其组成情况进行分类，可分为_____运动和_____运动两种。

3. 直接切除毛坯上的多余金属使之变成切屑的运动，称为_____。不断地将被切金属投入切削，以逐渐切出整个工件表面的运动称为_____。

4. 辅助运动包括_____、_____、_____和各种空行程运动。

工作实施：

指出在车床上车削外圆锥面、车削端面、钻孔时所需要的表面成形运动。

工作提高：

画简图表示用下列方法加工所需表面时，需要哪些成形运动？其中哪些是简单运动？哪些是复合运动？

（1）用尖头车刀纵、横向同时进给车削外圆锥面。

（2）用钻头钻孔。

（3）用成形铣刀铣削直齿圆柱齿轮。

工作反思：

任务 1.2　机床传动链分析

知识目标

（1）掌握机床传动及常用机械传动装置；

（2）了解机床运动联系和传动原理图。

技能目标

（1）能根据使用场合选择合适的传动形式；

（2）具有正确分析机床传动链的能力。

素养目标

（1）培养批判性思维的能力；

（2）锻炼设计思维。

任务引入

任务描述：请问同学们知道的机床的传动装置有哪些？各自适用于哪种场合？

相关知识链接

一、机床传动及常用机械传动装置

1. 机床传动

机床的传动机构指的是传递运动和动力的机构，简称机床的传动。

1）机床传动组成

机床加工过程中所需的各种运动，是通过运动源、传动装置和执行件以一定的规律所组成的传动链来实现的。其中：

（1）运动源是给执行件提供动力和运动的装置，常采用电动机。

（2）执行件是执行机床工作的部件，如主轴、刀架、工作台等。执行件用于安装刀具或工件，并直接带动其完成一定的运动形式和保证准确的运动轨迹。

（3）传动装置是传递动力和运动的装置，它最终把运动源的动力和运动传给执行件。同时，传动装置还需完成变速、变向和改变运动形式等任务，以使执行件获得所需的运动速度、运动方向和运动形式。

2）机床传动装置

传动装置一般包括机械、液压、气压、电气传动及以上几种传动方式的联合传动等。

（1）机械传动，即利用齿轮、传动带、离合器和丝杠螺母等机械元件传递运动和动力。

这种传动形式工作可靠、维修方便，目前机床上应用最广。

（2）液压传动，即以油液作介质，通过泵、阀和液压缸等液压元件传递运动和动力。这种传动形式结构简单、运动比较平稳，易于在较大范围内实现无级变速，便于实现频繁的换向和自动防止过载，容易实现自动化等，故其较多用于直线运动，在磨床、组合机床及液压刨床等机床上应用较多。但是，由于油液有一定的可压缩性，并有泄漏现象，所以液压传动不适于做定比传动。

（3）电气传动，即利用电能通过电气装置传递运动和动力。这种传动方式的电气系统比较复杂，成本较高。在大型、重型机床上较多应用直流电动机、发电机组；在数字控制机床上，常用机械传动与步进电动机或电液脉冲电动机与伺服电动机等联合传动，用以实现机床的无级变速。电气传动容易实现自动控制。

（4）气压传动，即以空气作介质，通过气动元件传递运动和动力。这种传动形式的主要特点是动作迅速，易于获得高转速及实现自动化，但其运动平稳性较差，驱动力较小，主要用于机床的某些辅助运动（如夹紧工件等）及小型机床的进给运动传动中。

2. 常用机械传动装置

机械传动装置分为无级变速传动装置和分级变速传动装置，由于无级变速传动装置的变速范围小，零件制造精度要求很高，经济性较差，一般不常采用，而多数以液压和电气的无级变速来代替。而在通用机床中用得较多的是分级变速机械传动装置，下面着重介绍几种常用的机械传动装置。

1）定比传动副

定比传动副包括齿轮副、皮带轮副、齿轮齿条副、蜗杆蜗轮副和丝杠螺母副等。它们的共同特点是传动比固定不变，而齿轮齿条副和丝杠螺母副还可以将旋转运动转变为直线运动。

2）变速传动装置

变速传动装置是实现机床分级变速的基本机构，常用的有以下四种。

（1）滑移齿轮变速机构。如图1-4（a）所示，轴Ⅰ上装有三个固定齿轮 Z_1、Z_2、Z_3，三联滑移齿轮块 Z_1'、Z_2'、Z_3' 制成一体，并以花键与轴Ⅱ连接，当轴Ⅰ分别处于左、中、右三个不同的啮合工作位置时，使传动比不同的齿轮副 Z_1/Z_1'、Z_2/Z_2'、Z_3/Z_3' 依次啮合工作。此时，如轴Ⅰ只有一种转速，则轴Ⅱ可得三种不同的转速。除此之外，机床上常用的还有双联、多联滑移齿轮变速机构。滑移齿轮变速机构结构紧凑、传动效率高、变速方便、能传递很大的动力，但不能在运转过程中变速，多用于机床的主体运动中，其他运动也有采用。

三联滑移齿轮

（2）离合器变速机构。如图1-4（b）所示，轴Ⅰ上装有两个固定齿轮 Z_1 和 Z_2，它们分别与空套在轴Ⅱ上的齿轮 Z_1' 和 Z_2' 相啮合。端面齿离合器 M 通过花键与轴Ⅱ相连。当离合器 M 向左或向右移动时，可分别与 Z_1' 和 Z_2' 的端面齿相啮合，从而将轴Ⅰ的运动由 Z_1/Z_1' 或 Z_2/Z_2' 的不同传动比传给轴Ⅱ。由于 Z_1/Z_1' 和 Z_2/Z_2' 的传动比不同，故当轴Ⅰ的转速不变时，轴Ⅱ可得到两种不同转速。离合器变速机构变速方便，变速时齿轮无须移动，故常用于斜齿圆柱齿轮传动中，使传动平稳。另外，如将端面齿离合器换成摩擦片式离合器，则可使变速机构在运转过程中变速。但这种变速使各对齿轮经常处于啮合状态，磨损较大，传动效率低。端面齿离合器主要用于重型机床以及采用斜齿圆柱齿轮传动的变速机构中，摩擦片式离合器常用于自动、半自动机床中。

（3）挂轮变速机构。挂轮变速机构有一对挂轮［见图1-4（c）］和两对挂轮［见图1-4（d）］两种形式。一对挂轮的变速机构比较简单，只要在固定中心距的轴Ⅰ和轴Ⅱ上装上传动比不同，但齿数和相同的齿轮副A和B，即可由轴Ⅰ的一种转速，使轴Ⅱ得到不同的转速。两对挂轮的变速机构需要有一个可以绕轴Ⅱ摆动的挂轮架，中间轴在挂轮架上可做径向调整移动，并用螺栓紧固在任何径向位置上。挂轮a用键与主动轴Ⅰ相连，挂轮d用键与从动轴Ⅱ相连，而b、c挂轮通过一个套筒空套在中间轴上。当调整中间轴的径向位置使c、d挂轮正确啮合之后，则可摆动挂轮架使b轮与a轮也处于正确的啮合位置。因此，改变不同齿数的挂轮，则能起到变速的作用。挂轮变速机构可使变速机构简单、紧凑，但变速调整费时。一对挂轮的变速机构刚性好，多用于主体运动中；两对挂轮的变速机构由于装在挂轮架上的中间轴，刚度较差，故一般只用于进给运动以及要求保持准确运动关系的齿轮加工机床、自动和半自动车床的传动中。

（4）带轮变速机构。如图1-4（e）所示，在传动轴Ⅰ和Ⅱ上，分别装有塔形带轮1和3，当轴Ⅰ转速一定时，只要改变传动带2的位置，即可得到三种不同的带轮直径比，从而使轴Ⅱ得到三种不同转速。带轮机构通常采用平带或V带传动，其特点是结构简单，运转平稳，但变速不方便，尺寸较大，传动比不准，主要用于台钻、内圆磨床等一些小型、高速或某些简式机床。

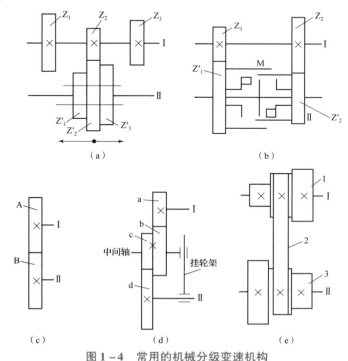

图1-4　常用的机械分级变速机构

1，3—带轮；2—传动带

3）变向机构

变向机构用来改变机床执行件的运动方向。

（1）滑移齿轮变向机构。

如图 1-5（a）所示，轴 I 上装有一齿数相同的（$z_1 = z_1'$）双联齿轮，轴 II 上装有一花键连接的单联滑移齿轮 Z_2，中间轴上装有一空套齿轮 Z_0。当滑移齿轮 Z_2 处于图 1-5（a）所示位置时，轴 I 的运动经 Z_0 传给齿轮 Z_2，使轴 II 的转动方向与轴 I 相同；当滑移齿轮 Z_2 向左移动与轴 I 上的 Z_1' 齿轮啮合时，则轴 I 的运动经 Z_2 传给轴 II，使轴 II 的转动方向与轴 I 相反。这种变向机构刚度好，多用于主体运动中。

（2）圆锥齿轮和端面齿离合器组成的变向机构。

如图 1-5（b）所示，主动轴 I 上的固定圆锥齿轮 Z_1 直接传动，空套在轴 II 上的两个圆锥齿轮 Z_2 和 Z_3 朝相反的方向旋转，如将花键连接的离合器 M 依次与圆锥齿轮 Z_2、Z_3 的端面齿相啮合，则轴 II 可得到两个方向的运动。这种变向机构的刚性比圆柱齿轮变向机构差，多用于进给或其他辅助运动中。

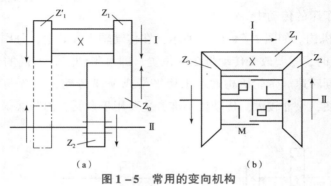

图 1-5　常用的变向机构

二、机床运动联系和传动原理图

机床在完成某种加工内容时，为了获得所需要的运动，需要由一系列的运动元件使运动源和执行件或两个执行件之间保持一定的传动联系，而使执行件与运动源或两个有关的执行件之间保持确定运动联系的一系列按一定规律排列的传动元件就构成了传动链。一条传动链由该链的两端件及两端件之间的一系列传动机构构成。例如，车床主运动传动链将主电动机的运动和动力，经过带轮及一系列齿轮变速机构传至主轴，从而使主轴得到主运动，该传动链的两端件为主电动机和主轴。传动链中的传动机构可采用前面所讲述的各种定比传动机构、变速机构和变向机构。

根据传动联系的性质不同，传动链可分为内联系传动链和外联系传动链。

1. 外联系传动链

联系运动源与执行件，以形成简单运动的传动链，称为外联系传动链。它的作用是把运动和动力传递到执行件上去。外联系传动链传动比的变化，只影响生产率或表面粗糙度，不影响加工表面的形状。因此，外联系传动链不要求两末端件之间有严格的传动关系。如卧式车床中，从主电动机到主轴之间的传动链，就是典型的外联系传动链。

2. 内联系传动链

联系两个执行件，以形成复合成形运动的传动链，称为内联系传动链。它的作用是保证两个末端件之间的相对速度或相对位移保持严格的比例关系，以保证被加工表面的性质。如在卧式车床上车螺纹时，连接主轴和刀具之间的传动链，就属于内联系传动链。此时，必须保证主轴（工件）每转一转，车刀移动工件螺纹一个导程，才能得到要求的螺纹导程。又如，滚齿机的范成运动传动链也属于内联系传动链。

传动原理图是用一些简单的符号表明机床实现某些表面成形运动时传动联系的示意图。

图1-6所示为车床的传动原理图，其中电动机、工件、刀架、工作台用图形表示，虚线表示定比传动机构，菱形块代表换置机构。

图1-6（a）所示为车削外圆柱面时的传动原理图，其主运动是由电动机经固定传动比1-2、换置机构 u_v 和固定传动比3-4带动工件做旋转运动的。这种由定比传动副和换置机构按一定顺序排列，并使执行元件与动力源保持传动联系和一定运动关系的传动件称为传动链。每一条传动链必有首端件和末端件，这两个端件可能是电动机—主轴、电动机—工作台、主轴—刀架等。如主运动传动链的首端件是电动机，末端件是主轴；纵向进给运动传动链的首端件是主轴，末端件是刀架。在该传动链中，主轴的运动经固定传动比4-5、换置机构 u_f 和固定传动比6-7传给齿轮齿条机构，带动刀架做纵向进给运动。

图1-6（b）所示为车削端面时的传动原理图，主运动与图1-6（a）相同，但横向进给运动是经固定传动比4-5、换置机构 u_f 和固定传动比6-7传给横向进给丝杠，将主轴和刀架联系起来的。

图1-6（c）所示为车削圆柱螺纹时的传动原理图，其主运动也与图1-6（a）相同，但车螺纹进给运动是经固定传动比4-5、换置机构 u_x 和固定传动比6-7传给纵向丝杠螺母机构，实现螺纹的纵向进给运动的。显然，只要改变 u_v、u_f、u_x 的大小即可得到不同的转动速度、移动速度和螺纹导程。

在图1-6（a）和图1-6（b）中，主运动与纵向和横向进给运动之间没有严格的传动比关系，属于外联系传动链；而在图1-6（c）中，要求工件转一转时，车刀准确地移动工件一个导程的距离，首端件与末端件有严格的传动比要求，属于内联系传动链。

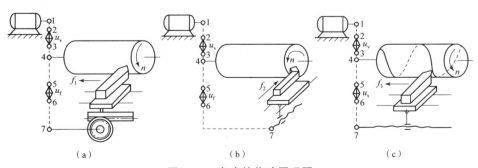

图1-6　车床的传动原理图

工作页

任务描述：任务描述：请问同学们知道机床的传动装置有哪些吗？各自适用于哪种场合？
工作目标：掌握常用机械传动装置。

工作准备：

1. 机床加工过程中所需的各种运动，是通过_____、_____和执行件以一定的规律所组成的传动链来实现的。

2. 传动装置一般包括_____、_____、电气传动、气压传动及以上几种传动方式的联合传动。

3. 定比传动副包括_____、_____、_____、蜗杆蜗轮副和丝杠螺母副等。

4. 变速传动装置是实现机床分级变速的基本机构，常用的有以下四种：_____、_____、_____和带轮变速机构。

5. 根据传动联系的性质不同，传动链可分为_____和_____。

工作实施：

画出车削圆柱螺纹时的传动原理图。

工作提高：

下列情况中，采用何种分级变速机构为宜：

（1）传动比要求不严，但要求传动平稳的传动系统；

（2）需经常变速的通用机床；

（3）不需经常变速的专用机床。

工作反思：

⊗ 任务1.3 机床运动调整计算 ⊗

知识目标

（1）掌握分析机床传动系统图的方法；

（2）清楚机床运动的调整计算步骤。

技能目标

能分析机床传动系统并进行调整计算。

素养目标

（1）发展学生的创新素养、科学思维；

（2）培养学生为国效力、甘于奉献的家国情怀。

一个离合器

任务引入

任务描述：分析图1-7中某车床主运动传动系统的传动路线，判断主轴转速的级数，并计算主轴的最大、最小转速。

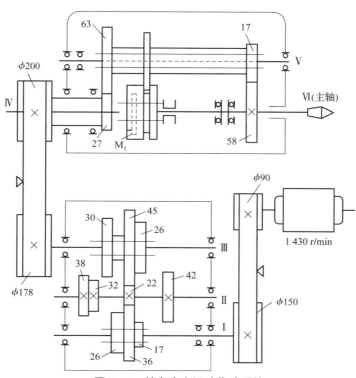

图1-7 某车床主运动传动系统

一、机床传动系统

1. 机床传动系统

机床上的每一种运动，都是通过动力源、传动装置和执行件以一定的规律组成的传动链来实现的。机床有多少个运动就有多少条传动链。实现机床各个运动的所有传动链就组成一台机床的传动系统。用规定的简单符号表示机床传动系统的图形，称为机床的传动系统图，如图 1-8 所示。

由于传动系统图是把机床的立体传动机构绘制在平面图上，因此有时不得不把某一根轴绘制成折断线连接的两部分，而有些传动副展开后会失去联系，此时则需用大括号或虚线连接，以表示它们之间的传动联系。传动系统图不反映机床各元件与部件的实际尺寸和空间位置，只表示各运动元件间运动传递的先后顺序和传动关系。传动系统图上需注明各传动轴及主轴的编号、所有传动齿轮和蜗轮的齿数、带轮的直径、丝杠的导程和头数及电动机的转速和功率等。

分析传动系统图的一般方法如下：

（1）根据主运动、进给运动和辅助运动确定有几条传动链；

（2）分析各传动链所联系的两个端件；

（3）按照运动传递或联系顺序，从一个端件向另一个端件依次分析各传动轴之间的传动结构和运动传递关系，以查明该传动链的传动路线及变速、换向、接通和断开的工作原理；

（4）对传动链中的机构作具体分析和运动计算。

图 1-8 所示为卧式车床传动系统图，该机床可实现主运动、纵向进给运动、横向进给运动、车螺纹时的纵向进给运动四个运动，有四条传动链，分别是：主运动传动链、纵向进给运动传动链、横向进给运动传动链、车螺纹传动链。下面以主运动传动链为例进行分析。

主运动由 2.2 kW、1 440 r/min 的电动机驱动，经带传动 $\phi80/\phi165$ 将运动传至轴 I，然后经轴 I-II 间、轴 II-III 间和轴 III-IV 间的三组双联滑移齿轮变速组，使主轴获得 $2 \times 2 \times 2 = 8$ 级转速。

主运动的传动路线表达式为

$$
\text{电动机} \atop {1\ 440\ \text{r/min} \atop 2.2\ \text{kW}} \ \frac{\phi80}{\phi165}\ \text{I} - \begin{vmatrix} \dfrac{29}{51} \\ \dfrac{38}{42} \end{vmatrix} - \text{II} - \begin{vmatrix} \dfrac{24}{60} \\ \dfrac{42}{42} \end{vmatrix} - \text{III} - \begin{vmatrix} \dfrac{20}{78} \\ \dfrac{60}{38} \end{vmatrix} - \text{IV}\ (\text{主轴})
$$

2. 转速分布图

转速分布图表示的是主轴转速如何从电动机传出经各轴传到主轴，以及传动过程中各变速组的传动比如何组合。图 1-9 所示为图 1-8 所示卧式车床的主运动转速分布。

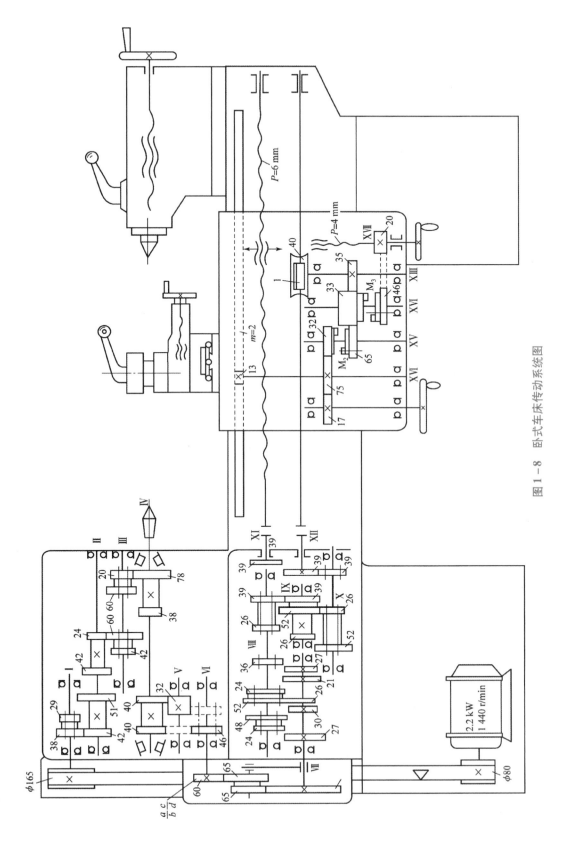

图 1-8 卧式车床传动系统图

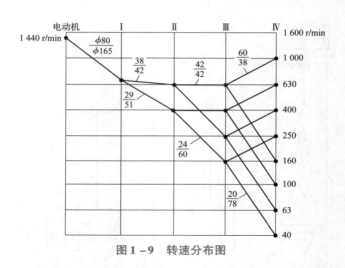

图1－9 转速分布图

在图1－9中，间距相等的一组竖直线表示各传动轴，各轴的轴号标在图上各竖线的上方，如Ⅰ、Ⅱ、Ⅲ、Ⅳ等。

间距相等的一组水平线表示各级转速。由于转速数列采用等比数列及对数标尺，所以在图1－9上各级转速的间距是相等的。

两轴之间的转速连线表示变速组的各个传动比。例如：轴Ⅱ到轴Ⅲ之间是一个变速组，这个变速组共有二挡传动比，其中水平线表示传动比为1∶1；向下斜二格的一条线表示降速，其传动比为1∶2.5。

从转速图1－9中可以了解到下列情况：

（1）整个变速系统有四根传动轴、三个变速组。

（2）可以读出各齿轮副的传动比及各传动轴的各级转速。如图1－9所示，在纵向平行线上绘有一些圆点，它们表示该轴有几级转速，如Ⅲ轴上有四个小圆点，表示有四级转速。在Ⅳ轴的右边标有主轴的各级转速。

（3）可以清楚地看出从电动机到主轴Ⅳ的各级转速的传动情况。例如主轴转速为

63 r/min，是由电动机轴传出，经带传动$\dfrac{\phi80}{\phi165}$——轴Ⅰ——$\dfrac{38}{42}$——轴Ⅱ——$\dfrac{24}{60}$——轴Ⅲ——$\dfrac{20}{78}$——轴Ⅳ（主轴）。

二、机床运动调整计算

机床运动的调整计算有两类：一是计算某一末端执行件的运动速度（如主轴转速）或位移量（如刀架或工作台的进给量）等；另一类是根据两执行件间所需保持的运动关系，计算传动链中挂轮的传动比并确定挂轮齿数。

[例1－1] 对图1－8所示卧式车床主运动传动链进行调整计算。

解：主运动传动链的传动路线参考前面传动路线表达式。

其传动链的换置计算步骤如下：

（1）找首端件和末端件。

电动机—主轴。

（2）确定计算位移。

$n_{电动机}$（r/min）—$n_{主轴}$（r/min）。

（3）列运动平衡式。主运动的转速可应用下列运动平衡式的通式来计算：

$$n_{主} = n_0 \times \frac{D_1}{D_2} \times u_{I-II} \times u_{II-III} \times u_{III-IV} \qquad (1-1)$$

式中，$n_{主}$——主轴转速（r/min）；

n_0——电动机转速（r/min）；

D_1，D_2——主动和从动带轮的直径；

u_{I-II}——轴 I—II 间的传动比（该传动比为被动件与主动件的转速之比，若两传动件为齿轮，则传动比为主动齿轮与被动齿轮的齿数比；若传动件为带轮，则传动比为主动带轮与被动带轮的直径比），分别为 $\frac{29}{51}$，$\frac{38}{42}$；

u_{II-III}——轴 II—III 间的传动比，分别为 $\frac{24}{60}$，$\frac{42}{42}$；

u_{III-IV}——轴 III—IV 间的传动比，分别为 $\frac{20}{78}$，$\frac{60}{38}$。

（4）计算主轴转速。

将带轮直径、各轴之间不同的传动比及电动机的转速代入式（1-1）中，可得 8 种转速，其中最小、最大转速分别为

$$n_{min} = 1\,440 \times \frac{80}{165} \times \frac{29}{51} \times \frac{24}{60} \times \frac{20}{78} \text{ r/min} \approx 40 \text{ r/min}$$

$$n_{max} = 1\,440 \times \frac{80}{165} \times \frac{38}{42} \times \frac{42}{42} \times \frac{60}{38} \text{ r/min} \approx 998 \text{ r/min}$$

[例 1-2] 利用图 1-10 所示的车螺纹进给传动系统，加工 $P = 4$ mm 的螺纹，试选择挂轮 a、b、c、d 的齿数。

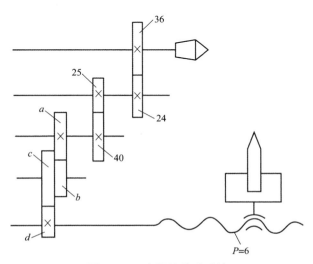

图 1-10　车螺纹传动系统

解：传动线路分析

运动由主轴传出，经齿轮副$\dfrac{36}{24}$、$\dfrac{25}{40}$，挂轮$\dfrac{a}{b}\times\dfrac{c}{d}$传至丝杠，以带动螺母刀架移动。其传动路线表达式如下：

$$主轴\overline{\quad\dfrac{36}{24}\quad\dfrac{25}{40}\quad\dfrac{a}{b}\times\dfrac{c}{d}\quad}丝杠（螺母刀架）$$

（1）找首端件和末端件。

主轴—刀架。

（2）确定计算位移。

主轴 1 转速—刀架移动加工工件的导程 $L(P=6\ \mathrm{mm})$。

（3）列运动平衡式。

$$L = 1 \times \dfrac{36}{24} \times \dfrac{25}{40} \times \dfrac{a}{b} \times \dfrac{c}{d} \times 6 = 4(\mathrm{mm})$$

（4）挂轮齿数确定。

将上述各式化简整理，得挂轮变速机构的换置公式：

$$\dfrac{a}{b}\times\dfrac{c}{d}=\dfrac{32}{45}=\dfrac{4\times5}{9\times5}\times\dfrac{8\times5}{5\times5}=\dfrac{20}{45}\times\dfrac{40}{25}$$

故可取挂轮齿数分别为 $a=20$，$b=45$，$c=40$，$d=25$。

工作页

任务描述：分析图1-7中某车床主运动传动系统的传动路线，判断主轴转速的级数，并计算主轴的最大、最小转速。

工作目标：掌握机床传动系统与运动的调整计算。

工作准备：

1. 传动系统图不反映机床各元件和部件的_____和_____，只表示各运动元件间的_____和_____。

2. 转速分布图表示的是主轴转速如何从电动机传出并经各轴传到主轴，以及传动过程中各_____如何组合。

工作实施：

某机床的主传动系统如图1-11所示，要求：

（1）列出传动路线表达式；

（2）列出传动链平衡方程式；

（3）计算主轴 V 的最大和最小转速。

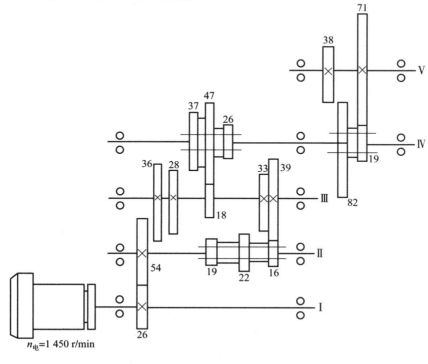

图1-11　某机床的主传动系统

根据图 1-12 所示的某传动系统，完成下列问题（注：图中 M_2 和 M_3 为齿形离合器）。

（1）列出传动路线表达式；

（2）列出传动链平衡方程式；

（3）分析主轴转速的级数；

（4）计算主轴的最大和最小转速。

两个离合器

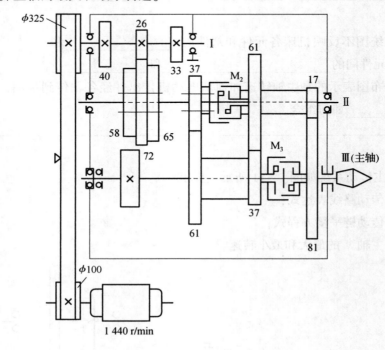

图 1-12 某传动系统

工作反思：

段正澄（1934—2020），机械制造与自动化专家，中国工程院院士，江苏省镇江人，1957 年毕业于华中工学院（现华中科技大学）机械系，毕业后留校任教，1979 年起担任该校机械自动化教研室主任，1985 年晋升为教授。

在 60 多年科教生涯中，段正澄始终坚持深入一线与企业合作，以机械制造与自动化学科为基础，面向国家重大需求，注重与新领域技术结合，进行多学科交叉融合，开展高端装备的创新研究和工程化开发，在我国自动化加工技术与装备领域发展的不同阶段取得了重要的创新性成果——主持研发我国首条"连杆称重去重生产线"，参与设计国内首条"曲轴动平衡自动生产线"，解决了第二汽车制造厂建厂急需；在国内率先突破曲轴数控高速磨削加工的核心技术和工程化瓶颈，成功研发我国首台拥有自主知识产权的数控曲轴磨床，并经过 30 多年的努力，进行了一系列工艺创新、机械系统结构创新和磨削过程控制创新，主持研发了三代 6 种型号的数控曲轴磨床，填补国内空白；组建了国内最早的机械科学与激光技术相结合的科研团队，研发了采用激光切割预加工待焊板边的新工艺，解决了切割头和焊接头自动更换的光路复用难题，创造了在同一台机床上进行激光切割—焊接组合加工的新方法；将机械科学与放疗医学相结合，开展了对焦点大小实时调整、病灶三维精确定位、有效辐照防护及单源活度测量等核心技术及机械结构的攻关，研发了世界首台全身伽马刀。

段院士表示，从事科学研究绝不能急功近利，选准了目标就要长期坚持，才能出成果、出大成果。"做研究要耐得住寂寞，不能外面来一个脉冲，自己就要震荡。"他曾写下朴实无华的"自律自勉"之言："紧密结合实际，求真务实，为我国机械制造加工技术与装备的创新发展尽微薄之力。"而这也正是段院士学术人生的真实写照！

项目二　认识车床

※　任务 2.1　了解 CA6140 型卧式车床　※

知识目标

(1) 了解车床的用途、类型以及加工特点；

(2) 掌握 CA6140 车床的工艺范围、组成以及主要技术参数。

技能目标

(1) 具有辨别各类车床的能力；

(2) 清楚 CA6140 车床的基本组成。

素养目标

(1) 树立活学活用的理念；

(2) 培养学生团队协作、吃苦耐劳、无私奉献的品质。

任务引入

任务描述：某机床厂要加工如图 2 - 1 所示的台阶轴，请分析此零件的加工要求并选用相应的加工机床。

相关知识链接

一、车床概述

普车加工

1. 车床用途

车床主要用于加工回转体表面，如内外圆柱面、圆锥面、回转曲面、端面和螺纹面等。用车床加工回转体表面，称为车削。车削可达到的经济加工精度为 IT7 级，表面粗糙度 Ra

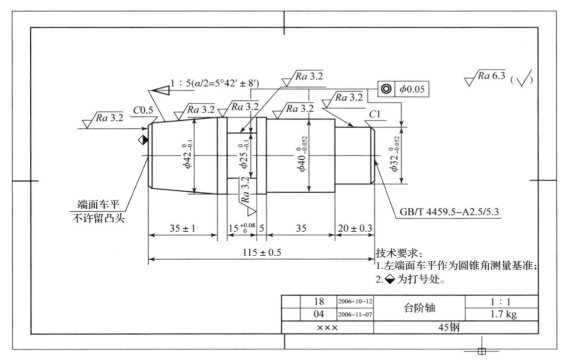

图 2 – 1　台阶轴加工样图

值为 1.6 μm。由于多数机器零件都具有回转表面，车床的通用性又较广，因此车床的应用
非常广泛，在金属切削机床中所占的比例也最大，约占机床总台数的 40% 以上。

2. 车床运动

机床切削运动是由刀具和工件做相对运动而实现的。车床加工时的主运动一般为工件的
旋转运动，进给运动则是刀具的直线运动。

3. 车床分类

车床的种类很多，按其用途和结构不同，可分为卧式车床、立式车床、仪表车床、单轴
自动车床、多轴自动及半自动车床、落地车床、回轮及转塔车床、曲轴及凸轮轴车床、仿形
车床及铲齿车床等。其中，卧式车床应用最为广泛，CA6140 型卧式车床是最常用的车床。

二、CA6140 型卧式车床用途、主要组成部件和技术规格

1. 加工工艺范围

卧式车床的工艺范围很广，如图 2 – 2 所示。卧式车床可用于车削内外圆柱面、内外圆
锥面、回转成形表面、内外环槽，切断，车端面，滚花和车螺纹等，也能进行钻中心孔、钻
孔、扩孔、锪孔、镗孔、铰孔、攻丝等。如果在车床上装一些附件和夹具，还可以进行镗
削、磨削、研磨、抛光和盘绕弹簧等。但卧式车床的自动化程度和生产率低，在加工中，换
刀、调整等辅助时间较长，所以仅适于单件小批生产。

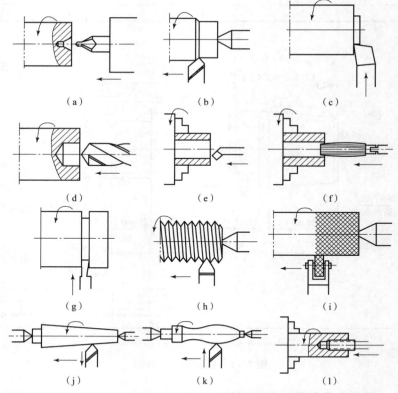

图 2-2　卧式车床的工艺范围

（a）钻中心孔；（b）车外圆；（c）车端面；（d）钻孔；（e）车孔；（f）铰孔；（g）车槽；

（h）车螺纹；（i）滚花；（j）车圆锥；（k）车成形面；（l）攻丝

2. 主要组成部件

CA6140 型卧式车床主要由床腿、床身、主轴箱、交换齿轮箱、进给箱、溜板箱、光杠、丝杠、溜板刀架、尾座、冷却以及照明装置等组成，其外形结构如图 2-3 所示。

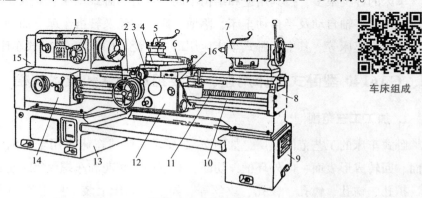

车床组成

图 2-3　CA6140 型卧式车床外形结构

1—主轴箱；2—床鞍；3—中溜板；4—转盘；5—刀架；6—小溜板；7—尾座；8—床身挂架；

9—右床腿；10—光杠；11—丝杠；12—溜板箱；13—左床腿；14—进给箱；15—挂轮箱

1）床身

床身是车床的大型基础部件，固定在左、右床腿上，其上有两条精度要求很高的 V 形导轨和矩形导轨，主要作用是支承和连接车床各部件，并使各部件保持准确的相对位置。

2）主轴箱

主轴箱又称床头箱，定位安装在床身的左端，其主要作用是支承主轴并使其旋转，同时使其实现启动、停止、变速和换向等，所以主轴箱中除包含主轴及其轴承外，还设置了传动机构，启动、停止及换向装置，制动装置，操纵机构和必要的润滑装置等。主轴前端可装卡盘，用以装夹工件，由电动机经变速传动机构带动其旋转，在实现主运动的同时获得所需转速。

3）进给箱

进给箱又称走刀箱，安装在床身的左前方，其主要作用是在将运动传递给刀架的同时调节被加工螺纹的导程、机动进给的进给量和改变进给运动的方向。

4）交换齿轮箱

齿轮箱又称挂轮，安装在主轴箱的左侧端，其主要作用是将主轴箱的运动传递给进给箱。更换交换齿轮箱内的齿轮，再配合进给箱变速机构，可以车削各种导程的螺纹（或蜗杆），并可满足车削时对纵向和横向不同进给量的要求。

5）溜板箱

溜板安装在床身的中前部，其主要作用是将丝杠或光杠、快速电动机传来的旋转运动变成直线运动，并带动刀架做机动进给、快速进给或车螺纹。在溜板箱上装有各种操纵手柄及按钮，可以方便地操纵机床。

6）溜板刀架

溜板刀架安装在床身导轨的上方，由纵向溜板、横向溜板、转盘、小溜板和主刀架组成，溜板箱用螺栓和定位销与纵向溜板接连，纵向溜板装在床身的另一组导轨上，可做纵向移动；横向溜板可沿纵向溜板上的燕尾导轨做横向移动；转盘可使小溜板和方刀架向一定角度，并用手摇小溜板使刀架沿斜向移动以加工锥度大但长度短的内外锥面。刀架的运动由主轴箱传出，经挂轮架、进给箱、光杠（或丝杠）、溜板箱传到刀架，从而使刀架实现纵向进给、横向进给、快速移动或车螺纹。溜板箱的右下侧装有快速运动用的辅助电动机，可使刀架做纵向或横向快速移动。

7）尾座

尾座又称尾架，安装在床身的右端，其主要作用是安装顶尖或各种孔加工刀具，以提高工件刚度和扩大车床的加工工艺范围。其上的套筒可安装顶尖，以支承工件的另一端；或安装各种孔加工刀具，如钻头、铰刀等，对工件进行加工，其运动是通过手轮的转动使套筒轴转动来实现的。尾座可在床身的尾座导轨上做纵向移动，以满足不同长度工件的加工需要；尾座还可以相对导轨做横向位置调整，以适应车削较长且锥度较小的外锥面的加工。尾座一般由夹紧装置夹紧在导轨上。

3. 主要技术规格

车床的型号能全面体现机床的名称、主要技术参数、性能和结构特点，CA6140 型卧式车床的型号中各字母、数字代表的含义如下：

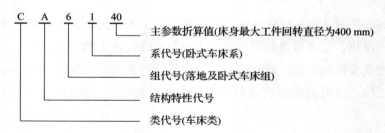

卧式车床技术规格的内容，除主参数和第二主参数外，还有刀架上最大回转直径、中心高（主轴中心至床身矩形导轨的距离）、通过主轴孔的最大棒料直径、刀架的最大行程、主轴内孔的锥度、主轴的转速范围、进给量范围、加工螺纹的范围、电动机功率等。CA6140型卧式车床的主要技术规格见表 2-1。

表 2-1　CA6140 型卧式车床的主要技术规格

最大加工直径/mm	在床身上	400	主轴内孔锥度		莫氏 6 号
	在刀架上	210	主轴转速范围/(r·min⁻¹)		10~1 400（24级）
	棒料	46	进给量范围 /(mm·r⁻¹)	纵向	0.028~6.33（64级）
最大加工长度/mm		650、900、1 400、1 900		横向	0.014~3.16（64级）
中心高/mm		205	加工螺纹范围	米制/mm	1~192（44级）
顶尖距/mm		750、1 000、1 500、2 000		英制/(牙·in⁻¹①)	2~24（20级）
刀架最大行程/mm	纵向	650、900、1 400、1 900		模数/mm	0.25~48（39级）
	横向	320		径节/(牙·in⁻¹)	1~96（37级）
	刀具溜板	140	主电动机功率/kW		7.5

---

① 1 in = 2.54 cm。

工作页

任务描述：某机床厂要加工如图 2-1 所示的台阶轴，请分析此零件的加工要求并选用相应的加工机床。

工作目标：掌握 CA6140 型车床的工艺范围、组成以及主要技术参数。

工作准备：

    1. CA6140 型机床编号中的第二个字母 A 代表_____，61 代表_____40 代表_____。

    2. CA6140 型车床的主要组成部件有主轴箱、_____、溜板箱、刀架和滑板、尾座和床身。

工作实施：

    1. 车床可以加工哪些类型的工件？

    2. 车床的主运动和进给运动分别是什么？

工作提高：

    简述 CA6140 型车床主轴箱、进给箱和溜板箱的功用。

工作反思：

知识目标

（1）了解 CA6140 型车床主传动链的传动关系；

（2）掌握 CA6140 型车床主轴正、反转时高速路线与中低速路线的差异。

技能目标

（1）会根据加工要求选择主轴转速；

（2）能清楚 CA6140 型车床主传动系统中离合器的作用。

素养目标

（1）形成爱岗敬业、吃苦耐劳的职业习惯；

（2）培养善于创新的精神。

任务引入

要完成图 2 – 1 中台阶轴的加工，根据加工精度要求，需要选择主轴的转速，请问 CA6140 型车床的转速有多少种？能保证正、反转的加工要求吗？

相关知识链接

CA6140 型卧式车床传动系统是由主运动传动链、车螺纹进给运动传动链、纵向进给运动传动链、横向进给运动传动链及刀架快速空行程传动链组成的，其传动系统如图 2 – 4 所示。

一、主运动传动链分析

CA6140 型卧式车床的主传动链，可使主轴得到 24 级正转转速和 12 级反转转速。传动路线为：运动由主电动机经皮带机构 $\left(\dfrac{\phi130}{\phi230}\right)$ 传至主轴箱中的传动轴 I，为控制主轴的启动、停止和换向，在轴 I 上装有一个双向多片式摩擦离合器 M_1，同时，轴 I 上装有齿数为 56、51 的双联空套齿轮和齿数为 50 的空套齿轮。当离合器 M_1 左边的摩擦片压紧时，运动由轴 I 上的双联齿轮传出，主轴正转；当离合器 M_1 右边的摩擦片压紧时，运动由轴 I 上齿数为 50 的齿轮传出，主轴反转；当两边均不压紧时（即中位），轴 I 空转而主轴停转。轴 I 的运动经 M_1 和双联滑移齿轮变速组传到轴 II，使轴 II 得到 2 种正转转速；或经离合器 M_1 和挂轮组 $\dfrac{50}{34} \times \dfrac{34}{30}$ 传至轴 II，使轴 II 得到 1 种反转转速。因正、反转从轴 II 向主轴的传递路线相同，

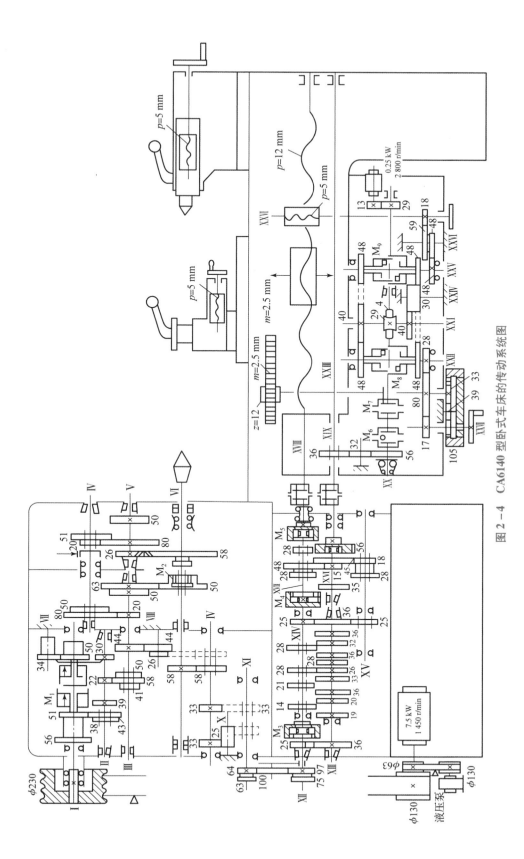

图 2 – 4　CA6140 型卧式车床的传动系统图

故可知，反转转速级数是正转转速级数的一半。轴Ⅱ的运动经三联滑移齿轮变速组使轴Ⅲ得到 6 种正转转速，然后分两路传给主轴，即当主轴上的 Z50（内齿离合器 M_2）处于图示左侧位置时，轴Ⅲ的运动经 $\dfrac{63}{50}$ 齿轮副传给主轴，使主轴直接得到 6 级高速转速；当 Z50 处在右侧位置时，轴Ⅲ的运动经齿轮副 $\dfrac{80}{20}$ 或 $\dfrac{50}{50}$ 传到轴Ⅳ，再经齿轮副 $\dfrac{20}{80}$ 或 $\dfrac{51}{50}$ 传给轴Ⅴ，最后经 $\dfrac{26}{58}$ 齿轮副传给主轴Ⅵ，使主轴得到中、低转速。

二、主运动传动线路表达式

为了便于分析车床主传动线路，常用传动线路表达式（又称传动结构式）来表示机床的传动线路。主运动传动路线表达式如下：

$$
\begin{array}{c}
\text{电动机} \\
(1\,450\ \text{r/min}) - \dfrac{\phi130}{\phi230} - \text{I} - \left|
\begin{array}{l}
M_1（\text{左}） \\
（\text{正转}） \\[4pt]
M_1（\text{右}） \\
（\text{反转}）
\end{array}
\right.
\begin{array}{l}
\left|\begin{array}{c}\dfrac{56}{38}\\[4pt]\dfrac{51}{43}\end{array}\right| \quad \cdots \\[10pt]
\left|\dfrac{50}{34}\right| - \text{Ⅶ} \left|\dfrac{34}{30}\right|
\end{array}
\right| - \text{Ⅱ} - \\
7.5\ \text{kW}
\end{array}
$$

（中、低速传动路线）

$$
\left|\begin{array}{c}\dfrac{22}{58}\\[4pt]\dfrac{30}{53}\\[4pt]\dfrac{39}{41}\end{array}\right| - \text{Ⅲ} -
\begin{array}{c}
\left|\begin{array}{c}\dfrac{20}{80}\\[4pt]\dfrac{50}{50}\end{array}\right| - \text{Ⅳ} - \left|\begin{array}{c}\dfrac{51}{50}\\[4pt]\dfrac{20}{80}\end{array}\right| - \text{V} - \dfrac{26}{58} - M_2（\text{右}） \\[20pt]
\cdots \left|\dfrac{63}{50}\right| - M_2（\text{左}） \cdots
\end{array}
- \text{V （主轴）}
$$

（高速传动路线）

通过各变速机构，主轴在理论上可获得 30 级的转速，但由于轴Ⅲ到Ⅴ之间的 4 种传动比分别为

$$u_1 = \dfrac{50}{50} \times \dfrac{51}{50} \approx 1 \qquad\qquad u_2 = \dfrac{50}{50} \times \dfrac{20}{80} = \dfrac{1}{4}$$

$$u_3 = \dfrac{20}{80} \times \dfrac{51}{50} \approx \dfrac{1}{4} \qquad\qquad u_4 = \dfrac{20}{80} \times \dfrac{20}{80} = \dfrac{1}{16} = \dfrac{1}{16}$$

其中 $u_2 = u_3$，所以，运动经轴Ⅲ至轴Ⅴ的中、低速线路，实际上主轴只能得到 $2 \times 3 \times 3 = 18$ 级正转转速，即主轴正转的实际转速级数是 24 级。同理，主轴反转的实际转速级数为 12 级。

三、主运动平衡式

1. 正转时，主轴运动的平衡式

主运动的正转转速可应用下列运动平衡式来计算。

1）中、低速挡转速

$$n_{VI} = 1\,450 \times (1-\varepsilon) \times \frac{130}{230} \times u_{I-II} \times u_{II-III} \times u_{III-IV} \times u_{IV-V} \times \frac{26}{58}（\text{中、低挡转速}）$$

$$(2-1)$$

2）高速挡转速

$$n_{VI} = 1\,450 \times (1-\varepsilon) \times \frac{130}{230} \times u_{I-II} \times u_{II-III} \times \frac{63}{50}（\text{高速挡转速}） \qquad (2-2)$$

式中，n_{VI}——主轴转速（r/min）；

u_{I-II}，u_{II-III}，u_{III-IV}，u_{IV-V}——轴 I—II 、II—III 、III—IV、IV—V 间的可变传动比；

ε——V 带的滑动系数，$\varepsilon = 0.02$。

CA6140 型卧式车床主轴正转时，最高、最低转速分别为

$$n_{VImax} = 1\,450 \times 0.98 \times \frac{130}{230} \times \frac{56}{38} \times \frac{39}{41} \times \frac{63}{50} \approx 1\,400（\text{r/min}）$$

$$n_{VImin} = 1\,450 \times 0.98 \times \frac{130}{230} \times \frac{51}{43} \times \frac{22}{58} \times \frac{20}{80} \times \frac{20}{80} \times \frac{26}{58} = 10（\text{r/min}）$$

2. 反转时，主轴运动的平衡式

主运动的反转转速可应用下列运动平衡式来计算。

1）中、低挡转速

$$n_{VI} = 1\,450 \times (1-\varepsilon) \frac{130}{230} \times \frac{50}{34} \times \frac{34}{30} \times u_{II-III} \times u_{III-IV} \times u_{IV-V} \times \frac{26}{58}（\text{中、低挡转速}）$$

$$(2-3)$$

2）高挡转速

$$n_{VI} = 1\,450 \times (1-\varepsilon) \times \frac{130}{230} \times \frac{50}{34} \times \frac{34}{30} \times u_{II-III} \times \frac{63}{50}（\text{高挡转速}） \qquad (2-4)$$

式中，n_{VI}——主轴转速（r/min）；

u_{II-III}，u_{III-IV}，u_{IV-V}——轴 II—III 、III—IV、IV—V 间的可变传动比；

ε——V 带的滑动系数，$\varepsilon = 0.02$。

CA6140 型卧式车床主轴反转时，最高、最低转速分别为

$$n_{VImax} = 1\,450 \times 0.98 \times \frac{130}{230} \times \frac{50}{34} \times \frac{34}{30} \times \frac{39}{41} \times \frac{63}{50} \approx 1\,600（\text{r/min}）$$

$$n_{VImin} = 1\,450 \times 0.98 \times \frac{130}{230} \times \frac{50}{34} \times \frac{34}{30} \times \frac{22}{58} \times \frac{20}{80} \times \frac{20}{80} \times \frac{26}{58} \approx 14（\text{r/min}）$$

四、主轴转速数列和转速图

CA6140 型卧式车床主轴正转的最高转速 $n_{max} \approx 1\,400$ r/min，最低转速 $n_{mix} \approx 10$ r/min。在主轴最高及最低转速范围内，各级转速按等比级数排列，等比级数的公比 $\phi = 1.25$。

主运动的传动路线也可用图2-5所示的转速分布图来表示，从转速分布图中可以看出：

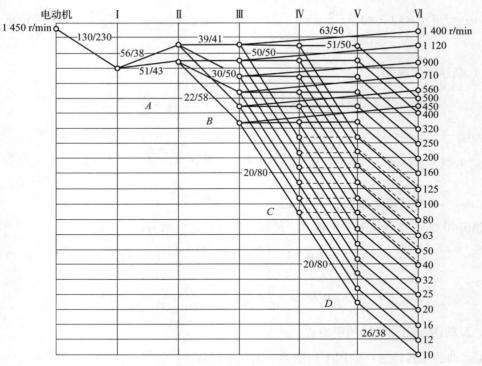

图2-5　CA6140型卧式车床主传动系统的转速分布图

（1）整个变速系统有6根传动轴，4（A、B、C、D）个变速组。

（2）可以读出各齿轮副的传动比及各传动轴的各级转速。如图2-5所示，在纵平行线上绘有一些圆点，它表示该轴有几级转速，如Ⅲ轴上有六个小圆点，表示有六级转速。在Ⅵ轴的右边标有主轴的各级转速，共有24级转速。

（3）可以清楚地看出从电动机到主轴Ⅵ的各级转速的传动情况。例如主轴转速为63 r/min，是由电动机轴传出，经带传动$\dfrac{\phi130}{\phi230}$ - 轴Ⅰ - 齿轮副$\dfrac{51}{43}$ - 轴Ⅱ - 齿轮副$\dfrac{30}{50}$ - 轴Ⅲ - 齿轮副$\dfrac{50}{50}$ - 轴Ⅳ - 齿轮副$\dfrac{20}{80}$ - 轴Ⅴ - 齿轮副$\dfrac{26}{58}$ - Ⅵ（主轴）。

工作页

任务描述：要完成图 2-1 中台阶轴的加工，根据加工精度要求，需要选择主轴的转速，请问 CA6140 型车床的转速有多少种？能保证正、反转的加工要求吗？

工作目标：掌握 CA6140 型车床主轴正、反转时高速路线与中低速路线的差异。

工作准备：

1. CA6140 型卧式车床传动系统是由＿＿＿＿、＿＿＿＿、＿＿＿＿、＿＿＿＿及刀架快速空行程传动链组成的。

2. CA6140 型卧式车床的主传动链，可使主轴得到＿＿＿＿级正转转速和＿＿＿＿级反转转速。

工作实施：

分析 CA6140 型车床主传动链中的两个离合器 M_1、M_2 的功用。

工作提高：

绘制 CA6140 型车床主轴反转的转速分布图。

工作反思：

知识目标

(1) 了解螺纹的分类以及螺纹的相关参数；

(2) 掌握CA6140型车床车削正常导程螺纹的传动路线；

(3) 掌握CA6140型车床车削大导程螺纹的传动路线；

(4) 了解CA6140型车床车削非标准螺纹的传动路线。

技能目标

(1) 具有不同类型螺纹车削时车床的调整能力；

(2) 能配算非标准螺纹车削的交换齿轮。

素养目标

(1) 培养灵活应变的能力，能够协调并及时有效地解决问题；

(2) 养成团队协作精神。

任务引入

某机械厂需要加工EQ1092制动阀螺栓零件，零件图如图2-6所示，请问在加工前需要对机床做哪些调整？

相关知识链接

进给运动是实现刀架纵向或横向移动的运动。在卧式车床车削外圆和端面时，进给传动链是外联系传动链，进给量以工件每转一转刀架的移动量计算。车削螺纹时，进给传动链是内联系传动链，主轴每转一转刀架移动量应等于加工工件螺纹的导程。因此，在分析进给运动传动链时，都把主轴和刀架当作传动链的首、末端件。

一、车削标准螺纹运动传动链

CA6140型卧式车床可以车削左旋或右旋的公制、英制、模数制和径节制四种标准螺纹，以及大导程螺纹、非标准螺纹和精密的螺纹。

车削螺纹

不同标准的螺纹用不同的参数表示其螺距：如公制螺纹以导程$L(\text{mm})$、英制螺纹以每英寸长度上的牙数a、模数螺纹以模数m、径节螺纹以径节数DP表示。车螺纹时，必须保证主轴每转一转，刀具准确地移动加工螺纹一个导程的距离，其螺纹进给运动传动链的运动平衡式为

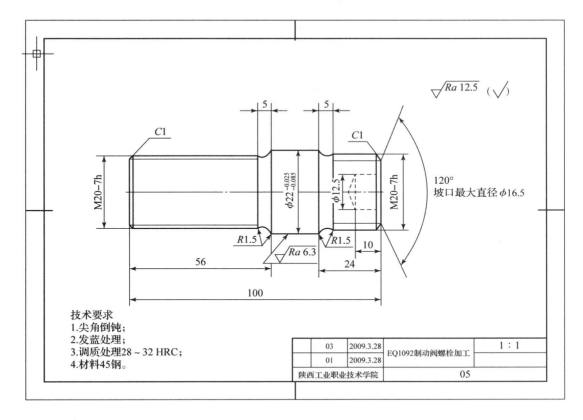

技术要求
1. 尖角倒钝；
2. 发蓝处理；
3. 调质处理 28～32 HRC；
4. 材料 45 钢。

03	2009.3.28	EQ1092制动阀螺栓加工		1：1
01	2009.3.28			
陕西工业职业技术学院			05	

图 2 - 6 制动阀螺栓加工

$$l_{主轴} \times u_0 \times u_x \times l_{丝} = L_工 \qquad (2-5)$$

式中，u_0——主轴与丝杠之间全部定比传动机构的固定传动比，是常数；

u_x——主轴至丝杠之间换置机构的可变传动比；

$L_{丝}$——机床丝杠导程，CA6140 型卧式车床的 $L_{丝} = P = 12$ mm；

$L_工$——被加工工件的导程，单位为 mm。

u_x 随螺纹的标准参数改变，可通过查标准螺纹螺距参数确定。

1. 车削公制螺纹

公制螺纹（即米制螺纹）是应用最广泛的一种螺纹，在国家标准中规定了标准螺距值，见表 2 - 2。从表中可看出，公制螺纹标准螺距值的排列成分段等差数列，其特点是每行中的螺距值按等差数列排列，每列中的螺距值又成一公比为 2 的等比数列。

车公制螺纹时，进给箱中离合器 M_3、M_4 脱开，M_5 接合，运动由主轴 Ⅵ 经齿轮副 $\frac{58}{58}$，轴 Ⅸ—Ⅺ 间的换向机构，挂轮组 $\frac{63}{100} \times \frac{100}{75}$，然后再经齿轮副 $\frac{25}{36}$，轴 ⅩⅢ—ⅩⅣ 间滑移齿轮变

速机构，齿轮副 $\dfrac{25}{36} \times \dfrac{36}{25}$，轴 XV —XVII间的两组滑移齿轮变速机构及离合器 M_5 传给丝杠，丝杠通过开合螺母将运动传至溜板箱，带动刀架纵向进给。

1）车公制螺纹进给运动的传动路线表达式

$$主轴 VI \dfrac{58}{58}—IX \left\{ \begin{array}{c} \dfrac{33}{33} \\ （右旋螺纹） \\ \dfrac{33}{25} \times \dfrac{25}{33} \\ （左旋螺纹） \end{array} \right\} —XI \dfrac{63}{100}—XII \dfrac{25}{36}—XIII$$

$$—u_{基}—XIV \dfrac{25}{36} \times \dfrac{36}{25} XV—u_{倍}—XVII—M_5—XVIII（丝杠）—刀架$$

其中，$u_{基}$ 为轴 XIII —XIV间变速机构的可变传动比，共有 8 种：

$$u_{基_1} = \dfrac{26}{28} = \dfrac{6.5}{7} \qquad\qquad u_{基_2} = \dfrac{28}{28} = \dfrac{7}{7}$$

$$u_{基_3} = \dfrac{32}{28} = \dfrac{8}{7} \qquad\qquad u_{基_4} = \dfrac{36}{28} = \dfrac{9}{7}$$

$$u_{基_5} = \dfrac{19}{14} = \dfrac{9.5}{7} \qquad\qquad u_{基_6} = \dfrac{20}{14} = \dfrac{10}{7}$$

$$u_{基_7} = \dfrac{33}{21} = \dfrac{11}{7} \qquad\qquad u_{基_8} = \dfrac{36}{21} = \dfrac{12}{7}$$

若不看 $u_{基_1}$、$u_{基_5}$，则其余各传动比按等差数列规律排列。因为这一变速机构是获得各种螺纹导程的基本机构，故一般称其为基本螺距机构，亦称基本组。

$u_{倍}$ 为轴 XV —XVII间变速机构的可变传动比，共有 4 种：

$$u_{倍_1} = \dfrac{28}{35} \times \dfrac{35}{28} = 1 \qquad\qquad u_{倍_2} = \dfrac{18}{45} \times \dfrac{35}{28} = \dfrac{1}{2}$$

$$u_{倍_3} = \dfrac{28}{35} \times \dfrac{15}{48} = \dfrac{1}{4} \qquad\qquad u_{倍_4} = \dfrac{18}{45} \times \dfrac{15}{48} = \dfrac{1}{8}$$

它们是按等比数列的规律排列的。这个变速机构的作用是将由基本组获得的各螺纹导程数增加，故称其为增倍机构，亦称增倍组。

2）车削公制螺纹时的运动平衡式

$$L = KP = l_{主轴} \times \dfrac{58}{58} \times \dfrac{33}{33} \times \dfrac{63}{100} \times \dfrac{100}{75} \times \dfrac{25}{36} \times u \times \dfrac{25}{36} \times \dfrac{36}{25} \times u \times 12$$

化简得

$$L = 7 u_{基} \, u_{倍} \qquad\qquad\qquad\qquad (2-6)$$

将 $u_{基}$、$u_{倍}$ 代入式（2-6），得 $8 \times 4 = 32$（种）导程体，其中符合国标的有 20 种（见表 2-2）。

表 2 – 2　CA6140 型卧式车床的公制螺纹表

$u_{基}$ / l/mm / $u_{倍}$	$\frac{26}{28}$	$\frac{28}{28}$	$\frac{32}{28}$	$\frac{36}{28}$	$\frac{19}{14}$	$\frac{20}{14}$	$\frac{33}{21}$	$\frac{36}{21}$
$\frac{1}{8}$			1			1.25		1.5
$\frac{1}{4}$		1.75	2	2.25		2.5		3
$\frac{1}{2}$		3.5	4	4.5		5	5.5	6
1		7	8	9		10	11	12

2. 车模数螺纹

模数螺纹的螺距参数为模数 m，螺距值为 πm，主要用于公制蜗杆中。模数螺纹的模数值已由国家标准规定，见表 2 – 3。从表 2 – 3 中可看出，模数值的排列规律与公制螺纹螺距值一样，也成分段等差数列。如果将表 2 – 3 中的模数值以螺距值代替，再与公制螺纹螺距表 2 – 2 比较，可发现，表 2 – 3 中每项模数螺纹螺距值为表 2 – 2 中相应项公制螺纹螺距值的 $\frac{\pi}{4}$ 倍。

车模数螺纹时，挂轮组采用 $\frac{64}{100} \times \frac{100}{97}$，其余传动路线与车公制螺纹完全一致。因为两种挂轮组传动比的比值 $\left(\frac{64}{100} \times \frac{100}{97}\right) \div \frac{63}{100} \times \frac{100}{75} \approx \frac{\pi}{4}$，所以，改变挂轮组的传动比后，车模数螺纹传动链的总传动比为相应车公制螺纹传动链总传动比的 $\frac{\pi}{4}$ 倍。可见，只要更换挂轮组，就可以在加工公制螺纹传动链的基础上加工出各种模数的模数螺纹。车削模数螺纹的运动平衡式为

$$L_m = K\pi m = l_{主轴} \times \frac{58}{58} \times \frac{33}{33} \times \frac{64}{100} \times \frac{100}{97} \times \frac{25}{36} \times u_{基} \times \frac{25}{36} \times \frac{36}{25} \times u_{倍} \times 12$$

式中，L_m——模数螺纹的导程，mm；

　　　　m——模数螺纹的模数值，mm；

　　　　k—螺纹头数。

整理化简得

$$L_m = k\pi m = \frac{7\pi}{4} u_{基}\, u_{倍} \qquad\qquad (2 – 7)$$

当加工头数 $k = 1$ 时，将各种模数螺纹的 $u_{基}$、$u_{倍}$ 代入式（2 – 7），可得标准模数螺纹，见表 2 – 3。

$u_{基}$ m/mm $u_{倍}$	$\dfrac{26}{28}$	$\dfrac{28}{28}$	$\dfrac{32}{28}$	$\dfrac{36}{28}$	$\dfrac{19}{14}$	$\dfrac{20}{14}$	$\dfrac{33}{21}$	$\dfrac{36}{21}$
$\dfrac{1}{8}$			0.25					
$\dfrac{1}{4}$			0.5					
$\dfrac{1}{2}$			1			1.25		1.5
1		1.75	2	2.25		2.5	2.75	3

3. 车英制螺纹

英制螺纹又称英寸制螺纹，我国部分管螺纹采用英制螺纹。英制螺纹的螺距参数为每英寸长度上的螺纹牙（扣）数。标准的 a 值也是按分段等差数列规律排列的。英制螺纹的螺距值为 $\dfrac{1}{a}$ in，折算成公制螺纹为 $\dfrac{25.4}{a}$ mm。

车削英制螺纹传动线路与车削公制螺纹传动线路比，应有以下两处不同：

（1）基本组的主动、从动传动关系与车削公制螺纹时相反，使运动由轴 XIV 传至轴 XIII。此时，基本组的传动比 $u'_{基}=\dfrac{1}{u_{基}}$，即

$$u'_{基}=\frac{14}{19}\times\frac{14}{20}\times\frac{21}{36}\times\frac{21}{33}\times\frac{28}{26}\times\frac{28}{28}\times\frac{28}{36}\times\frac{28}{32}$$

（2）调整传动链中部分传动副的传动比，以引入 25.4 的因子。车削英制螺纹时，挂轮组采用 $\dfrac{63}{100}\times\dfrac{100}{75}$，进给箱中轴 XII 的滑移齿轮 Z25 右移使离合器 M_3 接合，轴 XV 上的滑移齿轮 Z25 左移与轴 XIII 上的固定齿轮 Z36 啮合。此时，离合器 M_4 脱开，M_5 仍然接合。

车削英制螺纹进给运动的传动路线表达式为

$$主轴\xrightarrow{\frac{58}{58}}IX-\begin{cases}\dfrac{33}{33}\\(右旋螺纹)\\\dfrac{33}{25}\times\dfrac{25}{33}\\(左旋螺纹)\end{cases}\frac{63}{100}\quad\frac{100}{75}\quad XII-M_5-XIV-u_{基}-XIII\frac{36}{25}XV-u_{倍}-$$

XVII—M_5—XVIII（丝杠）—刀架

其传动链的运动平衡式为

$$L_a=\frac{25.4k}{a}=l_{主轴}\times\frac{58}{58}\times\frac{33}{33}\times\frac{63}{100}\times\frac{100}{75}\times u_{基}\times\frac{36}{25}\times u_{倍}\times 12$$

式中，$\dfrac{63}{100} \times \dfrac{100}{75} \times \dfrac{36}{25} \approx 25.4$，$u_基 = \dfrac{1}{u_基}$，代入化简得：

$$L_a = \frac{25.4k}{a} = \frac{4}{7} \times 25.4 \frac{u_倍}{u_基}$$

即

$$a = \frac{7k}{4} \cdot \frac{u_基}{u_倍} \qquad\qquad (2-8)$$

将 $k = 1$ 及 $u_基$、$u_倍$ 各值代入，得 $8 \times 4 = 32$ 种 a 值，其中只有 20 种符合标准，见表 2-4。

表 2-4　CA6140 型卧式车床的英制螺纹表

$a/(牙 \cdot in^{-1})$ $\diagdown$ $u_基$ $\diagup$ $u_倍$	$\dfrac{26}{28}$	$\dfrac{28}{28}$	$\dfrac{32}{28}$	$\dfrac{36}{28}$	$\dfrac{19}{14}$	$\dfrac{20}{14}$	$\dfrac{33}{21}$	$\dfrac{36}{21}$
$\dfrac{1}{8}$		14	16	18	19	20		24
$\dfrac{1}{4}$		7	8	9		10	11	12
$\dfrac{1}{2}$	$3\dfrac{1}{4}$	$3\dfrac{1}{2}$	4	$4\dfrac{1}{2}$		5		6
1			2					3

4. 车径节螺纹

径节螺纹主要用于英制蜗杆，其螺距参数以径节 DP（牙/in）来表示。径节代表齿轮或蜗轮折算到每一英寸分度圆直径上的齿数，故英制蜗杆的轴向齿距（相当于径节螺纹的螺距）为

$$P_{DP} = \frac{\pi}{DP} \ (in) \ = \frac{25.4\pi}{DP} \ (mm)$$

可见径节螺纹的螺距值与英制螺纹相似，也是分母为分段等差数列，且螺距及导程值中也有特殊因子 25.4，所不同的是径节螺纹的螺距值中还有另外一个特殊因子 π。由此可知，车制径节螺纹时可采用车削英制螺纹的传动线路，但挂轮组应与加工模数螺纹时相同，为 $\dfrac{64}{100} \times \dfrac{100}{97}$，则车径节螺纹的运动平衡式为

$$L_{DP} = \frac{25.4k\pi}{DP} = l_{主轴} \times \frac{58}{58} \times \frac{33}{33} \times \frac{64}{100} \times \frac{100}{97} \times u_基 \times \frac{36}{25} \times u_倍 \times 12$$

式中，$\dfrac{64}{100} \times \dfrac{100}{97} \times \dfrac{36}{25} \approx \dfrac{25.4\pi}{84}$，$u_基 = \dfrac{1}{u_基}$，代入化简得：

$$L_{DP} = \frac{25.4\pi}{84} = \frac{25.4\pi}{7} \cdot \frac{u_倍}{u_基}$$

即

$$DP = 7k \frac{u_基}{u_倍} \qquad\qquad (2-9)$$

将 $k=1$ 及 $u_基$、$u_倍$ 各值代入后可得值 $8 \times 4 = 32$，其中只有 24 种符合 DP 标准值，见表 2-5。

表 2-5　CA6140 型卧式车床的径节螺纹表

$a/(牙 \cdot in^{-1})$　$u_基$　$u_倍$	$\frac{26}{28}$	$\frac{28}{28}$	$\frac{32}{28}$	$\frac{36}{28}$	$\frac{19}{14}$	$\frac{20}{14}$	$\frac{33}{21}$	$\frac{36}{21}$
$\frac{1}{8}$		56	64	72		80	88	96
$\frac{1}{4}$		28	32	36		40	44	48
$\frac{1}{2}$		14	16	18		20	22	24
1		7	8	9		10	11	12

综上，CA6140 型卧式车床通过两组不同传动比的挂轮、基本组、增倍组以及轴XII、轴XV 上两个滑移齿轮 Z25 的移动可加工出四种不同的标准螺纹，表 2-6 列出了加工四种螺纹时进给传动链中各机构的工作状态。

表 2-6　CA6140 型车床车削各种螺纹的工作调整

螺纹类型	螺距/mm	挂轮机构	离合器状态	换置机构	基本组传动方向
公制螺纹	P	$\frac{63}{100} \times \frac{100}{75}$	M_5 接合 M_4、M_5 脱开	轴XII：Z25 左 轴XV：Z25 右	轴XIII→轴XIV
模数螺纹	$P_m = \pi m$	$\frac{64}{100} \times \frac{100}{97}$			
英制螺纹	$P_a = \frac{25.4}{a}$	$\frac{63}{100} \times \frac{100}{75}$	M_3、M_5 接合 M_4 脱开	轴XII：Z25 右 轴XV：Z25 左	轴XIV→轴XIII
径节螺纹	$P_{PD} = \frac{25.4\pi}{DP}$	$\frac{64}{100} \times \frac{100}{97}$			

5. 车大导程螺纹

若被加工螺纹标准值超过常用标准范围，如加工大导程多头螺纹、油槽等，则必须将轴IX 右端滑移齿轮 Z58 右移，使之与轴VIII 上的齿轮 Z26 啮合，目的是主轴每转一转时可使刀架移动的距离加大，来满足车削超出常用标准螺距以外的螺纹。其传动路线如下：

$$主轴（VI）\frac{58}{26}V\frac{80}{20}IV \left\{ \begin{matrix} \frac{50}{50} \\ \frac{80}{20} \end{matrix} \right\} III\frac{44}{44}VIII\frac{26}{58}IX \cdots\cdots 常用螺纹传动路线\cdots\cdots XVIII$$

（丝杠）

此时，主轴Ⅵ到轴Ⅸ间的传动比为

$$u_{\text{扩}1} = \frac{58}{26} \times \frac{80}{20} \times \frac{50}{50} \times \frac{44}{44} \times \frac{26}{58} = 4$$

$$u_{\text{扩}2} = \frac{58}{26} \times \frac{80}{20} \times \frac{80}{20} \times \frac{44}{44} \times \frac{26}{58} = 16$$

由此可见，通过调整主轴Ⅵ与轴Ⅸ之间的传动比，且在其他传动链不变的情况下就可以使主轴与丝杠之间的传动比扩大 4 或 16 倍，而车削出的螺纹导程也相应扩大 4 或 16 倍。所以上述传动机构就称为扩大螺距机构。

二、车削非标准的较精密螺纹

当需要车削非标准螺纹及精度要求较高的标准螺纹时，可将进给箱中的三个离合器 M_3、M_4、M_5 全部接合，使轴Ⅻ、轴ⅩⅣ、轴ⅩⅦ和丝杠ⅩⅧ连为一体，进而使轴Ⅻ的运动直接传给丝杠，所要求的工件螺纹导程可通过选配挂轮齿数来得到。由于主轴至丝杠的传动线路大为缩短，故减少了传动累计误差，可加工出具有较高精度的螺纹。此时，运动平衡式为

$$L = l_{(\text{主轴})} \times \frac{58}{58} \times \frac{33}{33} \times u_{\text{挂}} \times 12$$

化简得
$$u_{\text{挂}} = \frac{ab}{cd} = \frac{L}{12} \qquad\qquad (2-10)$$

利用挂轮换置机构可车削任何非标准螺距的螺纹。

工作页

任务描述：某机械厂需要加工 EQ1092 制动阀螺栓零件，零件图如图 2-6 所示，请问在加工前需要对机床做哪些调整？

工作目标：掌握 CA6140 型车床车削正常导程螺纹、大导程螺纹和非标螺纹的传动路线。

工作准备：

1. 在卧式车床车削外圆和端面时，进给传动链是_____（选内、外）传动链；车削螺纹时，进给传动链是_____（选内、外）传动链。

2. 车削公制螺纹时，丝杠通过_____将运动传至溜板箱，带动刀架纵向进给。

3. 只要更换挂轮组，就可以在加工_____传动链的基础上，加工出各种模数的螺纹。

4. 径节螺纹主要用于英制蜗杆，径节代表_____折算到每一英寸分度圆直径上的齿数。

工作实施：

欲在 CA6140 型车床上车削 $L = 10$ mm 的米制螺纹，试写出能够加工这一螺纹的传动路线。

工作提高：

已知工件螺纹导程 $L = 21$ mm，试调整 CA6140 型卧式车床车削螺纹的运动传动链（设挂轮齿数为 20、25、30、35、40、45、50、55、60、65、70、75、80、85、90、100、127）。

工作反思：

※ 任务 2.4　CA6140 型车床纵向、横向进给传动链分析 ※

知识目标

（1）掌握 CA6140 型车床车削外圆的纵向进给传动路线；

（2）掌握 CA6140 型车床车削端面的横向进给传动路线；

（3）了解 CA6140 型车床快速移动进给传动路线。

技能目标

（1）具有车削外圆和端面时车床的调整能力；

（2）能根据加工要求正确选择 $u_{基}$ 和 $u_{倍}$ 的挡位。

素养目标

（1）引导学生建立健康的目标追求及正确的价值观；

（2）培养学生树立强国有我的爱国主义信念。

任务引入

某机床厂需要加工一批如图 2-7 所示的工件，请分析加工要素，并说明应该如何调整进给传动链。

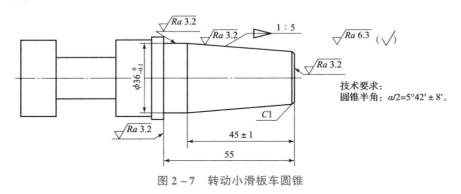

图 2-7　转动小滑板车圆锥

相关知识链接

一、纵向和横向进给传动链

1. 纵向和横向进给时的传动路线表达式

纵向和横向进给的传动路线，前一部分与车削公制和英制螺纹的传动路线相同，且两种传动路线均可用，当运动传到轴 XVII 之后，由轴 XVII 右端 28 齿的齿轮与轴 XIX 左端 56 齿的齿轮啮合，此时断开了车螺纹运动传动链（离合器 M_5 断开），运动传到光杠 XIX 而进入溜板箱，通过溜板箱内 $\frac{36}{32} \times \frac{32}{56}$ 两对齿轮、超越离合器 M_6 和安全离合器 M_7 将运动传至轴 XX，再经过蜗杆蜗轮副 $\frac{4}{29}$ 传至轴 XXI，轴 XXI 的上、下端分别固定有 40 齿的齿轮，上端 40 齿的齿轮同时与轴 XXII 和轴 XXV 上端带端面齿离合器的 48 齿空套齿轮啮合，下端 40 齿的齿轮通过轴 XXIV 上 30 齿的宽齿轮分别与轴 XXII 和轴 XXV 下端带端面齿离合器的 48 齿空套齿轮啮合，再由用滑键连接的端面齿离合器 M_8 和 M_9，共同组成纵向和横线进给运动的变向机构。

当 M_8 向上或向下接通时，轴 XXI 的运动经齿轮副 $\frac{40}{48}$ 或 $\frac{40}{30} \times \frac{30}{48}$、离合器 M_8 传至轴 XXII，再经齿轮副 $\frac{28}{80}$ 使轴 XXIII 上齿数为 12 的小齿轮相对固定于床身上的齿条滚动，从而使刀架获得左、右两个方向的纵向进给运动。当 M_9 向上或向下接通时，轴 XXI 的运动经齿轮副 $\frac{40}{48}$ 或 $\frac{40}{30} \times \frac{30}{48}$、离合器 M_9 传至轴 XXV，再经齿轮副 $\frac{48}{48} \times \frac{59}{18}$ 使横向进给丝杠转动，从而使刀架获得前、后两个方向的横向进给运动。其传动路线表达式为

$$\text{主轴 VI} - \left|\begin{array}{l}\text{车公制螺纹传动路线} \\ \text{车英制螺纹传动路线}\end{array}\right| - \text{XVII} - \frac{28}{56} - \text{光杠 XIX} - \frac{36}{32} \times \frac{32}{56} - M_6\text{（超越离合器）} - M_7$$

$$\text{（安全离合器）} - \text{XX} - \frac{4}{29} - \text{XXI} - \left[\begin{array}{l}\text{（刀架向左移）} \\ \frac{40}{48} - M_8 \uparrow \cdots \\ \text{（刀架向右移）} \\ \frac{40}{30} - \text{XXIV} - \frac{30}{48} - M_8 \downarrow\end{array}\right] - \text{XXII} - \frac{28}{80} - \text{XXIII} - \text{齿轮—齿}$$

$$\text{条（纵向进给）} \left[\begin{array}{l}\text{（刀架向外移）} \\ \frac{40}{48} - M_9 \uparrow \cdots \\ \text{（刀架向里移）} \\ \frac{40}{30} - \text{XXIV} - \frac{30}{48} - M_9 \downarrow\end{array}\right] - \text{XXV} - \frac{48}{48} - \text{XXIV} - \frac{59}{18} - \text{横向丝杠 XXVII（刀架横}$$

向进给）

2. 纵向进给时的运动平衡式

（1）当用车公制螺纹传动路线实现进给时，运动平衡式为

$$1 \times \frac{58}{58} \times \frac{33}{33} \times \frac{63}{100} \times \frac{100}{75} \times \frac{25}{36} \times u_{\text{基}} \times \frac{25}{36} \times \frac{36}{25} \times u_{\text{倍}} \times \frac{28}{56} \times \frac{36}{32}$$

$$\times \frac{32}{56} \times \frac{4}{29} \times \frac{40}{48} \times \frac{28}{80} \times \pi \times 2.5 \times 12 = f_{\text{纵}}$$

化简后得

$$f_纵 = 0.71 u_基 u_倍 \qquad (2-11)$$

以 $u_基$、$u_倍$ 的不同值代入，可得 32 种纵向进给量，见表 2-6。

（2）当用英制螺纹传动路线实现进给时，其运动平衡式为

$$1 \times \frac{58}{58} \times \frac{33}{33} \times \frac{63}{100} \times \frac{100}{75} \times \frac{1}{u_基} \times \frac{36}{25} \times u_倍 \times \frac{28}{56} \times \frac{36}{32}$$

$$\times \frac{32}{56} \times \frac{4}{29} \times \frac{40}{48} \times \frac{28}{48} \times \pi \times 2.5 \times 12 = f_纵$$

化简后得

$$f_纵 = 1.474 \frac{u_倍}{u_基} \qquad (2-12)$$

以 $u_基$ 的不同值代入，并使 $u_倍 = 1$，可得 8 种较大进给量，见表 2-7。

表 2-7　纵向机动进给量 $f_纵$

传动路线类型	细进给量/mm	正常进给量/mm				较大进给量/mm	加大进给量/mm			
$u_基$ ＼ $u_倍$	1/8	1/8	1/4	1/2	1	1	4 1/2	16 1/8	4 1	16 1/4
26/28	0.028	0.08	0.16	0.33	0.66	1.59	3.16		6.33	
28/28	0.032	0.09	0.18	0.36	0.71	1.47	2.93		5.87	
32/28	0.036	0.10	0.20	0.41	0.81	1.29	2.57		5.14	
36/28	0.039	0.11	0.23	0.46	0.91	1.15	2.28		4.56	
19/14	0.043	0.12	0.24	0.48	0.96	1.09	2.16		4.32	
20/14	0.46	0.13	0.26	0.51	1.02	1.03	2.05		4.11	
33/21	0.050	0.14	0.28	0.56	1.12	0.94	1.87		3.76	
36/21	0.054	0.15	0.30	0.61	1.22	0.86	1.71		3.42	

（3）高速精车细进给时的运动平横式。

高速精车细进给是采用主轴箱内高速挡传动路线，并将轴Ⅸ上 58 齿的齿轮右移，使其与轴Ⅷ上 26 齿的齿轮啮合，同时将 M_2 左移，主轴与轴Ⅸ通过齿轮副 $\frac{50}{63} \times \frac{44}{44} \times \frac{26}{58}$ 实现传动联系。精车常用公制螺纹的传动路线（M_3 左移），倍增机构调整为 $u_倍 = \frac{18}{45} \times \frac{18}{45} = \frac{1}{8}$。此时运动平衡式为

$$1 \times \frac{50}{63} \times \frac{44}{44} \times \frac{26}{58} \times \frac{33}{33} \times \frac{63}{100} \times \frac{100}{75} \times \frac{25}{36} \times u_基 \times \frac{25}{35} \times$$

$$\frac{36}{25} \times \frac{1}{8} \times \frac{28}{56} \times \frac{36}{32} \times \frac{32}{56} \times \frac{4}{29} \times \frac{40}{48} \times \frac{28}{80} \pi \times 2.5 \times 12 = f_纵$$

化简后得

$$f_{纵} = 0.031\ 5u_{基} \qquad\qquad (2-13)$$

变换 $u_{基}$，使得 $u_{倍} = \dfrac{1}{8}$，可获得 8 种供高速精车用的细进给量，见表 2-7。

（4）低速大进给时的运动平衡式。

低速大进给采用主轴箱内的第一组低速挡传动路线，其主轴转速为 10 r/min、12.5 r/min、16 r/min、20 r/min、25 r/min、32 r/min，或第二组低速挡传动路线，其主轴转速为 40 r/min、50 r/min、63 r/min、80 r/min、100 r/min、125 r/min；使轴Ⅸ上 58 齿的齿轮与轴Ⅷ上 26 齿的齿轮啮合传动，用车削英制螺纹的传动路线，使用 $u_{倍} = \dfrac{1}{8}$ 和 $\dfrac{1}{4}$（用第一组低转速工作时）或 $u_{倍} = \dfrac{1}{2}$ 和 1（用第二组低转速工作时），则可得下列计算公式：

用第一组低转速工作时，有

$$f_{纵} = 23.584\ \frac{u_{倍}}{u_{基}} \qquad\qquad (2-14)$$

用第二组低转速工作时，有

$$f_{纵} = 5.896\ \frac{u_{倍}}{u_{基}} \qquad\qquad (2-15)$$

将 $u_{基}$ 的不同值和两种 $u_{倍}$ 值代入，可得 16 种加大进给量，见表 2-7。

3. 横向进给时的运动平衡式

横向进给传动路线也有上述四种情况，当采用车常用公制螺纹的传动路线实现进给时，运动平衡式为

$$1 \times \frac{58}{58} \times \frac{33}{33} \times \frac{63}{100} \times \frac{100}{75} \times \frac{25}{36} \times u_{基} \times \frac{25}{36} \times \frac{36}{25} \times u_{倍} \times \frac{28}{56}$$

$$\times \frac{36}{32} \times \frac{32}{56} \times \frac{4}{29} \times \frac{40}{48} \times \frac{48}{48} \times \frac{59}{18} \times 5 = f_{横}$$

化简后得

$$f_{横} = 0.355u_{基}\ u_{倍} \qquad\qquad (2-16)$$

可见当横向机动进给与纵向进给传动路线相同时，所得的横向进给量为纵向进给量的一半。

二、纵向和横向快速移动传动链

为了减轻工人的劳动强度和缩短辅助时间，刀架可以实现纵向和横向的快速移动。刀架的快速移动由装在溜板箱内的快速电动机（0.25 kW、2 800 r/min）传动，按下快速移动按钮，快速电动机经齿轮副 $\dfrac{13}{29}$ 将运动传给轴ⅩⅩ，再由超越式离合器 M_6 将进给箱传来的运动断开（避免慢快速同时传给轴ⅩⅩ而发生矛盾），经蜗轮蜗杆 $\dfrac{4}{29}$ 将运动传给轴ⅩⅪ，后面的传动路线与机动进给相同，最后使刀架做纵向或横向的快速移动。

工作页

任务描述：某机床厂需要加工一批如图 2-7 所示的工件，请分析加工要素，并说明应该如何调整进给传动链。

工作目标：掌握 CA6140 型车床车削外圆纵向进给传动路线、端面横向进给传动路线和快速移动进给传动路线。

工作准备：

1. 纵向和横向进给的传动路线，前一部分与_____的传动路线相同。

2. 为了_____和缩短辅助时间，刀架可以实现纵向和横向的快速移动。

3. 低速大进给是采用主轴箱内的第一组_____传动路线，或第二组_____传动路线。

工作实施：

CA6140 型车床的进给传动系统中，离合器 M_6、M_7、M_8、M_9 是什么类型的离合器？其各自的作用是什么？

工作提高：

CA6140 型车床能否用主轴箱中的换向机构来变换纵、横向机动进给方向？为什么？

工作反思：

※ 任务2.5 主轴箱主要结构分析及调整 ※

知识目标

(1) 了解 CA6140 型车床主轴箱卸荷带轮的结构与工作原理；

(2) 掌握 CA6140 型车床 Ⅱ—Ⅲ 轴变速操纵机构的变速原理；

(3) 掌握 CA6140 型车床主轴轴系的结构与轴承调整；

(4) 了解 CA6140 型车床主轴的启、停和换向操纵机构。

技能目标

(1) 能描述主轴箱核心机构的工作原理；

(2) 具有调整主轴轴承间隙的能力；

(3) 会对摩擦离合器中摩擦片的间隙进行调整，并能消除相应故障；

(4) 能处理制动器失灵的故障，并对操作机构进行相应调整。

素养目标

(1) 形成良好的职业习惯和规范的职业素养；

(2) 培养吃苦耐劳、无私奉献的精神。

任务引入

CA6140 型车床在车削过程中产生以下三种现象：

(1) 闷车现象；

(2) 扳动主轴启、停和换向操纵手柄十分费劲，甚至不能稳定地停留在终点位置上；

(3) 操作手柄扳至停车位置上时，主轴不能迅速停止。

请分析以上三种现象产生的原因并指出解决办法。

相关知识链接

主轴箱的主要作用是支承主轴和传递运动，同时使其实现启动、停止、变速和换向等，所以主轴箱中除包含主轴及其轴承外，还设置了传动机构，启动、停止及换向装置，制动装置，操纵机构和必要的润滑装置等。

图 2-8 所示为 CA6140 型卧式车床主轴箱各轴空间位置示意图，若按轴Ⅳ-Ⅰ-Ⅱ-Ⅲ（Ⅴ）-Ⅵ-Ⅹ-Ⅸ-Ⅺ的顺序，沿其轴线剖切（沿 A-A 剖面剖切），并将其展开而绘制成平面装配图，如图 2-9 所示，则称为主轴箱的展开图。图 2-9 中轴Ⅶ和轴Ⅷ是单独取剖切面展开的。由于展开图是把立体的传动结构展开在一个平面上绘制成的，为避免视图重

叠，其中有些轴之间的距离不按比例绘制，如轴Ⅶ和轴Ⅰ、轴Ⅳ和轴Ⅲ、轴Ⅸ和轴Ⅵ等，从而使某些原来相互啮合的齿轮副失去啮合。因此，在利用展开图分析传动件的传动关系时，应特别注意。

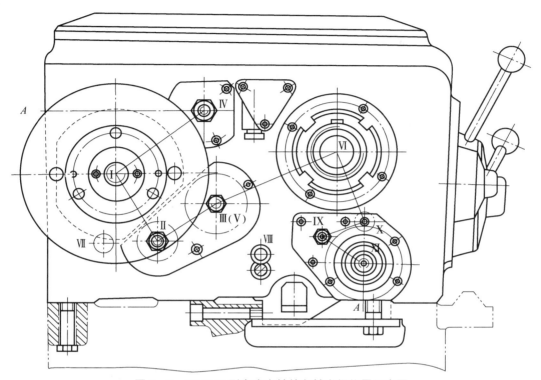

图 2 – 8   CA6140 型车床主轴箱各轴空间位置示意图

一、卸荷式带轮的结构

主轴箱的运动是由电动机经皮带传入，在运动输入轴（轴Ⅰ）上安装的皮带轮为卸荷式结构，如图 2 – 10 所示。皮带轮 3 与花键套筒 1 用螺钉连成一体，并支承在法兰盘 2 内的两个深沟球轴承上，而将法兰盘 2 固定在主轴箱体上。这样皮带轮 3 可通过花键套筒 1 带动轴Ⅰ旋转，而皮带的拉力则经法兰盘 2 直接传到箱体上，使轴Ⅰ不受带拉力的作用，减少了弯曲变形，从而提高了传动的平稳性。

二、Ⅱ – Ⅲ轴变速操纵机构的结构

图 2 – 11 所示为 CA6140 型车床主轴箱中变换Ⅱ – Ⅲ轴上的双联滑移齿轮和三联滑移齿轮工作位置的操纵机构示意图，图中轴Ⅱ上的双联滑移齿轮和轴Ⅲ上的三联滑移齿轮用一个手柄集中操纵，变速手柄每转一周，变换全部六种转速，故手柄共有均布的六个位置。变速手柄装在主轴箱的前壁上，通过链传动使轴 4 转动，手柄轴和轴 4 间的传动比为 1:1，与轴 4 同轴固定有盘形凸轮 3 和曲柄 2。凸轮 3 的端面上有一条封闭的曲线槽，由两段不同半径的圆弧和过渡直线组成，每段圆弧的中心角稍大于 120°。凸轮曲线槽经嵌于槽中的圆销

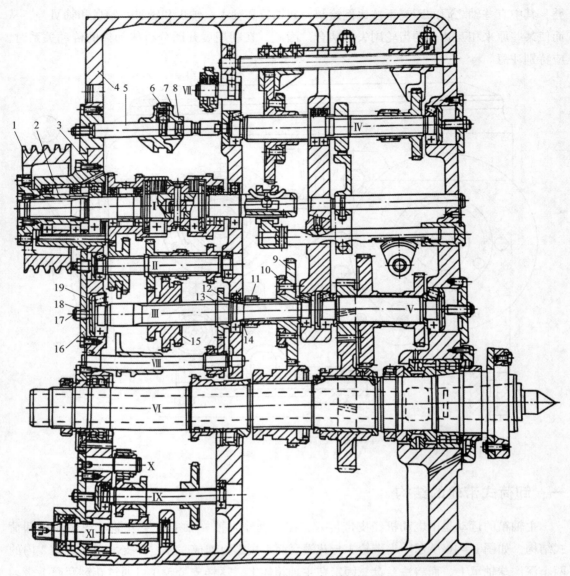

图 2 – 9　CA6140 型卧式车床主轴箱展开图

1—带轮；2—花键套筒；3—法兰盘；4—箱体；5—导向轴；6—调节螺钉；7—螺母；8—拨叉；9, 10, 11, 12—齿轮；
13—弹簧卡圈；14—垫圈；15—三联滑移齿轮；16—轴承盖；17—螺钉；18—锁紧螺母；19—压盖

通过杠杆 5 和拨叉 6，可拨动轴 Ⅱ 上的双联滑移齿轮沿轴 Ⅱ 左右移换位置。当杠杆一端的滚子处于曲线槽的短半径时，齿轮在右位；当处于长半径时，操纵柄移到左位。凸轮上有六个变速位置，用 a～f 标出。曲柄 2 上装有拨销，其伸出端上套有滚子，嵌入拨叉 1 的长槽中。当曲柄带动拨销做偏心运动时，可带动拨叉 1 到达左、中、右三个位置，从而拨动轴 Ⅲ 上的三联滑移齿轮沿轴 Ⅲ 实现三个位置的变换。

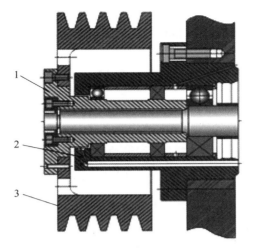

图 2 – 10　CA6140 型卧式车床卸荷结构示意图

1—花键套筒；2—法兰盘；3—皮带轮

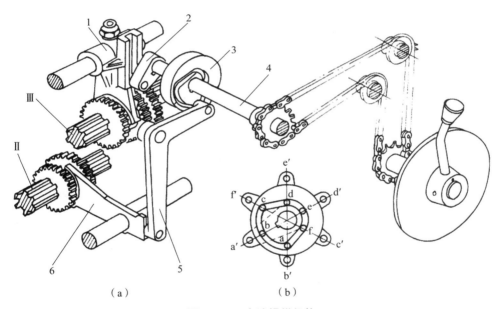

（a）　　　　　　　　　　　　（b）

图 2 – 11　变速操纵机构

（a）结构图；（b）曲柄与凸轮的 6 种位置

1，6—拨叉；2—曲柄；3—凸轮；4—轴；5—杠杆；

a ~ f—嵌入于凸轮槽内杠杆上的销子在变速过程中的六个位置；

a′~ f′—曲柄在变速过程中的六个位置

三、主轴部件的结构

主轴组件是机床的关键组件，其功用是夹持工件转动而进行切削，传递运动、动力及承受切削力，并保证工件具有准确、稳定的运动轨迹。主轴组件主要由主轴、主轴支承及传动件等组成。主轴的旋转精度、刚度及抗振性等对工件的加工精度和表面粗糙度有直接影响，所以对主轴及其轴承有较高的要求。

1. 主轴

主轴是空心阶梯轴，如图 2-12 所示，其通孔可通过长的棒料，可穿过钢棒卸下顶尖，也可用于通过气动或液压夹具的拉杆。主轴前端有精密的莫氏 6 号锥孔，用于安装顶尖或心轴，有自锁作用，可通过锥面间的摩擦力直接带动顶尖或心轴旋转。主轴前锥孔与内孔之间留有较长的空刀槽，便于锥孔磨削并避免顶尖尾部与内孔壁碰撞。主轴后端的锥孔是工艺孔。

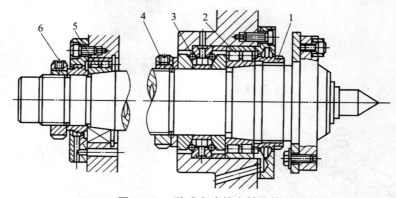

图 2-12　卧式车床的主轴结构

1，4，6—螺母；2，5—圆柱滚子轴承；3—轴承；7—套筒

2. 主轴支承

CA6140 型卧式车床为提高主轴的刚度和抗振性，通常采用三支承结构。如图 2-12 所示，前、后支承选用 D3182121 与 E3182115D 级精度的 3182121 型双列短圆柱滚子轴承 2 和 5。双列短圆柱滚子轴承具有刚度好、承载能力强、尺寸小、旋转精度高等优点，且内圈较薄，内孔是锥度为 1:12 的锥孔，可通过相对主轴轴颈的轴向移动来调节轴承间隙的结构特点，只承受径向力，有利于保证主轴有较高的旋转精度。前轴承处还装有一个 60°角的双列推力角接触球轴承 3，用于承受两个方向的轴向力，中间支承处则安装有 E3221 型圆柱滚子轴承，用作辅助支承，配合较松，且间隙不能调整。

轴承的间隙直接影响主轴的旋转精度和刚度，当工作中发现因轴承磨损使间隙增大时，必须及时进行调整。前端轴承 2 可通过螺母 1 与螺母 4 调整。调整时，先将主轴前端螺母 1 旋离轴承，然后松开调整螺母 4 上的锁紧螺钉并转动螺母 4，使轴承 2 的内圈相对主轴锥形轴颈向右移动，由于锥面作用，薄壁的轴承内圈产生径向弹性变形，即可消除前轴承内、外圈滚道的径向间隙。控制前螺母的轴向位移量，将轴承间隙调整适当，然后把前螺母 1 旋紧，使之靠在前轴承 2 内圈的端面上，最后要把调整螺母 4 上的锁紧螺钉拧紧。后轴承的调整原理与前轴承基本相同，调整时，先将主轴后端调整螺母 6 的锁紧螺钉松开，转动螺母 6，通过套筒推动后轴承内圈右移，以消除该轴承的径向间隙和轴向间隙。

主轴轴承的润滑由油泵直接供油，前后轴承处均有法盘式带油沟的密封装置。在前螺母1和套筒7的外圈上开有锯齿形环槽，环槽可起到密封作用。当主轴旋转时在离心力的作用下，把经轴承向外流出的润滑油甩向轴承端盖和法兰的接油槽中，再经回油孔流回主轴箱。

主轴上装有三个齿轮，最右边的是空套在主轴上的左旋斜齿轮，其传动较平稳，当离合器（M₂）接合时，此齿轮产生的轴向力指向前轴承，以抵消部分轴向切削力，减少前轴承所承受的轴向力。中间滑移齿轮以花键与主轴相连，该齿轮的图2－12所示位置为高速传动，当其处于中间空挡位置时，可用手拨动主轴，以便装夹和调整工件；当滑移齿轮移动到最右边位置时，其上的内齿与斜齿轮上左侧的外齿相啮合，即齿式离合器（M₂）接合，此时获得低速传动。最左边的齿轮固定在主轴上，通过它把运动传给进给系统。

四、主轴启、停和换向的操纵机构分析

1. 摩擦离合器与制动器

CA6140型卧式车床控制主轴的启动、停止和换向装置采用的是在轴Ⅰ上装有的双向多片式摩擦离合器结构，如图2－13所示。该结构由左、右相同的两部分组成，左离合器传动主轴的正转，右离合器传动主轴的反转，当操纵机构处于中间位置时，即压套14处于中间位置，则左、右离合器摩擦片都松开，主轴转动断开，停止转动。轴Ⅰ的右半部分为空心轴，在其右端安装有可绕销轴9摆动的羊角形摆块10，羊角形摆块10下端弧形尾部卡在拉

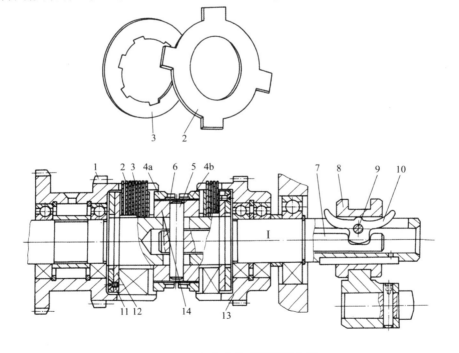

图2－13 双向多片式摩擦离合器

1—双联齿轮；2—外摩擦片；3—内摩擦片；4a，4b—螺母；5—长销；6—弹簧销；7—拉杆；
8—滑套；9—销轴；10—羊角形摆块；11，12—止推片；13—齿轮；14—压套

杆 7 的缺口槽内。当拨叉由操纵机构控制，拨动滑套 8 右移时，羊角形摆块 10 便绕销轴 9 顺时针摆动，其尾部拨动拉杆 7 向左移动，拉杆通过长销 5 带动压套 14 压紧离合器左半部分的内、外摩擦片，在摩擦力的作用下，将 I 轴的运动传至空套于 I 轴上的双联齿轮 1，使主轴正转；当拨叉由操纵机构控制，拨动滑套 8 左移时，羊角形摆块 10 便绕销轴 9 逆时针摆动，其尾部拨动拉杆 7 向右移动，拉杆通过长销 5 带动压套 14 压紧离合器右半部分的内、外摩擦片，在摩擦力的作用下，将 I 轴的运动传至空套在 I 轴上的单个齿轮 13，使主轴反转；当滑套置于中间位置时，左、右离合器的内、外摩擦片均松开，主轴停转。

摩擦片间的压紧力可用拧在压套上的螺母 4a 和 4b 调整。压下弹簧销 6，然后转动螺母 4a、4b，使其相对压套 14 做少量的轴向位移，即可改变摩擦片间的压紧力，从而调整离合器所能传递扭矩的大小。调好后弹簧销复位，插入螺母的槽口中，使螺母在运转中不能自行松开。

为了使摩擦离合器松开后，主轴能克服惯性作用迅速制动，在 CA6140 型卧式车床主轴箱的Ⅳ上装有闸带式制动器，其结构如图 2－14 所示。制动器由制动轮 7、制动带 6、杠杆 4 以及调整装置等组成。制动轮 7 是一个钢制的圆盘，通过花键与传动轴 8（Ⅳ轴）连接，制动带内侧固定一层铜丝石棉网，以增大制动摩擦力矩。制动带一端通过调节螺钉 5 与箱体 1 连接，另一端固定在杠杆 4 的上端。杠杆 4 可绕支承轴 3 摆动，当杠杆 4 的下端与齿条轴 2 上的圆弧形凹部 a 或 c 接触时，制动带处于放松状态，制动器不起作用；移动齿条轴 2，其上凸起部分 b 与杠杆 4 的下端接触时，杠杆 4 绕支承轴 3 逆时针摆动，拉动制动带 6，使其包紧在制动轮 7 上，通过制动带与制动轮之间的摩擦力使传动轴 8（Ⅳ轴）停止转动，并通过传动齿轮使主轴迅速停止转动。制动摩擦力矩的大小可通过调节螺钉 5 进行调整。制动带松紧合适的情况下应该是停车时主轴能迅速停转，而开车时制动带能完全松开。

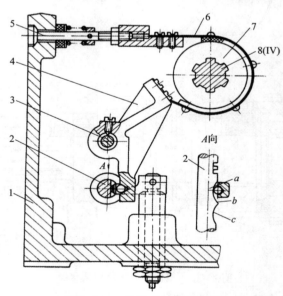

图 2－14　闸带式制动器结构

1—箱体；2—齿条轴；3—杠杆支承轴；4—杠杆；5—调节螺钉；6—制动带；7—制动轮；8—传动轴

2. 主轴开停及制动操纵机构

CA6140 型卧式车床上控制主轴的启停、换向和制动的操纵机构如图 2-15 所示。为了便于操作，在操纵杆 8 上装有两个操纵手柄，一个在进给箱右侧，如图 2-15 中手柄 7，另一个在溜板箱右侧。向上扳动手柄 7 时，通过曲柄 9、拉杆 10 和曲柄 11 组成的杠杆机构，使轴 12 和扇形齿轮 13 顺时针转动，传动齿条轴 14 及固定在其左端的拨叉 15 右移，拨叉又带动滑套 4 右移，压下羊角形摆块 3，使双向多片式摩擦离合器的左离合器接合，主轴启动正转；当向下扳动手柄 7 时，使双向多片式摩擦离合器的右离合器接合，主轴启动反转。无论是正转还是反转，杠杆 5 的下端与齿条轴上的凹部接触，制动带 6 处于放松状态，主轴不受制动。当手柄 7 扳至中间位置时，齿条轴 14 和滑套 4 都处于中间位置，双向多片式摩擦离合器的左右两组摩擦片都松开，主传动链与动力源断开。此时，杠杆 5 的下端与齿条轴上的凸部接触，制动带 6 处于拉紧状态，主轴制动。

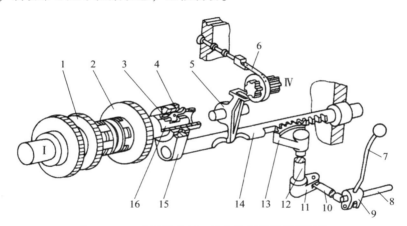

图 2-15　主轴的启停、换向和制动的操纵机构

1—双联齿轮；2—齿轮；3—羊角形摆块；4—滑套；5—杠杆；6—制动带；7—手柄；
8—操纵杆；9，11—曲柄；10，16—拉杆；12—轴；13—扇形齿轮；14—齿条轴；15—拨叉

工作页

任务描述：CA6140 型车床在车削过程中产生三种不良现象，分析这三种现象产生的原因并指出解决办法。

工作目标：掌握 CA6140 型车床Ⅱ－Ⅲ轴变速操纵机构的变速原理，及其主轴轴系结构与轴承调整方法。

工作准备：

主轴箱的主要作用是支承主轴和传递运动，同时使其实现_____、_____、_____、_____。

2. 主轴组件主要由主轴、_____及_____等组成。。

3. 为了使摩擦离合器松开后，主轴能克服惯性作用迅速制动，在 CA6140 型卧式车床主轴箱上装有_____。

4. CA6140 型卧式车床上为了便于操作，在操纵杆上装有两个操纵手柄，一个在_____右侧，另一个在_____右侧。

工作实施：

在 CA6140 型卧式车床的主传动链中，能否用双向牙嵌式离合器或双向齿轮式离合器代替双向摩擦片式离合器，以实现主轴的启停及换向？

工作提高：

CA6140 型卧式车床在进给传动链中，能否用单向摩擦片式离合器或电磁离合器代替齿轮式离合器 M3、M4、M5？为什么？

工作反思：

知识目标

（1）掌握 CA6140 型车床溜板箱中超越离合器的结构与工作原理；

（2）掌握 CA6140 型车床溜板箱中安全离合器的结构与工作原理；

（3）了解 CA6140 型车床溜板箱中开合螺母的结构与工作原理。

技能目标

（1）具有分析超越离合器结构与工作原理的能力；

（2）能识别安全离合器的主要零部件并会调整；

（3）会正确操作并调整开合螺母机构。

素养目标

（1）培养学生的敬业精神和合作态度；

（2）培养学生科技强国的爱国主义情怀。

任务引入

在 CA6140 型车床溜板箱中设计安全离合器与超越离合器有什么作用？要想提高进给机构传递的最大转矩，应如何调整安全离合器？

相关知识链接

CA6140 型车床溜板箱的作用是将丝杠或光杠及快速电动机传来的旋转运动变成直线运动，并带动刀架做机动进给，控制刀架运动的接通、断开、换向、过载时的自动停止进给及快速移动和手动操纵移动等。为保证其实现以上的功能而设置了纵、横向进给的接通、断开和转换操纵机构，开合螺母机构，过载时的安全保护装置，快、慢速切换装置及互锁机构等。

一、超越离合器的调整

超越离合器的作用是实现运动的快、慢速自动转换，其结构如图 2 - 16 所示。超越离合器由齿轮 1（它作为离合器的外壳）、星形体 2 及 3 个滚柱 3、顶销 4 和弹簧 5 组成。当刀架机动工作进给时，空套齿轮 1 为主动逆时针方向旋转，在弹簧 5 及顶销 4 的作用下，使滚柱 3 挤向楔缝，并依靠滚柱 3 与齿轮 1 内孔孔壁间的摩擦力带动星形体 2 随同齿轮 1 一起转动，再经安全离合器 M_7 带动轴转动，实现机动进给。当快速电动启动时，运动由齿轮副

13/29 传至轴XX，则星形体 2 由轴带动做逆时针方向的快速旋转，此时，在滚柱 3 与齿轮 1 及星形体 2 之间摩擦力和惯性力的作用下，使滚柱 3 退缩，顶销移向楔缝的大端，从而断开齿轮 1 与星形体 2（即轴XX）间的传动联系，齿轮 1 不再为轴XX传递运动，轴XX由快速电动机带动做快速转动，刀架实现快速运动。当快速电动机停止转动时，在弹簧及顶销和摩擦力的作用下，使滚柱 3 又瞬间嵌入楔缝，并楔紧于齿轮 1 和星形体 2 之间，刀架立即恢复正常的工作进给运动。由此可见，超越离合器 M6 可实现XX轴快、慢速运动的自动转换。

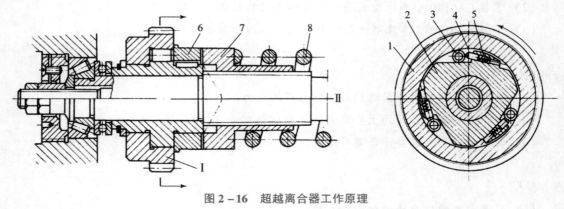

图 2 – 16　超越离合器工作原理

1—齿轮；2—星形体；3—滚柱；4—顶销；5，8—弹簧；6，7—离合器

二、安全离合器

安全离合器的作用是防止过载或发生偶然事故损坏机床的保护装置，其结构如图 2 – 17 所示。在刀架机动进给过程中，如进给抗力过大或刀架移动受到阻碍，则安全离合器能自动

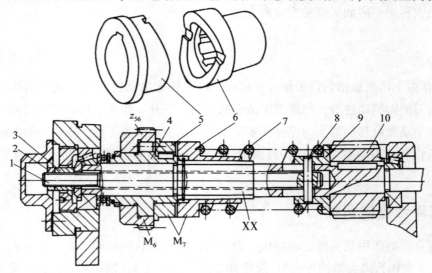

图 2 – 17　安全离合器结构

1—拉杆；2—锁紧螺母；3—调整螺母；4—超越离合器的星形体；5—安全离合器左半部；

6—安全离合器右半部；7—弹簧；8—圆销；9—弹簧座；10—蜗杆

断开轴的运动。安全离合器由端面带螺旋齿爪的 5 和 6 两半部分组成，左半部 5 用平键与超越离合器的星形体 4 连接，右半部 6 与轴用花键连接。正常工作情况下，通过弹簧 7 的作用，使离合器左、右两半部经常处于啮合状态，以传递由超越离合器星形体 4 传来的运动和转矩，并经花键传给轴。此时，安全离合器螺旋齿面上产生的轴向分力由弹簧 7 平衡。当进给抗力过大或刀架移动受到阻碍时，通过安全离合器齿爪传递的转矩及产生的轴向分力将增大，当轴向分力大于弹簧 7 的作用力时，离合器的右半部 6 将压缩弹簧 7 而向右滑移，与左半部 5 脱开接合，安全离合器打滑，从而断开刀架的机动进给。过载现象排除后，弹簧 7 又将安全离合器自动接合，恢复正常的机动进给。调整螺母 3，通过轴 XX 内孔中的拉杆 1 及圆销 8 调整弹簧座 9 的轴向位置，可以改变弹簧 7 的压缩量，以调整安全离合器所传递的转矩大小。

三、开合螺母

开合螺母的作用是完成车螺纹运动链的接通和断开，其结构如图 2 - 18 所示。开合螺母由上、下两个半螺母 4 和 5 组成，装在溜板箱箱体后壁的燕尾形导轨中，可上下移动。上、下半螺母的背面各装有一个圆销 6，其伸出端分别嵌在槽盘 7 的两条曲线槽中。扳动手柄 1，经轴 2 使槽盘逆时针转动时，曲线槽迫使两圆销 7 互相靠近，带动上、下半螺母合拢，与丝杠啮合，刀架便由丝杠螺母经溜板箱传动进给。槽盘顺时针转动时，曲线槽通过圆销使两半螺母相互分离，与丝杠脱开啮合，刀架便停止进给。开合螺母合上时的啮合位置由可调节螺钉限定。

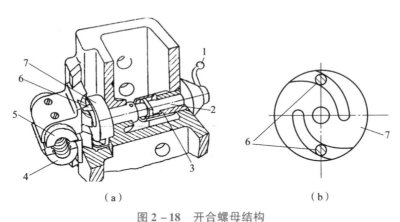

图 2 - 18　开合螺母结构

（a）开合螺母工作原理；（b）槽盘工作原理

1—手柄；2—轴；3—支承套；4—下半螺母；5—上半螺母；6—圆销；7—槽盘

四、互锁机构

在机床工作中，刀架的进给运动形式有车螺纹运动及纵、横向进给运动（或快速运动），若同时接通，将导致机床损坏。为防止发生上述事故，在溜板箱中设有互锁机构，以保证开合螺母合上时，机动进给不能接通；反之，机动进给接通时，开合螺母不能合上，即保证刀架工作的进给运动状态只能出现一种，从而达到保护机床的目的。

图2-19所示为互锁机构的工作原理。互锁机构由开合螺母操纵轴6上凸肩a，轴1上球头销3和弹簧销2以及支承套4等组成。

图2-19（a）所示为向下扳动手柄使开合螺母合上时的情况，此时轴6顺时针转过一个角度，其上凸肩a嵌入轴5的槽中，将轴5卡住，使其不能转动，同时，凸肩a又将装在支承套4横向孔中的球头销3压下，其下端插入轴1的孔中将轴1锁住，使轴1不能左、右移动，此时纵、横向机动进给均不能接通。

如图2-19（b）所示，当纵向进给接通时，轴1沿轴线方向移动了一定位置，其上横向孔与球头销3错位，使球头销3不能往下移动，因而轴6被锁住而无法转动，即开合螺母无法合上。

如图2-19（c）所示，当横向机动进给接通时，轴5转动了位置，其上的沟槽不再对准轴6的凸肩，使轴6也无法转动。因此，接通纵向或横向机动进给后，开合螺母均不能合上。

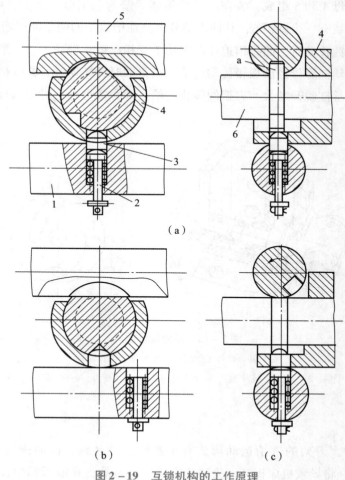

图2-19　互锁机构的工作原理

1，6，5—轴；2—弹簧销；3—球头销；4—支承套

五、纵横向机动进给操纵机构

图2-20所示为CA6140型车床的机动进给操纵机构，刀架的纵向和横向机动进给运动的接通、断开、换向及刀架快速移动的接通、断开均集中由手柄1操纵，且手柄扳动方向与刀架运动方向一致。当需要纵向进给时，扳动手柄向左或向右，使手柄座3绕销轴2摆动时，手柄座下端的开口槽通过球头销4拨动轴5轴向移动，再经杠杆11和连杆12使凸轮13转动，凸轮上的曲线槽又通过圆柱销14带动拨叉轴15及固定在其上的拨叉16向前或向后移动，拨叉拨动离合器M_8，使之与轴XXII上的两个空套齿轮中的一个端面齿啮合，从而接通纵向进给运动，实现向左或向右的纵向机动进给。

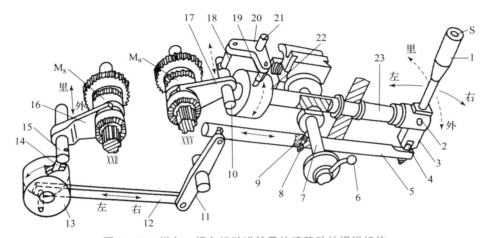

图2-20 纵向、横向机动进给及快速移动的操纵机构

1—手柄；2—销轴；3—手柄座；4—球头销；5、7、23—轴；6—手柄；8—弹簧销；9—球头；10、15—拨叉轴；11、20—杠杆；12—连杆；13、22—凸轮；14、18、19—圆柱销；16、17—拨叉；21—销轴

当需要横向进给时，扳动手柄1向里或向外，带动轴23以及固定在其左端的凸轮22转动，凸轮上的曲线槽通过圆柱销19使杠杆20绕销轴21摆动，杠杆20另一端的圆柱销18推动拨叉轴10及拨叉17向里或向外移动，使离合器M_9与轴XXV上两个空套齿轮中的一个端面齿啮合，于是横向进给运动接通，实现向里或向外的横向机动进给。

当手柄1处于中间位置时，离合器也处于中间位置，此时断开了纵、横向机动进给。手柄1的顶端装有按钮S，用以点动快速电动机。当需要刀架快速移动时，先将手柄1扳至左、右、前、后任一位置，然后按下按钮S，则快速电动机启动，刀架即在相应方向做快速移动。

工作页

任务描述：在 CA6140 型车床溜板箱中设计安全离合器与超越离合器有什么作用？要想提高进给机构传递的最大转矩，应如何调整安全离合器？

工作目标：掌握 CA6140 型车床溜板箱中超越离合器、安全离合器、开合螺母的结构与工作原理。

工作准备：

1. CA6140 型车床溜板箱中超越离合器 M_6 的主要组成结构为 _____ _____。

2. 在刀架机动进给过程中，如_____或刀架移动受到阻碍，则安全离合器能自动断开轴的运动。

3. 开合螺母由_____组成，装在溜板箱箱体后壁的燕尾形导轨中，可上下移动。

工作实施：

简述超越离合器的调整方法。

工作提高：

已知溜板箱传动件完好无损，开动 CA6140 型卧式车床，当主轴正转时，杠杆已转动，通过操纵进给机构使 M_8、M_9 接合，刀架却没有进给，试分析原因。

工作反思：

车床文化

车床的发展大致可区分成四个阶段，即雏型期、基本架构期、独立动力期与数值控制期。

车床的诞生不是发明出来的，而是逐渐演进而成，早在四千年前就记载有人利用简单的拉弓原理完成钻孔的工作，这是有记录最早的工具机，即使到目前仍可发现以人力作为驱动力的手工钻床，之后车床衍生而出，并被用于木材的车削与钻孔，英文中车床的名称 Lathe（Lath 是木板的意思）就是由此而来。经过数百年的演进，车床的发展很慢，初期木质的床身，速度慢且扭力低，除了用在木工外，并不适合做金属切削，直到工业革命前。这段期间可称为车床的雏形期。

18 世纪开始的工业革命，象征着以工匠主导的农业社会结束，取而代之的是强调大量生产的工业社会。由于各种金属制品被大量使用，为了满足金属零件的加工，车床成了关键性设备。18 世纪初车床的床身已是金属制，结构强度变大，更适合做金属切削，但因结构简单，故只能做车削与螺旋方面的加工，到了 19 世纪才有完全以铁制零件组合完成的车床，再加上诸如螺杆等传动机构的导入，具有基本功能的车床总算开发出来。但因动力只能靠人力、畜力或水力带动，仍无法满足需求，故只能算是刚完成基本架构的建构。

瓦特发明了蒸汽机，使车床可由蒸汽产生动力来驱动车床运转，此时车床的动力是集中于一处，再由皮带与齿轮的传递分散到工厂各处的车床，20 世纪初拥有独立动力源的动力车床终于被开发，也使车床进入新的领域。

20 世纪中期，计算机的发明随之被应用在工具机上，数字控制车床逐渐取代传统车床成为工厂利器，生产效率倍增，零件加工精度更是大幅提升，且随着计算机软、硬件日趋进步与成熟，许多以往视为无法加工的技术——被克服，CNC 化机床的比率成了国家现代化的重要指标。

从历史的角度来看，促使车床发展，除了 18 世纪工业革命与 20 世纪汽车业兴起是主因外，另一项主因是切削刀具的进步，早期使用的切削刀具材质是碳钢，切削速度只能限制在 20 m/mim 以下，而且加工精度不佳，之后刀具材质采用合金钢，乃至今日的陶瓷刀具，切削速度更是提升到 1 000 m/min 以上，于是车床转速越来越高，进给速度也越来越快，而且加工精度也从百年前的 1 mm 大幅提高至 0.001 mm。其进步如此快速，除了刀具的改良与技术的提升外，当然也有数字控制系统的不断完善。

项目三　认知铣床

※　任务 3.1　了解 X6132A 型铣床　※

知识目标

（1）了解铣床的用途、类型以及加工特点；

（2）掌握 X6132A 铣床的工艺范围和组成。

技能目标

（1）具有辨别各类铣床的能力；

（2）能清楚 X6132A 型铣床的基本组成。

素养目标

（1）建立勇攀科学高峰的责任感和使命感；

（2）培养学生敬业乐群、忠于职守的品质。

任务引入

　　任务描述：某机床厂要加工如图 3 - 1 所示的转子，请分析此零件上哪些表面可以用铣床加工。

相关知识链接

一、铣床概述

普铣加工沟槽视频

1. 铣床用途

　　铣床是用铣刀进行切削加工的机床。如图 3 - 2 所示，在铣床上可以加工平面（水平面、垂直面、台阶面等）、沟槽（键槽、T 形槽、燕尾槽等）、多齿零件上的齿槽（齿轮、链轮、

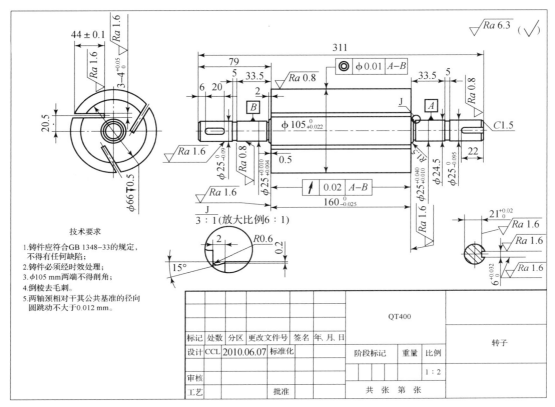

图 3-1 转子零件样图

棘轮、花键轴等）、螺旋形表面（螺纹和螺旋槽）、各种曲面及切断等。铣床经济加工精度一般为 IT9~IT8 级，表面粗糙度为 $Ra12.5~Ra1.6~\mu m$，精加工时可达 IT5，表面粗糙度可达 $Ra0.2~\mu m$。

由于铣床使用旋转的多刃刀具进行加工，同时参加切削的齿数多，整个切削过程是连续的，所以铣床的加工生产率较高。但是，对于每个刀齿来说，切削过程是断续的，切削力周期性的变化会产生冲击和振动，因此，要求铣床在结构上有较高的刚度和抗振性。

2. 铣床床运动

一般情况下，铣床工作时的主运动是铣刀的旋转运动。在大多数铣床上，进给运动是由工件在垂直于铣刀轴线方向的直线运动来实现的；在少数铣床上，进给运动是工件的回转运动或曲线运动。为适应不同形状和尺寸的工件加工，铣床可保证工件与铣刀之间在相互垂直的三个方向上调整位置，并可根据加工要求，在其中任一方向实现进给运动。在铣床上，对于工作进给及调整刀具与工件相对位置的运动，根据机床类型的不同，可由工件（万能卧式升降台铣床）或刀具及工件（龙门铣床）来实现。

3. 铣床分类

铣床的类型很多，一般按布局形式和适用范围加以区分，主要类型有卧式升降台铣床、

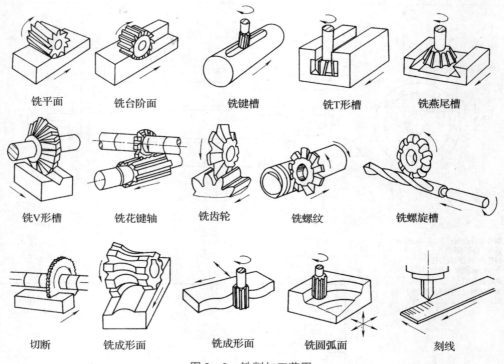

| 铣平面 | 铣台阶面 | 铣键槽 | 铣T形槽 | 铣燕尾槽 |

| 铣V形槽 | 铣花键轴 | 铣齿轮 | 铣螺纹 | 铣螺旋槽 |

| 切断 | 铣成形面 | 铣成形面 | 铣圆弧面 | 刻线 |

图 3 - 2　铣削加工范围

立式升降台铣床、龙门铣床、工具铣床，此外还有仿形铣床、仪表铣床和各种专门化铣床（如键槽铣床、曲轴铣床）等，其中升降台铣床应用最广泛。其结构特征是：装夹工件的工作台可在相互垂直的三个方向上调整位置，并可在任一方向上实现进给运动。加工时装夹铣刀的主轴仅做旋转运动，其轴线位置一般固定不动。该类机床的工艺范围广，操作灵活方便，能迅速进行各种加工调整，适用于加工中、小零件的平面和沟槽，配置相应的附件后可铣削螺旋槽、分齿零件，还可钻孔、镗孔，一般应用于单件小批的生产车间、工具车间或机修车间。

二、X6132A 型铣床工艺范围和主要组成部件

1. 加工工艺范围

X6132A 型铣床常使用圆柱铣刀、盘铣刀、角度铣刀、成形铣刀及面铣刀、模数铣刀等刀具加工平面、斜面、沟槽、螺旋槽、齿槽等。

2. 主要组成部件

如图 3 - 3 所示，X6132A 万能升降台铣床由底座 1、床身 2、悬梁 3、刀杆支架 4、主轴 5、工作台 6、床鞍 7、升降台 8 和回转盘 9 等组成。床身 2 固定在底座 1 上，床身内装有主轴部件、主变速传动装置及其变速操纵机构。悬梁 3 可在床身顶部的燕尾形导轨上沿水平方向调整前后位置，悬梁上的刀杆支架 4 用于支承刀杆，提高刀杆的刚性。升降台 8 可沿床身前

侧面的垂直导轨上下移动，其内装有进给运动的变速传动装置、快速传动装置及操纵机构。床鞍装在升降台的水平导轨上，可沿主轴轴线方向移动（亦称横向移动）。床鞍 7 上装有回转盘 9，回转盘上的燕尾形导轨上又装有工作台 6，因此，工作台可沿导轨做垂直于主轴轴线方向的移动（亦称纵向移动）。工作台通过回转盘可绕垂直轴线在 ±45°范围内调整角度，以铣削螺旋表面。底座 1 内部是冷却液箱。

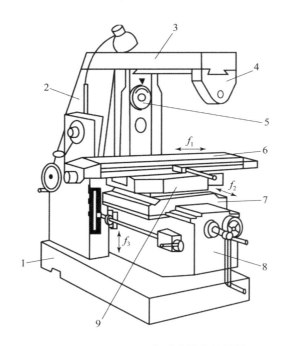

图 3 - 3　X6132A 万能卧式铣床的外形

1—底座；2—床身；3—悬梁；4—刀杆支架；5—主轴；6—工作台；7—床鞍；8—升降台；9—回转盘

1）床身

床身固定在底座上，主轴部件、主变速传动装置及其变速操纵机构都安装在床身内部。

2）悬梁

悬梁可沿床身顶部的燕尾形导轨移动，以调整其伸出的长度。

3）刀杆支架

刀杆支架装在悬梁上，用来支承刀杆外伸的一端，提高刀杆的刚性。

4）主轴

主轴是空心轴，前端有 7∶24 的精密锥孔，用于安装刀杆或铣刀，并带动铣刀旋转。

5）工作台

工件装夹在工作台上，工作台可沿回转盘上的燕尾形导轨做纵向移动。

6）回转盘

回转盘安装在床鞍上，可带动工作台绕垂直轴线在 ±45°范围内调整角度，以铣削斜沟槽及螺旋表面。

7）床鞍

床鞍可沿升降台上的水平导轨带动工作台做横向移动。

8）升降台

升降台安装在床身的垂直导轨上，可以带动工作台做垂直方向的移动。

3. 主要技术规格

X6132 型万能卧式升降台铣床工作台面的宽度为 320 mm，长度为 1 250 mm，工作台纵、横、垂直 3 个方向的机动最大行程分别为 860 mm、240 mm、300 mm；主轴锥孔锥度为 7:24；主轴中心线至工作台台面的最大、最小距离分别为 350 mm、30 mm；主电动机功率为 7.5 kW，进给电动机功率为 1.5 kW；主轴转速级数为 18 级转速（30~1 500 r/min）；3 个相互垂直方向的进给量为 21 级，其分别纵向和横向进给量均为 10~1 000 mm/min，垂直方向为 3.3~333 mm/min。

任务描述：某机床厂要加工如图 3-1 所示的转子，请分析此零件上哪些表面可以用铣床加工。

工作目标：掌握 X6132A 型铣床的工艺范围、组成以及主要技术参数。

工作准备：

1. X6132A 型铣床编号中的 61 代表_____，21 代表_____，A 代表_____。

2. X6132A 型铣床主要组成部件有底座、_____、悬梁、刀杆支架、主轴、_____、床鞍、_____和回转盘等。

工作实施：

1. 铣床可以加工哪些类型的工件？

2. 铣床的主运动和进给运动分别是什么？

工作提高：

思考 X6132A 型铣床的主运动传动装置和进给运动传动装置分别装在哪个组成部件里？

工作反思：

知识目标

(1) 了解 X6132A 型铣床主传动链的传动关系；

(2) 了解 X6132A 型铣床进给传动链的传动关系；

(3) 掌握滑移齿轮曲轴回转机构的变速原理。

技能目标

(1) 会根据加工要求选择主轴转速；

(2) 能清楚 X6132A 型铣床传动系统中离合器 M_1、M_2 各自的作用；

(3) 能清楚 X6132A 型铣床传动系统中离合器 M_3、M_4、M_5 各自的作用。

素养目标

(1) 形成爱岗敬业、吃苦耐劳的职业习惯；

(2) 培养精益求精、追求极致的职业品质。

任务引入

铣削加工不同精度的零件，所需要的切削用量不同。试根据 X6132A 型铣床传动系统图分析主运动传动链和进给运动传动链，明确主运动传动链中如何控制换向和制动，以及进给运动传动链中如何控制机动进给和快速移动的转换。

相关知识链接

如图 3 – 4 所示，X6132A 型万能卧式铣床的传动系统由主运动传动链、横向进给运动传动链、纵向进给运动传动链、垂直进给运动传动链及相应方向的快速空行程进给运动传动链组成。

一、主运动传动链分析

铣床的主运动是铣刀的旋转运动。铣床主运动传动装置的主要作用是获得加工时所需的各种转速、转向以及停止加工时的快速平稳制动。主运动由主电动机（7.5 kW、1 450 r/min）驱动，经 V 带传至轴 Ⅱ，再经轴 Ⅱ – Ⅲ 间和轴 Ⅲ – Ⅳ 间两组三联滑移齿轮变速组、轴 Ⅳ – Ⅴ 间双联滑移齿轮变速组，使主轴具有 18 级转速。由于加工时主轴换向不频繁，因此由主电动机的正、反转实现换向。轴 Ⅱ 右端安装电磁制动器 M，用于机床停止加工时对主传动装置实施制动。

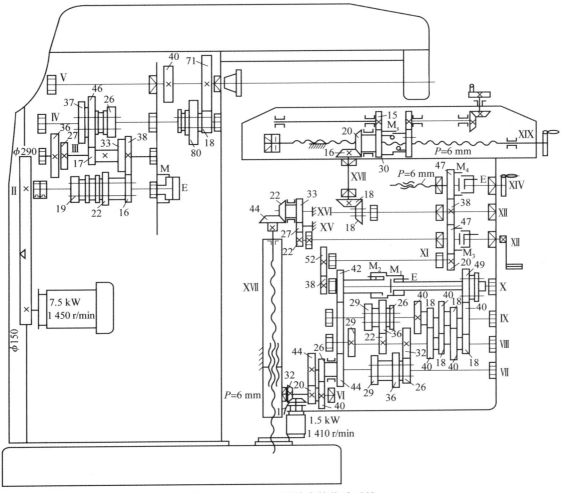

图 3 – 4　X6132A 型铣床的传动系统

主运动的传动路线表达式为

$$
\text{电动机} \atop {7.5\ \text{kW} \atop 1\ 450\ \text{r/min}}
\quad (\text{I 轴}) - \frac{\phi150}{\phi290} - \text{II} - \begin{bmatrix} \dfrac{19}{36} \\[4pt] \dfrac{22}{33} \\[4pt] \dfrac{16}{38} \end{bmatrix} - \text{III} - \begin{bmatrix} \dfrac{27}{37} \\[4pt] \dfrac{17}{46} \\[4pt] \dfrac{38}{26} \end{bmatrix} - \text{IV} - \begin{bmatrix} \dfrac{80}{40} \\[12pt] \dfrac{18}{71} \end{bmatrix} - \text{V （主轴）}
$$

主运动的传动线路平衡式为

$$
n_{\text{V}} = 1\ 450 \times \frac{150}{290} \times u_{\text{II}-\text{III}}\, u_{\text{III}-\text{IV}}\, u_{\text{IV}-\text{V}}
$$

$$
n_{\text{Vmax}} = 1\ 450 \times \frac{150}{290} \times \frac{22}{33} \times \frac{38}{26} \times \frac{80}{40} \approx 1\ 500\ （\text{r/min}）
$$

$$
n_{\text{Vmin}} = 1\ 450 \times \frac{150}{290} \times \frac{16}{38} \times \frac{17}{46} \times \frac{18}{71} \approx 30\ （\text{r/min}）
$$

二、进给运动传动链分析

X6132 型铣床工作台可实现纵向、横向、垂直三个方向的机动进给以及三个方向的快速移动。

进给运动由进给电动机（1.5 kW、1 410 r/min）驱动。电动机的运动经一对圆柱锥齿轮 $\frac{17}{32}$ 传至轴Ⅵ，然后根据轴Ⅹ上电磁离合器 M_1、M_2 的接合情况，分两条路线传动。如果轴Ⅹ上的离合器 M_1 脱开、M_2 吸合，轴Ⅵ的运动经齿轮副 $\frac{40}{26}$、$\frac{44}{42}$ 及离合器 M_2 传至轴Ⅹ，这条路线可实现工作台的快速移动。如果轴Ⅹ上的离合器 M_1 吸合、M_2 脱开，轴Ⅵ的运动经齿轮副 $\frac{20}{44}$ 传至轴Ⅶ，再经轴Ⅶ—Ⅷ间和轴Ⅷ—Ⅸ间两组三联滑移齿轮变速组以及轴Ⅷ—Ⅸ间的滑移齿轮曲回机构，经离合器 M_1，将运动传至轴Ⅹ，实现工作台的正常进给。

轴Ⅷ—Ⅸ间的曲回机构工作原理如图 3-5 所示。轴Ⅹ上的单联滑移齿轮 Z49 有三个啮合位置，当滑移齿轮 Z49 在 a 啮合位置时，轴Ⅸ的运动直接由齿轮副 $\frac{40}{49}$ 传到轴Ⅹ；当滑移齿轮 Z49 在 b 啮合位置时，轴Ⅸ的运动经曲回机构齿轮副 $\frac{18}{40}\ \frac{18}{40}\ \frac{40}{49}$ 传到轴Ⅹ；当滑移齿轮 Z49 在 c 啮合位置时，轴Ⅸ的运动经曲回机构齿轮副 $\frac{18}{40}\ \frac{18}{40}\ \frac{18}{40}\ \frac{18}{40}\ \frac{40}{49}$ 传到轴Ⅹ。因而，通过轴Ⅹ上单联滑移齿轮 Z49 的三种啮合位置，可使曲回机构得到三种不同的传动比：

$$u_a = \frac{40}{49}$$

$$u_b = \frac{18}{40} \times \frac{18}{40} \times \frac{40}{49}$$

曲回机构工作原理

$$u_c = \frac{18}{40} \times \frac{18}{40} \times \frac{18}{40} \times \frac{18}{40} \times \frac{40}{49}$$

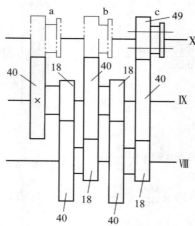

图 3-5　曲回机构工作原理

轴 X 的运动可经过离合器 M_3、M_4、M_5 以及相应的后续传动路线，使工作台分别得到垂直、横向以及纵向的移动。进给运动传动链表达式如下：

$$电动机\ 1.5\ kW\ 1\ 410\ r/min\ —\frac{17}{32}—VI—\begin{bmatrix}\frac{20}{44}\end{bmatrix}—VII—\begin{bmatrix}\frac{29}{29}\\\frac{36}{22}\\\frac{26}{32}\end{bmatrix}—VIII—\begin{bmatrix}\frac{32}{26}\\\frac{29}{29}\\\frac{22}{36}\end{bmatrix}—XI—\begin{bmatrix}\cdots\frac{40}{49}（左）\cdots\\\cdots\frac{18}{40}\ \frac{18}{40}\ \frac{40}{49}（中）\cdots\\\frac{18}{40}\ \frac{18}{40}\ \frac{18}{40}\ \frac{18}{40}\ \frac{40}{49}\end{bmatrix}—\begin{bmatrix}M_{1合}\\工作\\进给\end{bmatrix}—$$

$$X—\frac{38}{52}—XI—\frac{20}{47}—\begin{bmatrix}\frac{47}{38}—XIII—\begin{bmatrix}\frac{18}{18}—XVIII—\frac{16}{20}—M_{5合}—XIX（纵向进给）\\\frac{38}{47}—M_{4合}—XIV（横向进给）\end{bmatrix}\\M_{3合}—XII—\frac{22}{27}\ \frac{27}{33}\ \frac{22}{44}—XVII（垂直进给）\end{bmatrix}$$

在理论上，铣床在相互垂直的三个方向上均可获得 $3\times3\times3=27$（种）不同进给量，但由于轴 VII—IX 间两组三联滑移齿轮变速组的 $3\times3=9$（种）传动比中，有 3 种是相等的，即：

$$\frac{26}{32}\times\frac{32}{26}=\frac{29}{29}\times\frac{29}{29}=\frac{36}{22}\times\frac{22}{36}=1$$

所以，轴 VII—IX 间的两个变速组只有 7 种不同传动比。因而，轴 X 上的滑移齿轮 Z49 只有 $7\times3=21$（种）不同转速。由此可知，X6132 型铣床的纵向、横向、垂直三个方向的进给量各有 21 级，其中，纵、横向的进给量范围为 10~1 000 mm/min，垂直进给量为 3.3~333 mm/min。

进给运动的方向变换也是由进给电动机的正、反转来实现的。纵向、横向、垂直三个方向的运动用电气方法实现互锁，保证工作时只接通其中一个方向的运动，防止因误操作而发生事故。

工作页

任务描述：铣削加工不同精度的零件，所需要的切削用量不同。试根据 X6132A 型铣床传动系统图分析主运动传动链和进给运动传动链，明确主运动传动链中如何控制换向和制动，以及进给运动传动链中如何控制机动进给和快速移动的转换。

工作目标：能根据传动系统图独立分析 X6132 型铣床主运动和进给运动传动链。

工作准备：

写出 X6132 型铣床主运动传动路线表达式。

工作实施：

1. X6132 型铣床主轴有_____级转速。X6132 型铣床主轴旋转方向的改变由_____实现，主轴的制动由_____控制。

2. X6132 型铣床进给运动传动链中由_____控制机动进给和快速移动的转换，M_3、M_4、M_5 离合器分别用于控制接通、断开工作台_____、_____、_____运动。

3. 进给运动的方向变换由_____来实现。

工作提高：

铣床进给传动中的曲轴回转机构可以实现 3 级变速，写出具体的传动比。

工作反思：

知识目标

(1) 了解主轴部件结构；

(2) 掌握集中式孔盘变速操纵机构的变速原理；

(3) 了解工作台的结构；

(4) 掌握顺铣、逆铣及其特点，了解顺铣机构的原理。

技能目标

(1) 能描述铣床主轴空心的作用；

(2) 具有调整主轴轴承间隙的能力；

(3) 能描述集中式孔盘变速操纵机构的变速原理；

(4) 能区分顺铣和逆铣及其特点。

素养目标

(1) 形成良好的职业习惯、规范的职业素养；

(2) 培养着眼于细节的耐心及执着、坚持的精神。

任务引入

机械加工车间中，X6132 型铣床加工时主轴振动噪声大，并且出现窜动。请查找原因，并消除。

相关知识链接

一、主轴部件

图3-6 所示为 X6132 型铣床主轴结构，其基本形状为阶梯形空心轴，前端孔径大于后端直径，使主轴前端具有较大的抗变形能力，这符合在切削加工过程中的实际受力状况。主轴前端 7：24 的精密锥孔，用于安装铣刀刀杆或端铣刀刀柄，使其能准确定心，保证铣刀刀杆或端铣刀的旋转中心与主轴旋转中心同轴，从而使它们在旋转时有较高的回转精度。主轴中心孔可穿入拉杆，拉紧并锁定刀杆或刀具，使它们定位可靠。端面键用于连接主轴和刀杆，并通过端面键在主轴和刀杆之间传递扭矩。

主轴采用三支承结构，其中前、中支承为主支承，后支承为辅助支承。所谓主支承是指在保证主轴部件回转精度和承受载荷等方面起主导作用，在制造和安装过程中其要求也高于

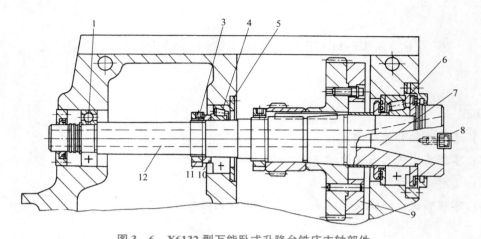

图 3 - 6　X6132 型万能卧式升降台铣床主轴部件

1—后支承；2—主轴；3—紧定螺钉；4—中间支承；5—轴承端盖；

6—轴承；7—主轴锥孔；8—端面键；9—飞轮；10—轴套；11—调整螺母

辅助支承。X6132 型铣床主轴部件的前、中支承分别采用 D 级和 E 级精度的圆锥滚子轴承，以承受作用于主轴上的径向力和左、右轴向力，并保证主轴的回转精度；后支承为 G 级深沟球轴承，只承受径向力。调整主轴轴承间隙时，先将悬梁移开，并拆下床身盖板，露出主轴部件，然后拧松中间支承左侧螺母 11 上的紧定螺钉 3，用专用勾头扳手勾住螺母 11，再用一短铁棍通过主轴前端的端面键 8 扳动主轴顺时针旋转，使中间支承的内圈向右移动，从而使中间支承的间隙得以消除。如继续转动主轴，则使其向左移动，并通过轴肩带动前轴承 6 的内圈左移，从而消除前轴承 6 的间隙。调整后，主轴在最高转速下试运转 1 h，轴承温度不超过 60 ℃。

为使主轴部件在运转中克服因切削力的变化而引起的转速不均匀性和振动，提高部件运转的质量和抗振能力，在主轴前支承处的大齿轮上安装飞轮 9，通过飞轮的惯性可减轻铣刀间断切削引起的冲击和振动，提高主轴运转的平稳性。

二、集中式孔盘变速操纵机构分析

X6132 铣床的主运动及进给运动的变速操纵机构都采用了"集中式孔盘变速操纵机构"来控制。孔盘变速操纵机构主要由拨叉 1、齿条轴 2 和 2′、齿轮 3、孔盘 4 组成，其控制三联滑移齿轮的工作原理如图 3 - 7 所示。

拨叉 1 固定在齿条轴 2 上，齿条轴 2 和 2′与齿轮 3 啮合。齿条轴 2 和 2′的右端是由具有不同直径 D 和 d 的圆柱形成的阶梯轴，直径为 D 的台肩能穿过孔盘上的大孔，直径为 d 的台肩能穿过孔盘上的小孔。

变速时，先将孔盘右移，使其退离齿条轴，然后根据变速要求，转动孔盘一定角度，再使孔盘左移复位。孔盘在复位时，可通过孔盘上对应齿条轴之处为大孔、小孔或无孔的不同状态，而使滑移齿轮获得左、中、右 3 种不同的位置，从而达到变速的目的。三种工作状态分别如下：

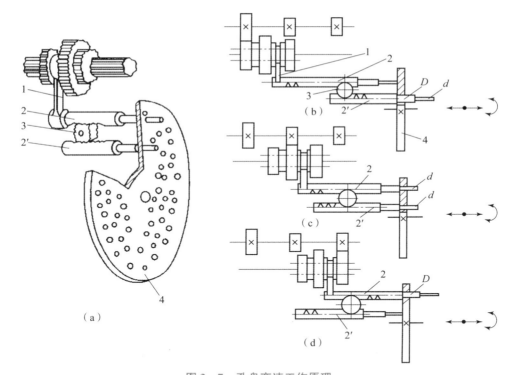

图 3 – 7 孔盘变速工作原理

(a) 结构图；(b)、(c)、(d) 左、中、右 3 种工作状态

1—拨叉；2、2′—齿条轴；3—齿轮；4—孔盘；D、d—圆柱直径

（1）图 3 – 7（b）表示孔盘无孔处与齿条轴 2 相对，而孔盘的大孔与齿条轴 2′相对，向左推进孔盘，其端面推动齿条轴 2 左移，而齿条轴 2 又通过齿轮 3 推动齿条轴 2′右移并插入孔盘的大孔中，直至齿条轴 2′的轴肩与孔盘端面相碰为止，此时拨叉 1 拨动三联齿轮处于左端啮合位置。

（2）如图 3 – 7（c）所示，当孔盘两个小孔与齿条轴相对，向左推孔盘时，推动齿条轴 2′左移，带动齿轮 3 顺时针转动，推动齿条轴 2 右移，使 2 和 2′分别插入孔盘的小孔中，拨叉 1 拨动三联滑移齿轮移至中间位置。

（3）如图 3 – 7（d）所示，若孔盘大孔处对着齿条轴 2，无孔处对着齿条轴 2′，则向左推孔盘时，齿条轴 2′左移，齿轮 3 顺时针转动，2 的轴肩插入孔盘的大孔中，拨叉 1 拨动三联滑移齿轮移至最右端。

对于双联齿轮的变速操纵的工作原理与此类似，但因只需左、右两个啮合位置，故齿条 2 和 2′右端只需一段台阶，孔盘上只需在对应的位置上有孔或无孔，由齿条轴带动拨叉使双联滑移齿轮改变啮合位置，即可达到变速的目的。

图 3 – 8 所示为 X6132 型万能升降台铣床主变速操纵机构立体示意图，变速是由手柄 1 和速度盘 4 联合操纵的。变速时，将手柄 1 向外拉出，手柄 1 绕销子 3 摆动而脱开定位销 2，然后逆时针转动手柄 1 约 250°，经操纵盘 5、平键带动齿轮套筒 6 转动，再经齿轮 9 使齿条

轴 10 向右移动，其上拨叉 11 拨动孔盘 12 右移并脱离各组齿条轴；接着转动速度盘 4，经心轴、一对锥齿轮使孔盘 12 转过相应的角度（由速度盘 4 的速度标记确定）；最后反向转动手柄 1，通过齿条轴 10，由拨叉将孔盘 12 向左推入，推动各组变速齿条轴做相应的移位，改变 3 个滑移齿轮的位置，实现变速。当手柄 1 转回原位并由定位销 2 定位时，各滑移齿轮达到正确的啮合位置。

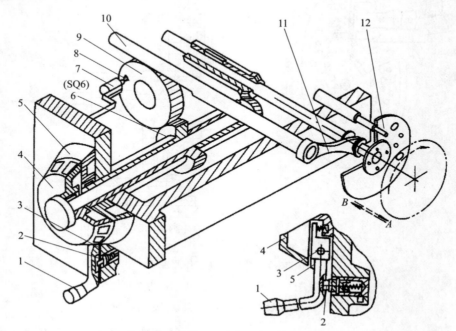

图 3 - 8 X6132 型万能升降台铣床主变速操纵机构立体示意图

1—手柄；2—定位销；3—销子；4—速度盘；5—操纵盘；6—齿轮套筒；7—微动开关；
8—凸块；9—齿轮；10—齿条轴；11—拨叉；12—孔盘

三、工作台结构

图 3 - 9 所示为 X6132 型万能升降台铣床工作台结构图，它由工作台 5、床鞍 1 和回转盘 2 三层组成。床鞍 1 的矩形导轨与升降台（图 3 - 9 中未画出）的导轨相配合，使工作台在升降台导轨上做横向移动。工作台不做横向移动时，可通过手柄 9 经偏心轴 8 的作用将床鞍夹紧在升降台上。工作台 5 可沿回转盘 2 上面的燕尾形导轨做纵向移动。工作台连同回转盘一起可绕定心圆盘 15 的轴线 XVIII 回转 ±45°，并利用螺栓 10 和两块弧形压板 11 紧固在床鞍上。

纵向进给丝杠 3 支承在工作台两端的支架 13、14 的滑动轴承（前支架 14 处）和推力球轴承、圆锥滚子轴承上（后支架 13 处），以承受径向力和两个方向的轴向力。轴承的间隙由螺母 12 调整。手轮 4 空套在丝杠 3 上，当用手将手轮 4 向里推（图 3 - 9 中向右推），并压缩弹簧使端面齿离合器 M 啮合后，可手摇工作台纵向移动。在回转盘 2 上，其左端安装双重螺母，右端装有带端面齿的圆锥齿轮套筒，离合器 M_5 用花键与花键套筒 7 连接，而花键套筒 7 又以滑键 6 与铣有长键槽的丝杠 3 连接，因此，如将端面齿离合器 M_5 向左啮合，则来自轴 XⅧ的运动经圆锥齿轮副、离合器 M_5、滑键 6 而带动丝杠 3 转动。由于双螺母安装在回转盘的左端，它既不能转动又不能轴向移动，所以当丝杠 3 获得旋转运动后，同时又做轴向移动，从而带动工作台 5 做纵向进给运动。

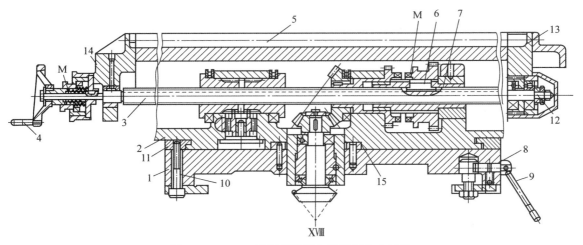

图 3 - 9　X6132 型万能升降台铣床工作台结构

1—床鞍；2—回转盘；3—纵向进给丝杠；4—手轮；5—工作台；6—滑键；7—花键套筒；8—偏心轴；
9—手柄；10—螺栓；11—压板；12—螺母；13—后支架；14—前支架

四、顺铣机构分析

1. 顺铣和逆铣

在铣床上对工件进行加工时，有两种加工方式：一种方式是铣刀刀尖最低点的切削速度与进给方向相反，称为逆铣，如图 3 - 10（a）所示；另一种方式是速度方向与进给方向相同，称为顺铣，如图 3 - 10（b）所示。逆铣时，作用在工件上的水平切削分力 F_x 方向始终与进给方向相反，使丝杠的左侧螺旋面与螺母的右侧螺旋面始终保持接触，因此切削过程稳定；顺铣时，主运动的方向与进给运动的方向相同，若工作台向右进给，则丝杠右侧与螺母左侧仍存在间隙，此时铣刀作用于工件上的水平分力 F_x 与进给方向相同，由于 F_x 大小是变化的，故会造成工作台的间歇性窜动，使切削过程不稳定，引起振动甚至打刀。

2. 顺铣和逆铣的特点

逆铣的优点是切削过程平稳，避免了工作台的窜动。缺点是工件已加工表面产生冷作硬化现象，加速刀具磨损并影响加工质量；工件所受垂直分力向上，不利于工件的夹紧。

顺铣的优点是铣刀与工件不会产生挤压，已加工面的冷作硬化现象较轻，有利于保证加工表面的质量，刀具耐用度比逆铣时提高 2~3 倍；作用在工件上的垂直切削分力将压紧工件，使工件定位夹紧更可靠。缺点是水平切削分力会导致工作台出现窜动现象，引起振动，甚至造成铣刀刀齿折断。

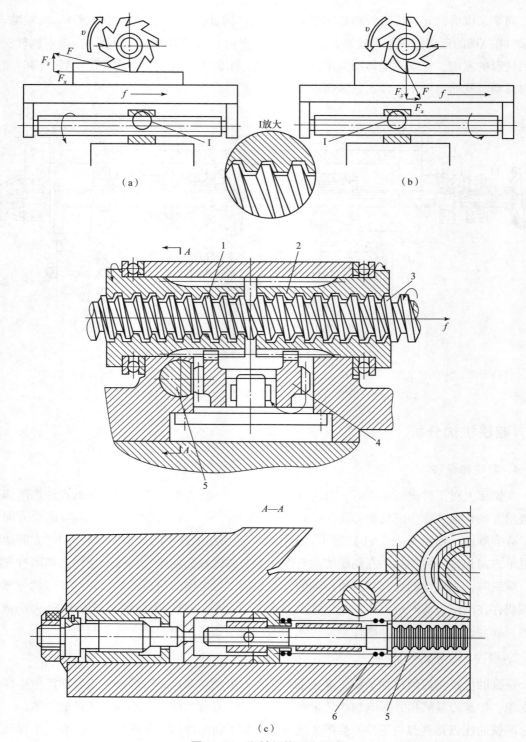

图 3 – 10　顺铣机构工作原理

（a）逆铣；（b）顺铣；（c）顺铣机构结构

1—左螺母；2—右螺母；3—丝杠；4—冠状齿轮；5—齿条；6—弹簧

3. 顺铣机构结构

由于丝杠与螺母之间的间隙对铣床切削质量有较大影响，因此，铣床工作台的进给丝杠与螺母之间必须装有顺铣机构（也称双螺母机构）。如图 3 – 10（c）所示，顺铣机构能消除丝杠与螺母之间的间隙，使工作台不产生轴向窜动，保证顺铣顺利进行；逆铣或快速移动时，可使丝杠与螺母自动松开，降低螺母加在丝杠上的预紧力，以减少丝杠与螺母之间不必要的磨损。

图 3 – 10（c）所示为 X6132 型铣床的顺铣机构工作原理图。齿条 5 在弹簧 6 的作用下使冠状齿轮 4 沿图中箭头方向旋转，并带动左、右螺母向相反方向旋转。此时，左螺母 1 的左侧螺旋面与丝杠 3 的右侧螺旋面贴紧，右螺母 2 的右侧螺旋面与丝杠的左侧螺旋面贴紧。逆铣时，水平切削分力 F_x 向左，由右螺母 2 承受，当进给丝杠按箭头方向旋转时，由于右螺母 2 与丝杠间有较大的摩擦力，故使右螺母 2 有随丝杠转动的趋势，并通过冠状齿轮带动左螺母 1 形成与丝杠转动方向相反的转动趋势，使左螺母 1 左侧螺旋面与丝杠右侧螺旋面之间产生一定的间隙，减小丝杠与螺母间的磨损。顺铣时，水平切削分力 F_x 向右，由左螺母 1 承受，进给丝杠仍按箭头方向旋转时，左螺母 1 与丝杠间产生较大的摩擦力，而使左螺母 1 有随丝杠转动的趋势，并通过冠状齿轮带动右螺母 2 形成与丝杠转动方向相反的转动趋势，使右螺母 2 右侧螺旋面与丝杠左侧螺旋面贴紧，整个丝杠螺母机构的间隙被消除。

工作页

任务描述：机械加工车间中，X6132 型铣床加工时主轴振动噪声大，并且出现窜动。请查找原因，并消除。

工作目标：了解铣床主轴结构；掌握主轴轴承间隙的调整；了解集中式孔盘变速操纵机构的变速原理；理解顺铣和逆铣；了解顺铣机构的原理。

工作准备：

1. X6132 型铣床主轴空心的作用是 _____。

2. 主轴前端的大齿轮上安装了飞轮，它的作用是 _____。

3. X6132 型铣床的主运动及进给运动都采用了 _____ 变速操纵机构来控制。

工作实施：

X6132 型铣床加工时主轴振动噪声大，并且出现窜动，主要原因是 _____。轴承间隙的调整步骤是： _____。

工作提高：

1. 判断：X6132 型铣床和 CA6140 型车床的主轴都采用三支承结构，其中铣床的后支承是辅助支承，而车床的中间支承是辅助支承。 （　　　）

2. 简述顺铣和逆铣的定义及特点。

工作反思：

$$\text{❈ 任务3.4 \quad 万能分度头使用 ❈}$$

知识目标

(1) 了解万能分度头的结构；

(2) 掌握万能分度头的分度方法。

技能目标

(1) 能描述万能分度头的功用；

(2) 能根据分度要求，正确计算和调整万能分度头。

素养目标

(1) 形成良好的职业习惯、规范的职业素养；

(2) 培养认认真真、尽职尽责的职业精神状态。

任务引入

在铣床上用万能分度头加工直齿圆柱齿轮，已知齿数 $z = 26$，如何调整分度头？

相关知识链接

一、万能分度头的用途和结构

分度头装夹工件

万能分度头是铣床常用的一种附件，用来扩大机床的工艺范围。分度头安装在铣床工作台上，被加工工件支承在分度头主轴顶尖与尾座顶尖之间或安装于卡盘上，利用分度头可以进行以下工作：

(1) 使工件绕分度头主轴轴线回转一定角度，以完成等分或不等分的分度工作。如用于加工方头、六角头、花键、齿轮以及多齿刀具等。

(2) 通过分度头使工件的旋转与工作台丝杠的纵向进给保持一定的运动关系，以加工螺旋槽、螺旋齿轮及阿基米德螺旋线凸轮等。

(3) 用卡盘夹持工件，使工件轴线相对于铣床工作台倾斜一定角度，以加工与工件轴线相交成一定角度的平面、沟槽及直齿锥齿轮。

图 3-11 所示为 F1125 型万能分度头的外形。分度头主轴 2 是空心的，两端有莫氏 4 号锥孔，前锥孔用来安装带有拨盘的顶尖；后锥孔可装心轴，作为差动分度或做直线移动分度以及加工小导程螺旋面时安装交换齿轮用。主轴前端外部有一段定位锥体，用来与三爪卡盘的法兰盘连接，进行定位。壳体 4 通过轴承支承在底座 10 上，主轴可随壳体 4 在底座 10 的

环形导轨内转动。因此，主轴除安装成水平位置外，还可在 −6°～95° 内调整角度。

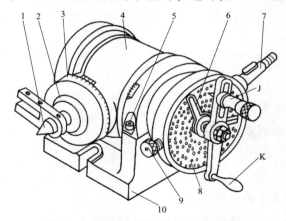

图 3 – 11　F1125 型万能分度头的外形

1—顶尖；2—主轴；3—刻度盘；4—壳体；5—螺母；6—分度叉；7—交换齿轮轴；
8—分度盘；9—分度盘锁紧螺钉；10—底座；J—分度定位销；K—分度手柄

转动手柄 K，可使分度头主轴转动到所需位置。分度盘 8 上均布着不同孔数的孔圈，分度定位销 J 可在分度手柄 K 的径向槽中移动，以便分度定位销插入不同孔数的孔圈中。F1125 型万能分度头带有三块分度盘，每块分度盘有 8 圈孔，孔数如下：

第一块 16、24、30、36、41、47、57、59；

第二块 22、27、29、31、37、49、53、63；

第三块 23、25、28、33、39、43、51、61。

分度头的传动系统如图 3 – 12 所示。转动分度手柄 K，通过一对传动比为 1∶1 的直齿圆柱齿轮和一对传动比为 1∶40 的蜗杆带动主轴转动；安装交换齿轮用的交换齿轮轴 5，通过 1∶1 的螺旋齿轮与空套在分度手柄轴上的孔盘相联系。

二、分度方法

1. 直接分度法

如图 3 – 12 所示，分度时，首先松开主轴锁紧手柄 4，并用蜗杆脱落手柄 3 使蜗杆与蜗轮脱离啮合，然后直接转动主轴。分度主轴转过的角度可由刻度盘 2 和固定在壳体上的游标直接读出。分度完毕后，应将蜗杆手柄 3 接合，并将主轴锁紧手柄 4 锁紧，以防主轴在加工中转动，影响分度精度。直接分度法用于对分度精度要求不高，且分度数较少的工件。

分度头分度

2. 简单分度法

利用分度盘进行分度的方法称简单分度法，这是一种常用的分度方法，适用于分度数较多的场合。如图 3 – 11 所示，分度时，用分度盘锁紧螺钉 9 锁紧分度盘，拔出分度定位销 J，转动分度手柄 K，通过传动系统使分度主轴转过所需角度，然后将分度定位销 J 插入分度盘 8 相应的孔中。

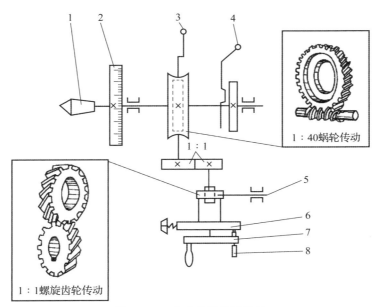

图 3 - 12　分度头的传动系统

1—顶尖；2—刻度盘；3—蜗杆脱落手柄；4—主轴锁紧手柄；5—交换齿轮轴；6—分度盘；7—分度手柄；8—定位销

设被加工工件所需分度数为 Z，每次分度时分度头主轴应转过 $1/Z$ 转，根据分度头的传动系统，手柄对应转过的转数 n_K 为

$$n_K = \frac{1}{Z} \times \frac{40}{1} \times \frac{1}{1} = \frac{40}{z} = a + \frac{p}{q} \quad (r)$$

式中，a——每次分度时手柄 K 转过的整数圈；

$\quad\quad\ q$——所选用分度盘中孔圈的孔总数；

$\quad\quad\ p$——分度定位销 J 在 q 个孔圈数上转过的孔距数。

在分度时，q 值应尽量取分度盘上能实现分度的较大值，以使分度精度高些。为防止由于记忆出错而导致分度操作失误，可调整分度叉的夹角，使分度叉以内的孔数在 q 个孔的孔圈上包含 $p+1$ 个孔。

[**例 3 - 1**] 在铣床上加工直齿圆柱齿轮，齿数为 26，求用 F1125 型分度头分度，每铣削一个轮齿后分度手柄的转数。

解
$$n_k = \frac{40}{z} = \frac{40}{26} = 1 + \frac{21}{39}$$

普铣加工端面
齿离合器

每铣完一个轮齿，分度手柄转过 1 整圈后，再在孔数为 39 的孔圈上转21 个孔距，即工件转 1/26 转。

简单分度法还可派生出另一种分度形式，即角度分度法。简单分度法是以工件的等分数作为计算依据，而角度分度法是以工件所需转过的角度 θ 作为计算依据。由分度头传动系统可知，分度手柄转 40 转，分度头主轴带动工件转一转，也就是 360°，即分度头手柄转一转，工件转 360°/40 = 9°，根据这一关系可得出：

$$n_K = \frac{\theta}{9°} \ (r) \ = a + \frac{p}{q} \ (r)$$

例 3 - 3 在轴上铣相隔 68° 的两键槽，应如何分度。

解
$$n_K = \frac{\theta}{9°} = \frac{68°}{9°} = 7 + \frac{5}{9} = 7 + \frac{35}{63} \ (r)$$

即分度头手柄转 7 圈后再在 63 的孔圈上转过 35 个孔距。

3. 差动分度法

由于分度盘的孔圈有限，使分度盘上没有所需分度数的孔圈，故无法用简单分度法进行分度，如 73、83、97、113 等，此时应采用差动分度法。

差动分度时，应松开分度盘上的锁紧螺钉，使分度盘可随螺旋齿轮转动，并在分度头主轴与侧轴之间安装交换齿轮 Z_1、Z_2、Z_3、Z_4（见图 3 - 13）。图 3 - 14 所示为交换齿轮安装示意图，当手柄转动时，通过交错轴斜齿轮、交换齿轮、蜗杆副的传动，驱动分度盘随主轴的转动而慢速转动，此时手柄 K 的实际转数是手柄相对于分度盘的转数和分度盘本身转数的代数和。这种利用手柄和分度盘同时转动进行分度的方法叫差动分度法。

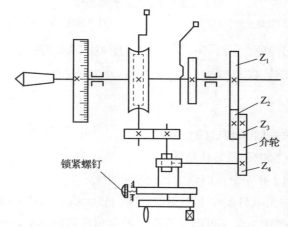

图 3 - 13 差动分度时传动系统图

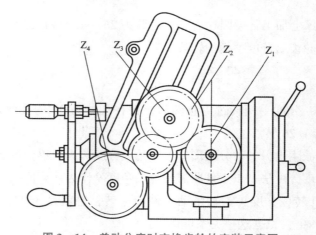

图 3 - 14 差动分度时交换齿轮的安装示意图

差动分度法的分度原理是：设工件为 Z 等分，则分度主轴每次分度转过 $1/Z$ 转，即手柄 K 由 A 处转到 C 处（见图 3 – 15），但 C 处无相应的孔供定位销定位，故不能用简单分度法进行分度。为了在分度盘现有孔数的条件下实现所需的分度数 Z，并能准确定位，可选择一个在现有分度盘上可实现简单分度，同时非常接近所需分度数 Z 的假设分度数 Z_0，并以 Z_0 进行分度，则手柄转 $1/Z_0$ 转，即定位销从 A 处转至 B 处，离所需分度数 Z 定位点 C 的差值为 $Z - Z_0$。为了补偿这一差

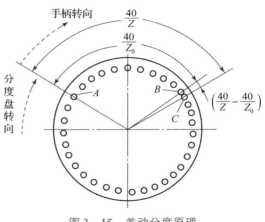

图 3 – 15 差动分度原理

值，只要将分度盘上的 B 点转到 C 点，以供定位销定位。实现补差的传动由手柄经分度头的传动系统，再经连接分度头主轴 1 与侧轴 5 的交换齿轮传至分度盘 6。分度时，分度手柄按所需分度数转 $40/Z$ 转时，经上述传动，使分度盘转（$40/Z - 40/Z_0$）转，分度定位销准确插入 C 点定位。因此，分度时，分度手柄轴与分度盘之间的运动关系为：手柄轴转 $40/Z$ 转，则分度盘转（$40/Z - 40/Z_0$）转。这条差动传动链的运动平衡式为

$$\frac{40}{Z} \times \frac{1}{1} \times \frac{1}{40} \times \frac{z_1}{z_2} \times \frac{z_3}{z_4} \times \frac{1}{1} = \frac{40}{Z} - \frac{40}{Z_0} = \frac{40\,(Z_0 - Z)}{ZZ_0}$$

式中，Z——工件的等分数；

Z_0——假定等分数；

z_1，z_2，z_3，z_4——交换齿轮的齿数。

F1125 型万能分度头配备的交换齿轮齿数有：20、25、30、35、40、50、55、60、70、80、90、100。

选取的 Z_0 应接近于 Z，并能与 40 约分，且有相应的交换齿轮，以便于调整计算易于实现。当 $Z_0 > Z$ 时，分度盘旋转方向与手柄转向相同；当 $Z_0 < Z$ 时，分度盘旋转方向与手柄转向相反。分度盘方向的改变通过在齿轮 Z_3 与齿轮 Z_4 间加介轮实现。

例 3 – 3 在铣床上加工齿数为 77 的直齿圆柱齿轮，用 F1125 型万能分度头进行分度，试进行调整计算。

解 由于分度数 77 无法与 40 约分，分度盘上又无 77 孔的孔圈，因此采用差动分度。

假设分度数 $Z_0 = 75$，则分度手柄相对孔盘转过的转数为

$$n_0 = \frac{40}{Z_0} = \frac{40}{75} = \frac{8}{15} = \frac{16}{30}$$

即选孔数为 30 的孔圈，每分度一次，使分度手柄相对孔盘在 30 孔的孔圈上转过 16 个孔距。

计算交换齿轮齿数：

$$\frac{z_1}{z_2} \times \frac{z_3}{z_4} = \frac{40\,(Z_0 - Z)}{Z_0} = \frac{40 \times (75 - 77)}{75} = -\frac{80}{75} = -\frac{16}{15} = -\frac{80}{60} \times \frac{40}{50}$$

即 $z_1 = 80$，$z_2 = 60$，$z_3 = 40$，$z_4 = 50$，负号表示孔盘旋转方向与手柄转向相反。

分度时注意：只要分度数能约分，或虽然是质数但孔盘的孔圈数恰好有该数值，则应优先选简单分度法，以确保分度精度。若遇等分数为质数而孔圈数又无此数值，则可采用差动分度法。差动分度时，应事先松开孔盘左侧的锁紧螺钉，在交换齿轮、孔圈、孔距都已确定，用切痕法检验分度正确后，才能进行正式的切削加工。

三、铣螺旋槽的调整计算

在铣床上利用万能分度头铣螺旋槽时，应做以下调整计算：

（1）工件支承在工作台上的分度头与尾座顶尖之间，扳动工作台绕垂直轴线偏转工件的螺旋角 β，使铣刀旋转平面与工件螺旋槽方向一致（见图 3 – 16）。偏转方向应根据工件的旋向确定，左旋工件用左手推工作台顺时针转工件的螺旋角 β，右旋工件用右手推工作台逆时针转工件的螺旋角 β。

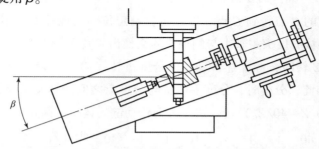

图 3 – 16   铣螺旋槽工作台的调整

（2）在分度头侧轴与工作台丝杠之间装上交换齿轮架及一组交换齿轮，以使工作台带着工件做纵向进给的同时，将丝杠运动经交换齿轮组、侧轴及分度头内部的传动系统使主轴带动工件做相应回转。此时应松开锁紧螺钉，并将定位销插入分度盘孔内，以便通过锥齿轮将运动传至手柄轴。

（3）加工多头螺旋槽或螺旋齿轮等工件时，加工完一条螺旋槽或第一螺旋齿后，应将工件退离加工位置，然后通过分度头使工件分度，再加工下一条槽或下一个齿。

可见，为了在铣螺旋槽时保证工件的直线移动与其绕自身轴线回转之间保持一定的运动关系，由交换齿轮组将进给丝杠与分度头主轴之间的运动联系起来，构成了一条内联系的传动链。该传动链的两端件及运动关系为：工作台纵向移动一个加工工件螺旋槽导程 $L_工$，工件旋转一转。由图 3 – 17 所示的传动系统可列出运动的平衡式为

$$\frac{L_工}{L_{丝杠}} \times \frac{38}{24} \times \frac{24}{38} \times \frac{z_1}{z_2} \times \frac{z_3}{z_4} \times \frac{1}{1} \times \frac{1}{1} \times \frac{1}{40} = 1$$

式中，$L_工$——加工工件的导程（mm）；

$\quad\quad L_{丝杠}$——工作台纵向进给丝杠导程（$L_{丝杠} = 6\text{mm}$）；

$\quad\quad z_1$，z_2，z_3，z_4——交换齿轮的齿数。

化简后可得换置公式为

$$\frac{z_1}{z_2} \times \frac{z_3}{z_4} = \frac{40 L_{丝杠}}{L_工} = \frac{240}{L_工}$$

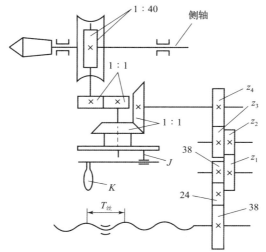

图 3 - 17　铣螺旋槽工作台的调整

[**例 3 - 4**] 利用 F1125 型万能分度头铣削一个右旋斜齿轮，齿数 $z = 25$，法向模数 $m_n = 3$ mm，螺旋角 $\beta = 41°24'$，所用铣床工作台纵向丝杠的导程 $L_{丝杠} = 6$ mm，试进行铣床及分度头的调整计算。

解

（1）工作台的调整：铣右旋齿轮，工作台应逆时针扳转 $41°24'$。

（2）计算交换齿轮齿数。

根据斜齿轮的导程计算公式，计算斜齿轮的导程 $L_工$：

$$L_工 = \frac{\pi m_n z}{\sin\beta} = \frac{\pi \times 3 \times 25}{\sin 41°24'} = 356.291 \ （mm）$$

故

$$\frac{z_1}{z_2} \times \frac{z_3}{z_4} = \frac{240}{356.29} \approx \frac{33}{49} = \frac{55}{35} \times \frac{30}{70}$$

交换齿轮齿数也可查工件导程与交换齿轮齿数表直接获得（见表 3 - 1）。

（3）每次分度时，手柄的转数为

$$n_k = \frac{40}{Z} = \frac{40}{25} = 1 + \frac{18}{30} \ （r）$$

即每次分度，手柄转 1 整圈后，再在孔数为 30 的孔圈上转 18 个孔距。

表 3 - 1　工件导程与交换齿轮齿数表（部分）

导程 /mm	配换齿轮				导程 /mm	配换齿轮			
	z_1	z_2	z_3	z_4		z_1	z_2	z_3	z_4
...	—	—	—	—	...	—	—	—	—
294.00	80	35	25	70	347.62	90	40	35	100
294.55	80	60	55	90	349.09	55	40	50	100

导程 /mm	配换齿轮				导程 /mm	配换齿轮			
	z_1	z_2	z_3	z_4		z_1	z_2	z_3	z_4
297.00	100	55	40	90	350.00	80	70	60	100
298.67	90	70	50	80	352.00	100	55	30	80
299.22	70	60	55	80	352.65	70	40	35	90
300.00	80	50	35	70	355.56	90	80	60	100
301.71	100	55	35	80	356.36	55	35	30	70
302.40	100	70	50	90	360.00	80	60	35	70
304.76	90	80	70	100	363.64	55	25	30	100
…	—	—	—	—	365.71	90	60	35	80
					…	—	—	—	—

任务描述：在铣床上用万能分度头加工直齿圆柱齿轮，已知齿数 $z=26$，如何调整分度头？

工作目标：了解分度头的用途，能够根据分度要求独立调整万能分度头。

工作准备：

写出万能分度头各个部分的名称。

1 _____；2 _____；3 _____；4 _____；5 _____；6 _____；
7 _____；8 _____；9 _____；10 _____；J _____；K _____

工作实施：

在铣床上用万能分度头加工直齿圆柱齿轮，已知齿数 $z=91$，进行分度计算。

工作提高：

利用分度头铣螺旋槽时，铣床要做哪些调整？

工作反思：

 **名人简介**

董礼涛：新时代"铣工状元"。

进入新时代，产业工人也要有新理念、新思想、新知识、新技能、新担当、新贡献。

——董礼涛

董礼涛是哈电汽轮机的一名数控铣工，进厂 33 年来，他从一名技校毕业生做起，虚心好学、潜心钻研，先后获得了公司"铣工状元""技术大王"等荣誉称号。

他代表哈电汽轮机先后参加了中央企业、黑龙江省、哈尔滨市等不同级别的职工技术大赛，均获得了耀眼的成绩。2008 年，哈电汽轮机原二分厂设备升级改造，董礼涛被调到了数控卧式铣床工作；2009 年，公司委派他远赴德国，去学习五轴联动车铣复合加工中心的操作。凭着一股不服输的"钻"劲儿，董礼涛不负众望，在公司引进新设备后短短一个月内，就熟练掌握了新设备的全部操作要领，承担起公司首台燃压机组、重点工程机组等重点项目核心部件的加工任务。我国首台自主化用于国家西气东输项目烟墩站的燃气增压汽轮机，最开始是引进国外的技术，在国外也是经历了 20 年的不断改进、完善才成型的产品。机组的核心部件大多是高温合金等难加工材料，结构极其复杂，需要加工的部位非常多，更难的是尺寸公差、形位公差的要求还特别高。董礼涛根据机床本身的工作特性，尽可能减少工件的装夹次数，保证统一的基准，他自行设计了一套柔性工装，此套工装结构简单、制作方便，可以拆分、组合，还能适应不同结构和异形零部件的安装、定位和夹紧，在燃压机组的生产过程中发挥了巨大作用。

董礼涛的同事们都说："这套工装就是个变形金刚。"他的这套"铣车复合加工中心柔性工装"获得了国家发明专利和实用新型专利；在哈电汽轮机承担的重点工程主动力系统制造过程中，也发挥了重要作用，使批量化生产的进程更快了一步。

"制造业的创新和发展，就是挑战不可能。"董礼涛从当铣工的第一天开始就信奉这个准则。

项目四　了解磨床

×× 任务4.1　认识磨床 ××

知识目标

（1）了解磨床的用途、类型以及加工特点；

（2）认识磨具。

技能目标

（1）具有辨别各类磨床的能力；

（2）能根据工作要求选择磨床。

素养目标

（1）树立严谨的求实精神；

（2）培养开拓进取的创新精神。

任务引入

任务描述：要批量磨削如图4-1所示的圆锥面，应选哪一类磨床加工？如何完成加工？

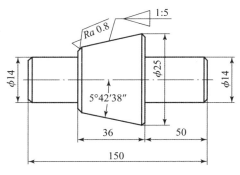

图4-1　磨削1:5圆锥面

一、磨床概述

采用磨料或非金属的磨具（如砂轮、砂带、油石和研磨剂等）对工件表面进行加工的机床称为磨床。它是为了适应工件精密加工而出现的一种机床，是精密加工机床的一种。磨床可以加工各种表面，如内外圆柱面和圆锥面、平面、渐开线齿廓面、螺旋面以及各种成形面等，还可以刃磨刀具和进行切断，工艺范围非常广泛。

1. 磨削加工特点

（1）切削工具是由无数细小、坚硬、锋利的非金属磨粒粘结而成的多刃工具，并且做高速旋转的主运动。

（2）万能性强，适应性广。它能加工其他普通机床不能加工的材料和零件，尤其适用于加工硬度很高的淬火钢件或其他高硬度材料。

（3）磨床种类多、范围广。由于高速磨削和强力磨削的发展，磨床已经扩展到零件的粗加工领域和精密毛坯制造领域，很多零件可以不必经过其他加工而直接由磨床加工成成品。

（4）磨削加工余量小，生产效率较高，更容易实现自动化和半自动化，可广泛用于流水线和自动线加工。

（5）磨削精度高，表面质量好，可进行一般普通精度磨削，也可以进行精密磨削和高精度磨削加工。

2. 磨床类型

磨床的种类很多，按用途和采用的工艺方法不同，可分为以下几类。

（1）外圆磨床，主要磨削回转表面，包括万能外圆磨床、普通外圆磨床及无心外圆磨床等。在普通外圆磨床上可磨削工件的外圆柱面和外圆锥面，在万能外圆磨床上还能磨削内圆柱面及内圆锥面和端面。外圆磨床的主参数为最大磨削直径。

（2）内圆磨床，主要包括内圆磨床、无心内圆磨床及行星内圆磨床等。

（3）平面磨床，用于磨削各种平面，包括卧轴矩台平面磨床、立轴矩台平面磨床、卧轴圆台平面磨床及立轴圆台平面磨床等。工作台可分为矩形工作台和圆形工作台两种，矩形工作台平面磨床的主参数为工作台台面宽度，圆台平面磨床的主参数为工作台台面直径。

（4）工具磨床，用于磨削各种工具，如样板或卡板等，包括工具曲线磨床、钻头沟槽（螺旋槽）磨床、卡板磨床及丝锥沟槽磨床等。

（5）刀具、刃具磨床，用于刃磨各种切削刀具，包括万能工具磨床（能刃磨各种常用刀具）、拉刀刃磨床及滚刀刃磨床等。

（6）专门化磨床，专门用于磨削一类零件上的一种表面，包括曲轴磨床、凸轮轴磨床、花键轴磨床、活塞环磨床、球轴承套圈沟磨床及滚子轴承套圈滚道磨床等。

（7）研磨机，以研磨剂为切削工具，用于对工件进行光整加工，以获得很高的精度和很小的表面粗糙度。

（8）其他磨床，包括珩磨机、抛光机、超精加工机床及砂轮机等。

二、磨具简介

1. 普通磨具

1）普通磨具类型

所谓普通磨具是指用普通磨料制成的磨具，如用刚玉类磨料、碳化硅类磨料和碳化硼磨料制成的磨具。按磨料的结合形式分为固结磨具、涂附磨具和研磨膏。根据不同的使用方式，固结磨具可制造成砂轮、油石、砂瓦、磨头、抛磨块等，涂附磨具可制成纱布、砂纸带、砂带等，研磨膏可分成硬膏和软膏。

2）砂轮的特性及其选择

砂轮是最重要的磨削工具，它是用结合剂把磨粒黏结起来，经压坯、干燥和焙烧而制成的多孔疏松物体。砂轮的特性主要取决于以下五个方面。

（1）磨料。

磨料是制造砂轮的主要材料，直接担负切削工作。磨料应具有高硬度、高耐热性和一定的韧性，在磨削过程中受力破坏后还要能形成锋利的几何形状。常用的磨料有氧化物系（刚玉类）、碳化物系和超硬磨料系三类。

（2）粒度。

粒度是指磨粒颗粒的大小，通常分为磨粒（颗粒尺寸 > 40 μm）和微粉（颗粒尺寸 ≤ 40 μm）两类。磨粒用筛选法确定粒度号，粒度号越大，表示磨粒颗粒越小。微粉按其颗粒的实际尺寸分级，一般来说，粗磨用粗粒度（30# ~ 46#），精磨用细粒度（60# ~ 120#）。

（3）硬度。

砂轮的硬度是指砂轮工作表面的磨粒在磨削力的作用下脱落的难易程度，它反映磨粒与结合剂的黏固强度。磨粒不易脱落，称砂轮硬度高；反之，称砂轮硬度低。

砂轮的硬度从低到高分为超软、软、中软、中、中硬、硬、超硬 7 个等级。

工件材料较硬时，为使砂轮有较好的自砺性，应选用较软的砂轮；工件与砂轮的接触面积大，当工件的导热性差时，为减少磨削热，避免工件表面烧伤，应选用较软的砂轮；对于精磨和成形磨削，为了保持砂轮的廓形精度，应选用较硬的砂轮；粗磨时应选用较软的砂轮，以提高磨削效率。

（4）结合剂。

结合剂是将磨料黏结在一起，使砂轮具有必要的形状和强度的材料。结合剂的性能对砂轮的强度、抗冲击性、耐热性、耐腐蚀性，以及对磨削温度和磨削表面质量都有较大的影响。

常用结合剂的种类有陶瓷、树脂、橡胶及金属等。陶瓷结合剂的性能稳定，耐热，耐酸碱，价格低廉，应用最为广泛；树脂结合剂强度高，韧性好，多用于高速磨削和薄片砂轮；橡胶结合剂适用于无心磨的导轮、抛光轮、薄片砂轮等；金属结合剂主要用于金刚石砂轮。

（5）组织。

砂轮的组织是指砂轮中磨粒、结合剂和气孔三者间的体积比例关系。按磨粒在砂轮中所占体积的不同，砂轮的组织分为紧密、中等和疏松三大类。生产中常用的是中等组织的砂轮。

3）砂轮的形状、尺寸与标志

根据用途、磨削方式和磨床类型的不同，砂轮被制成各种形状和尺寸，并已标准化。砂轮的特性用代号标注在砂轮端面上，用以表示砂轮的磨料、粒度、硬度、结合剂、组织、形状、尺寸及最高工作线速度。

2. 超硬磨具

超硬磨具是指用金刚石、立方氮化硼等以显著高硬度为特征的磨料制成的磨具，可分为金刚石磨具、立方氮化硼磨具和电镀超硬磨具。超硬磨具一般由基体、过渡层和超硬磨料层三部分组成，磨料层厚度为 1.5～5 mm，主要由结合剂和超硬磨粒所组成，起磨削作用。

超硬磨具的粒度、结合剂等特性与普通磨具相似，浓度是超硬磨具所具有的特殊性。浓度是指超硬磨具磨料层每立方厘米体积内所含的超硬磨料的重量，它对磨具的磨削效率和加工成本有着重要的影响。若浓度过高，则很多磨粒易过早脱落，导致磨料的浪费；若浓度过低，则磨削效率不高，不能满足加工要求。

工作页

任务描述：要批量磨削如图 4-1 所示的圆锥面，应选哪一类磨床加工？如何完成加工？

工作目标：能根据工作要求辨识、选择磨床类型。

工作准备：

1. 磨床加工的工艺范围为 _____，还可以刃磨刀具和进行切断。

2. 按磨料的结合形式分为 _____ 磨具、_____ 磨具和 _____。

3. 超硬磨具的粒度、结合剂等特性与普通磨具相似，_____ 是超硬磨具所具有的特殊性。

工作实施：

1. 磨削加工的特点有哪些？

2. 按用途和采用的工艺方法不同，磨床可分为哪几类？

工作提高：

砂轮是最重要的磨削工具，它是用结合剂把磨粒黏结起来，经压坯、干燥和焙烧而制成的多孔疏松物体，加工时应如何选用砂轮？

工作反思：

知识目标

(1) 了解 M1432B 型万能外圆磨床的主要组成;

(2) 掌握 M1432B 型万能外圆磨床的传动系统。

技能目标

(1) 会分析头架、砂轮架的运动;

(2) 能清楚纵、横向进给时, 机动进给与手动进给的区别。

素养目标

(1) 学会由表及里深入分析;

(2) 塑造良好的道德人格。

任务引入

在 M1432B 型万能外圆磨床上磨削外圆时, 若用两顶尖支承工件进行磨削, 为什么工件头架主轴不转动? 那工件是怎样获得旋转运动的?

相关知识链接

M1432B 型万能外圆磨床主要用于磨削内外圆柱面、内外圆锥面、阶梯轴轴肩以及端面、简单的成形回转体表面等。它属于工作台移动式普通精度级机床, 其工作精度如下:

(1) 不用中心架, 工件支承在头架、尾座顶尖上, 工件尺寸为直径 60 mm、长度 500 mm。精磨后的精度和表面粗糙度如下:

圆度公差值: 0.003 mm;

圆柱度公差值: 0.005 mm;

表面粗糙度 Ra 值: 0.4 μm。

(2) 不用中心架, 工件安装在卡盘上, 工件尺寸为直径 50 mm、悬伸长度 150 mm。精磨后的精度和表面粗糙度如下:

圆度公差值: 0.005 mm;

表面粗糙度 Ra 值: 0.4 μm。

(3) 不用中心架, 工件安装在卡盘上, 工件尺寸为孔径 60 mm、长度 125 mm。精磨内孔的精度和表面粗糙度如下:

圆度公差值: 0.005 mm;

表面粗糙度 Ra 值：0.8 μm。

由于 M1432B 型万能外圆磨床的自动化程度较低，磨削效率不高，所以该机床适用于工具车间、机修车间和单件、小批量生产车间。

一、M1432B 型万能外圆磨床的主要组成

M1432B 型万能外圆磨床的外形如图4-2所示，其主要由下列部件组成。

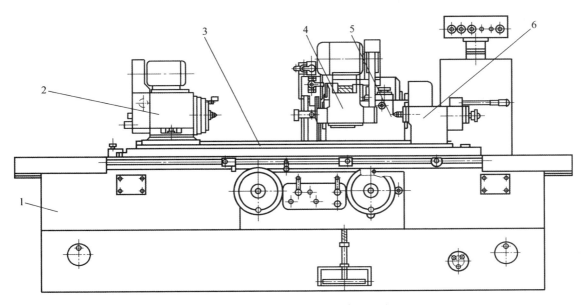

图 4-2   M1432B 型万能外圆磨床的外形

1—床身；2—工件头架；3—工作台；4—内圆磨具；5—砂轮架；6—尾座

1）床身

床身1是磨床的基础支承件。床身前部的导轨上安装有工作台3，工作台台面上装有工件头架2和尾座6，床身后部的横向导轨上装有砂轮架5。

2）工件头架

工件头架2是装有工件主轴并驱动工件旋转的箱体部件，由头架电动机驱动，经变速机构使工件产生不同速度的旋转运动，以实现工件的圆周进给运动。头架体座可绕其垂直轴线在水平面内回转，按加工需要在逆时针方向90°范围内做任意角度的调整，以磨削锥度大的短锥体零件。

3）工作台

工作台3通过液压传动做纵向直线往复运动，使工件实现纵向进给。工作台分上、下两层，上工作台可相对于下工作台在水平面内顺时针方向最大偏转3°，最大磨削长度750 mm的磨床逆时针方向最大偏转8°，最大磨削长度1 000 mm的磨床逆时针方向最大偏转7°，最大磨削长度1 500 mm的磨床逆时针方向最大偏转6°，以便磨削锥度小的长锥体零件。

4）砂轮架

砂轮架5由主轴部件和传动装置组成，安装在床身后部的横导轨上，可沿横导轨做快速横向移动。砂轮的旋转运动是磨削外圆的主体运动。砂轮架可绕垂直轴线转动 ±30°，以磨削锥度大的短锥体零件。

5）内圆磨具

内圆磨具4用于磨削内孔，其上的内圆磨砂轮由单独的电动机驱动，以极高的转速做旋转运动。磨削内孔时，将内圆磨具翻下对准工件，即可进行内圆磨削工作。

6）尾座

尾座6的顶尖与工件头架2的前顶尖一起支承工件。

二、M1432B 万能外圆磨床主要技术性能

M1432B 型万能外圆磨床的主要技术规格如下：

外圆磨削直径：$\phi 8 \sim \phi 320$ mm；

外圆最大磨削长度（共有三种规格）：750 mm，1 000 mm，1 500 mm；

内孔磨削直径：$\phi 30 \sim \phi 100$ mm；

内孔最大磨削深度：125 mm；

磨削工件最大质量：150 kg；

砂轮尺寸（外径×宽度×内径）：$\phi 400$ mm ×50 mm ×$\phi 203$ mm；

外圆砂轮转速：1 600 r/min；

砂轮架回转角度：±30°；

头架主轴转速（6级）：25 r/min，50 r/min，75 r/min，110 r/min，150 r/min，220 r/min；

头架体座回转角度：+90°；

内圆砂轮转速：10 000 r/min，15 000 r/min；

内圆砂轮尺寸（两种）：最大 $\phi 50$ mm × 25 mm ×$\phi 13$mm，最小 $\phi 17$ mm × 20 mm × $\phi 6$ mm；

工作台纵向移动速度（液压无级调速）：4～0.1 m/min；

砂轮架主电动机：5.5 kW，1 500 r/min；

头架电动机：0.55/1.1 kW，750 r/min（1 500 r/min）；

内圆磨具电动机：1.1 kW，3 000 r/min；

机床外形尺寸（三种规格）：长度 3 105 mm，3 605 mm，4 605 mm；宽度 1 810 mm；高度 1 515 mm；

机床重量（三种规格）：3 600 kg，3 700 kg，4 300 kg。

三、外圆磨床的典型加工方法

图 4 – 3 所示为 M1432B 型万能外圆磨床的几种典型加工方法。

图 4 - 3（a）所示为用纵磨法磨削外圆柱面，此时砂轮的高速旋转为主体运动，工件的旋转为圆周进给运动，工作台带动工件做纵向直线进给运动，两个进给运动共同形成外圆柱表面。另外，砂轮的横向切入运动是周期性的，可以在工件由左至右一次行程完毕后进行，也可以在工件由右至左一次行程完毕后进行，还可以是一次往复行程完毕后进行。

图 4 - 3（b）所示为磨削小锥度的长锥体零件，此时上工作台需相对于下工作台偏转一工件锥体的角度，加工时所需运动与磨削外圆时相同。

图 4 - 3（c）所示为用切入法磨削锥度大的短锥体零件，此时砂轮架需转动一锥体的角度，且做连续的横向切入进给运动，但工作台无须做纵向直线往复运动。

图 4 - 3（d）所示为用内圆磨具磨削内锥孔，此时需将内圆磨具翻下对准工件，砂轮架上的砂轮不做旋转运动，而内磨砂轮做高速旋转主体运动，工做台带动由卡盘夹持的工件做纵向直线进给运动，同时工件也做圆周进给运动，砂轮架带动内圆磨具做周期性的横向切入运动。

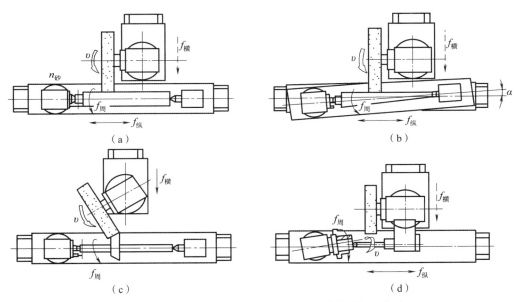

图 4 - 3 　M1432B 型万能外圆磨床的几种典型加工方法

（a）磨削外圆柱面；（b）磨削小锥度外圆锥面；（c）切入式磨削外圆锥面；（d）磨削内圆锥面

四、M1432B 万能外圆磨床的传动系统

M1432B 型万能外圆磨床各部件的运动是由机械传动装置和液压传动装置联合传动来实现的。在该机床中，除了工作台的纵向往复运动、砂轮架的快速进退和周期自动切入进给、尾座顶尖套筒的缩回、砂轮架丝杠螺母间隙消除运动及手动互锁运动是由液压传动配合机械传动来实现的以外，其他运动都是由机械传动系统完成。图 4 - 4 所示为 M1432B 型万能外圆磨床的机械传动系统。

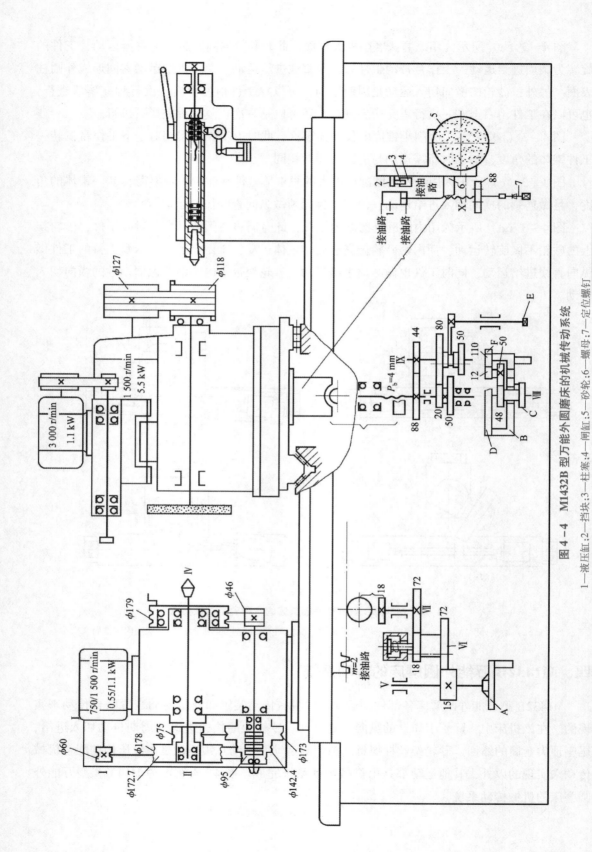

图 4 - 4　M1432B 型万能外圆磨床的机械传动系统

1—液压缸；2—挡块；3—柱塞；4—闸缸；5—砂轮；6—螺母；7—定位螺钉

1. 砂轮架主轴的旋转主运动

砂轮架主轴由 5.5 kW、1 500 r/min 的主电动机驱动，经带传动使主轴获得 1 600 r/min 的高转速。

2. 内圆磨具主轴的旋转主运动

内圆磨具主轴由内磨装置上 1.1 kW、3 000 r/min 的电动机驱动，经平带直接传动，更换带轮可使主轴获得 10 000 r/min 和 15 000 r/min 两种转速。

内圆磨具安装在内圆磨具支架上，为了保证工作安全，内圆磨削砂轮电动机的启动和内圆磨具支架的位置有连锁作用，即只有支架翻到磨削内圆的工作位置时，电动机才能启动，同时砂轮架快速进退手柄在原位置上自动锁住，此时砂轮架不能快速移动。

3. 工件头架主轴的圆周进给运动

工件头架主轴由双速电动机驱动，经 Ⅰ－Ⅱ 轴间的一级带传动变速、Ⅱ－Ⅲ 轴间的三级带传动变速和 Ⅲ－Ⅳ 轴间的带传动，使头架主轴获得 25～220 r/min 的六种不同转速。其传动路线表达式为

$$
\text{头架电动机 Ⅰ} - \frac{\phi 60}{\phi 178} - \text{Ⅱ} - \begin{Bmatrix} \dfrac{\phi 172.7}{\phi 95} \\ \dfrac{\phi 178}{\phi 142.4} \\ \dfrac{\phi 75}{\phi 173} \end{Bmatrix} - \text{Ⅲ} - \frac{\phi 46}{\phi 179} - \text{拨盘（工件）}
$$

4. 工作台的手动纵向直线移动

为了调整机床及磨削阶梯轴的台阶，还可用手轮 A 来操纵工作台的手动纵向直线移动。其传动路线表达式为

$$
\text{手轮 A} - \text{V} \frac{15}{72} \text{Ⅵ} \frac{18}{72} \text{Ⅶ} - \text{齿轮（}z = 18\text{）齿条副（工作台纵向移动）}
$$

手轮 A 转一转时，工作台的纵向移动量 $f_{纵}$ 为

$$
f_{纵} = 1 \times \frac{15}{75} \times \frac{18}{72} \times 18 \times 2\pi \text{ mm} \approx 6 \text{ mm}
$$

手摇机构中设置了互锁液压缸，当工作台由液压传动驱动时，互锁液压缸的上腔通液压油，使齿轮副 18/72 脱开啮合，手动纵向直线移动不能实现；当工作台不用液压传动驱动时，互锁液压缸上腔通油箱，在液压缸内弹簧力的作用下，齿轮副 18/72 重新啮合传动，此时转动手轮 A，经齿轮副 15/72、18/72 和齿轮（$z = 18$）齿条副，实现工作台的手动纵向直线移动。

5. 砂轮架的横向手动进给运动

砂轮架的横向手动进给运动由手轮 B 来操纵，分粗进给和细进给两种，其传动路线表达式为

$$手轮\ B—Ⅷ—\begin{Bmatrix}\dfrac{50}{50}\\[2mm]\dfrac{20}{80}\end{Bmatrix}—Ⅸ—\dfrac{44}{88}—丝杠\ (T=4\ mm,\ 滑鞍及砂轮架横向进给)$$

细进给时，将手柄 E 拉到图 4-4 所示位置，转动手轮 B，直接由传动轴Ⅷ，经 20/80 和 44/88 齿轮副及丝杠，使砂轮架做横向细进给运动；粗进给时，将手柄 E 向前推，使齿轮副 50/50 啮合传动，砂轮架做横向粗进给运动。

粗进给时，手轮 B 转一圈，砂轮架的横向移动量为 2 mm，手轮 B 刻度盘 D 的圆周分为 200 格，故刻度盘 D 每格的进给量为 0.01 mm；细进给时，手轮 B 每转一圈，砂轮架的横向移动量为 0.5 mm，此时刻度盘 D 每格的进给量为 0.002 5 mm。

工作页

任务描述：在 M1432B 型万能外圆磨床上磨削外圆时，若用两顶尖支承工件进行磨削，为什么工件头架主轴不转动？那工件是怎样获得旋转运动的？

工作目标：掌握 M1432B 型万能外圆磨床的传动系统。

工作准备：

1. 外圆磨床的主运动是_____；砂轮的旋转运动是_____。

2. M1432B 型万能外圆磨床磨削小锥度的长锥体零件，需要_____偏转一工件锥体的角度。

工作实施：

1. 说明 M1432B 型万能外圆磨床的主要组成。

2. 计算 M1432B 型万能外圆磨床砂轮架手动横向进给，当手轮（手轮的刻度盘上分为 200 格）转 1 格时，粗进给量和细进给量分别为多少？

工作提高：

如果磨床头架和尾座的锥孔中心线在垂直平面内不等高，磨削的工件将产生什么误差？如何解决？如果两者在水平面内不同轴，磨削的工件又将产生什么误差？如何解决？

工作反思：

❈ 任务 4.3   M1432B 型万能外圆磨床主要结构认识 ❈

知识目标

（1）掌握 M1432B 型万能外圆磨床砂轮架结构与轴承间隙调整；

（2）掌握 M1432B 型万能外圆磨床头架的结构与调整。

技能目标

（1）能看懂砂轮架、头架结构，并能调整间隙；

（2）会分析定程磨削时，工件大了或砂轮小了的补偿调整方法。

素养目标

（1）培养学生精益求精、追求卓越的精神；

（2）引导学生树立科技强国的自信。

任务引入

任务描述：在 M1432B 型万能外圆磨床采用定程磨削一批零件后发现工件的尺寸大了 0.05 mm，应如何补偿调整？

一、砂轮架

M1432B 型万能外圆磨床砂轮架结构如图 4-5 所示。砂轮主轴部件直接影响工件的精度和表面质量，应具有高的回转精度、刚度、抗振性及耐磨性，是砂轮架部件的关键部分。

砂轮主轴 8 的径向支承采用短四瓦动压滑动轴承进行支承。每个滑动轴承由四块包角约 60°的扇形轴瓦 5 组成，四块轴瓦均布在轴颈周围，且轴瓦上的支承球面凹孔与轴瓦沿圆周方向的中心有一约 5°30′的夹角，即支承球面凹孔中心在周向偏离轴瓦对称中心。由于采用球头支承，所以轴瓦可以在球头螺钉 4 和轴瓦支承球头销 7 上自由摆动，有利于高速旋转时主轴和轴瓦间形成油楔，并依靠油楔的节流作用产生静压效果，形成油膜压力。轴颈周围均布着四个独立的压力油楔，产生四个独立的压力油膜区，使轴颈悬浮在四个压力油膜区之中，不与轴瓦直接接触，减少了主轴与轴承配合面间的磨损，并使主轴保持较高的回转精度。当由于磨削载荷的作用，砂轮主轴偏向某一块轴瓦时，这块轴瓦的油楔变小，油膜压力升高；而对应的另一方向的轴瓦油楔则变大，油膜压力减小。这样，油膜压力的变化会使砂轮主轴自动恢复到原平衡位置，即四块轴瓦的中心位置。由此可见，轴承的刚度较高。

主轴与轴承间的径向间隙可通过球头螺钉 4 来调整。调整时，先依次卸下封口螺钉 1、

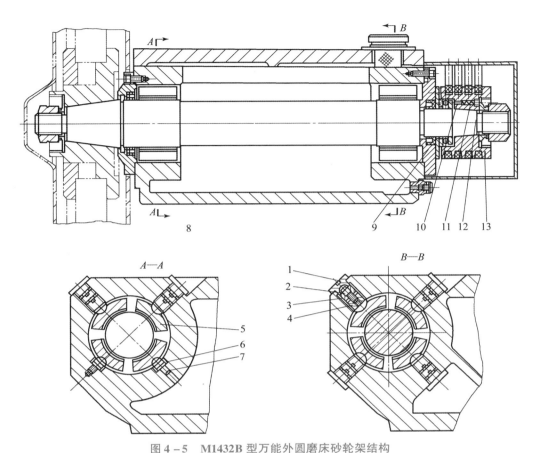

图 4 – 5 M1432B 型万能外圆磨床砂轮架结构

1—封口螺钉；2—锁紧螺钉；3—螺套；4—球头螺钉；5—轴瓦；6—密封圈；7—轴瓦支承球头销；

8—砂轮主轴；9—轴承盖；10—销子；11—弹簧；12—螺钉；13—带轮

锁紧螺钉 2 和螺套 3，然后旋转球头螺钉 4 至适当位置，使主轴和轴承的间隙保持在 0.01 ~ 0.02 mm。调整完毕，依次装好螺套 3、锁紧螺钉 2 和封口螺钉 1，以保证支承刚度。一般情况下只调整位于主轴下部（或上部）的两块轴瓦即可，如果调整这两块轴瓦后仍不能满足要求，则需对其余两块轴瓦也进行调整，直至满足旋转精度的要求。但应注意的是，四块轴瓦同时调整时，应在轴瓦上做好相应的标记，保证在调整后装配时轴瓦保持原来的位置。

砂轮主轴 8 向右的轴向力通过主轴右端轴肩作用在轴承盖 9 上，向左的轴向力通过带轮 13 中的六个螺钉 12，经弹簧 11 和销子 10 以及推力球轴承，最后传递到轴承盖 9 上。弹簧 11 可用来给推力球轴承预加载荷。

砂轮架体壳内装润滑油（通常为 2 号主轴油），以润滑主轴轴承，油面高度可从圆形油窗观察，砂轮主轴两端用橡胶密封圈实现密封。

装在砂轮主轴上的零件如带轮、砂轮压紧盘、砂轮等都应仔细平衡，四根 V 带的长度也应一致，否则易引起砂轮主轴的振动，直接影响磨削表面的表面质量。

砂轮架用 T 形螺钉紧固在滑鞍上，它可绕滑鞍的定心圆柱销在 ±30° 范围内调整角度位置。加工时，滑鞍带着砂轮架沿垫板上的导轨做横向进给运动。

二、内圆磨具

图 4-6 所示为内圆磨具主轴部件结构图，内圆磨具安装在支架的孔中，不工作时，内圆磨具支架翻向上方。

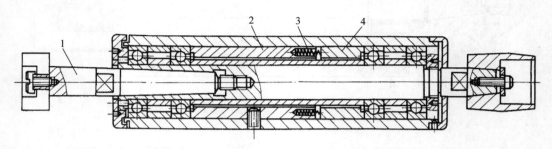

图 4-6　M1432B 型万能外圆磨床内圆磨具主轴部件结构
1—接长杆；2，4—套筒；3—弹簧

内圆磨具有下列特点：

（1）磨削内圆时，因砂轮直径大小受到限制，要达到足够的磨削线速度，就要求砂轮轴具有很高的转速。因此，内圆磨具应保证高转速下运转平稳，主轴轴承应有足够的刚度和寿命。目前采用平带传动或内联原动机传动内圆磨具主轴。图 4-6 中的主轴前、后轴承各采用两个 P5 级精度的角接触球轴承，用弹簧 3 通过套筒 2 和 4 进行预紧。

（2）当被磨削内孔的长度不同时，接长杆 1 可以更换，但由于受结构的限制，接长杆轴颈较细而悬伸又较长，因此刚性较差，是内圆磨具中最薄弱的环节。为了克服这个缺点，某些专用磨床的内圆磨具常改成固定轴形式。

三、工件头架

图 4-7 所示为工件头架的装配图。头架主轴 10 和前顶尖根据不同的工作需要，可以设置成转动或不转动。当用前后顶尖支承工件磨削时，拨盘 9 上的拨杆 20 拨动工件夹头，使工件旋转。此时，头架主轴 10 和顶尖是固定不转的。固定主轴的方法是：顺时针方向旋转捏手 14 到旋转不动为止，通过蜗杆齿轮间隙消除机构将头架主轴间隙消除。此时头架主轴 10 被固定，不能旋转，工件则由与带轮 11 连接的拨盘 9 上的拨杆 20 带动。当用自定心卡盘或单动卡盘、专用夹具夹持工件磨削时，在头架主轴 10 前端安装卡盘。在安装卡盘前，用千分表顶在头架主轴的端部，通过捏手 14 按逆时针方向旋转（并观察千分表读数）。在选择好头架主轴的间隙后，把装在拨盘 9 上的传动键 13 插入头架主轴中，再用螺钉将传动键固定，然后用螺钉 12 将卡盘安装在头架主轴大端的端部，由拨盘 9 带动头架主轴 10 旋转，卡盘也随着一起转动。

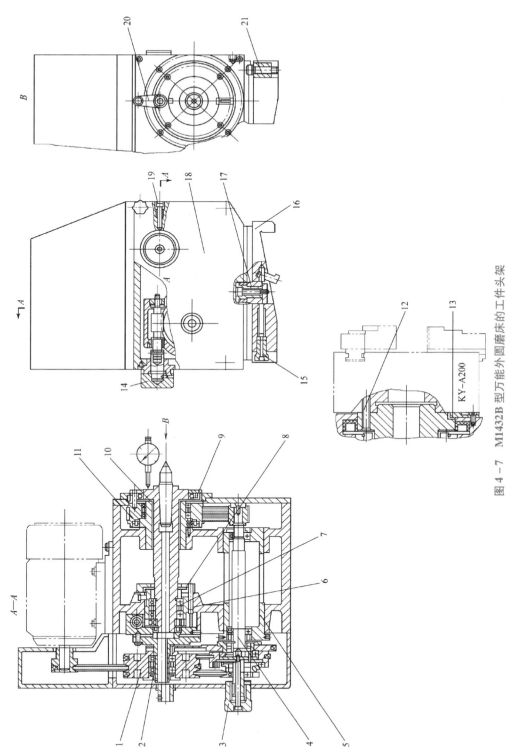

图 4 – 7　M1432B 型万能外圆磨床的工件头架

1、11—带轮;2、5—偏心套;3—变速捏手;4—中间轴;6、7—隔套;8—角接触球轴承;9—拨盘;10—头架主轴;

12、15、19—螺钉;13—传动键;14—捏手;16—底座;17—销轴;18—头架壳体;20—拨杆;21—偏心轴

头架主轴 10 的后支承为两个"面对面"排列安装的 P5 级精度的角接触球轴承 8，头架主轴后轴颈处有一轴肩，因此主轴的轴向定位由后支承的两个轴承来实现，即两个方向的轴向力由后支承的两个轴承承受。通过仔细修磨隔套 6、7 的厚度，使轴承内、外圈产生一定的轴向位移，对头架主轴轴承进行预紧，以提高头架主轴部件的刚度和旋转精度。头架主轴的运动由传动平稳的带传动实现，头架主轴上的带轮采用卸荷式带轮装置，以减少主轴的弯曲变形。头架主轴 10 的前、后端部采用橡胶密封圈进行密封。

头架变速可通过推拉变速捏手 3 及改变双速电动机的转速来实现。在推拉变速捏手 3 变速时，应先将电动机停止后方可进行。带轮 1 和中间轴 4 装在偏心套 2 和 5 上，转动偏心套可调整各带轮之间传动的张紧力。转动偏心套 5 获得适当的张紧力后，应用螺钉 19 锁紧偏心套 5。

头架壳体 18 可绕底座 16 上的销轴 17 来调整角度，回转角度为逆时针方向 0°~90°，以磨削锥度大的短锥体。头架壳体 18 固定在工作台上，可先旋紧两个螺钉 15，然后再旋紧螺钉 15 中的内六角螺钉（左旋螺纹），这样就可以将头架壳体固定在工作台上了。

头架的侧母线可通过销轴 17 进行微量调整，以保证头架和尾座的中心在侧母线上重合。头架的侧母线与砂轮架导轨的垂直度可通过偏心轴 21 进行微量调整，调整后必须将偏心轴 21 锁紧。

工作页

任务描述：在 M1432B 型万能外圆磨床采用定程磨削一批零件后发现工件的尺寸大了 0.05 mm，应如何补偿调整？

工作目标：掌握 M1432B 型万能外圆磨床的主要部件结构。

工作准备：

1. M1432B 型万能外圆磨床的头架主轴根据不同的工作需要，可以设置成_____或_____两种情况。

2. 磨床上尾座的作用是_____。

工作实施：

1. 在 M1432B 型万能外圆磨床上磨削工件，装夹工件的方法有哪几种？

2. 说明定程磨削时因为砂轮磨损导致工件直径变大之后，补偿调整的方法。

工作提高：

简要说明 M1432B 型万能外圆磨床砂轮主轴轴承的工作原理和间隙调整方法。

工作反思：

❈ 任务4.4 其他类型磨床简介 ❈

知识目标

(1) 了解无心外圆磨床的结构与加工；
(2) 掌握平面磨床的工作原理；
(3) 认识内圆磨床。

技能目标

(1) 具有根据不同的磨削要求选择相应磨床的能力；
(2) 能分析其他磨床加工工件时所需的运动。

素养目标

(1) 勤勉学习，打造良好的学业素质；
(2) 养成开拓进取、锐意改革的精神。

任务引入

任务描述：加工一批如图4-8所示的底座零件，应选用哪一类磨床加工？

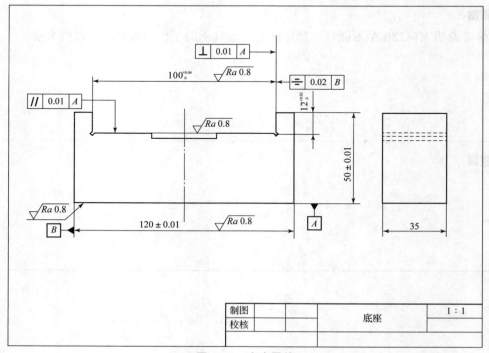

图4-8 底座零件

一、无心外圆磨床

1. 无心外圆磨床的外形结构

图4-9所示为目前生产中较普遍使用的无心外圆磨床的外形。砂轮架3固定在床身1的左边，装在其上的砂轮主轴通常是不变速的，由装在床身内的电动机经V带直接传动。导轮架装在床身右边的滑板9上，它由转动体5和座架6两部分组成。转动体可在垂直平面内相对座架转位，以使装在其上的导轮主轴根据加工需要对水平线偏转一个角度。导轮可有级或无级变速，它的传动装置装在座架内。在砂轮架左上方以及导轮架转动体的上面，分别装有砂轮修整器2和导轮修整器4，在滑板9的左端装有工件座架11，其上装着支承工件用的托板16，以及使工件在进入与离开磨削区时保持正确运动方向的导板15。利用快速进给手柄10或微量进给手轮7，可使导轮沿滑板9上的导轨移动（此时滑板9被锁紧在回转底座8上），以调整导轮和托板间的相对位置；或者使导轮架、工件座架同滑板9一起，沿回转底座8上的导轨移动（此时导轮架被锁紧在滑板9上），实现横向进给运动。回转底座8可在水平面内扳转角度，以便磨削锥度不大的圆锥面。

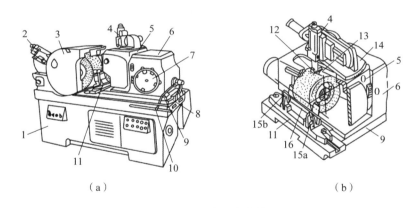

（a）　　　　　　　　　　　　　　（b）

图4-9　无心外圆磨床的外形

（a）无心外圆磨床外形总图；（b）导轮架结构

1—床身；2—砂轮修整器；3—砂轮架；4—导轮修整器；5—转动体；6—座架；7—微量进给手轮；

8—回转底座；9—滑板；10—快速进给手柄；11—工件座架；12—导轮修正刀具；13—导轮；

14—转盘；15a—前导板；15b—后导板；16—托板

2. 无心外圆磨床的加工

图4-10（a）所示为无心外圆磨床加工示意图。无心外圆磨床工作时，工件不是支承在顶尖上或夹持在卡盘中，而是放在砂轮和导轮之间，以被磨削外回转表面作定位基准，支承在托板和导轮上，在磨削力以及导轮和工件间的摩擦力作用下被带动旋转，实现圆周进给运动。导轮是摩擦系数较大的树脂或橡胶砂轮，其转速较低，线速度一般为20～80 m/min，它不

起磨削作用，而是用于支承工件和控制工件的进给速度。在正常磨削情况下，高速旋转的磨削轮通过切向磨削力带动工件旋转，导轮则依靠摩擦力对工件进行"制动"，限制工件的圆周线速度，使之基本上等于导轮的线速度，从而在磨削轮和工件间形成很大的速度差，产生磨削作用。改变导轮的转速，可调节工件的圆周进给速度。

　　无心外圆磨床磨削时，工件直接由砂轮、导轮及托板定位、支承，磨削质量较好，刚度和生产率高，适宜磨削细长轴或长度短而无法装夹的圆柱面，如滚针、滚柱和心轴等，但不能加工有轴向槽的圆柱面或内外圆有同轴度要求的柱面。

　　无心外圆磨床配备自动装料和卸料机构，易实现自动化，但机床调整费时，故常用于大批大量生产。无心磨削时，工件的中心必须高于导轮和砂轮中心连线（高出的距离一般等于 $0.15d \sim 0.25d$，d 为工件直径），如图 4-10（b）所示，使工件与砂轮、导轮间的接触点不在工件的同一直径线上，从而使工件在多次转动中逐渐被磨圆。

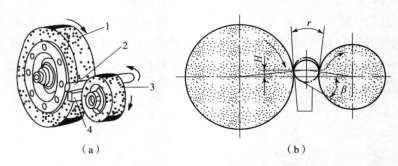

图 4-10　无心外圆磨床加工示意图
1—砂轮；2—工件；3—导轮；4—托板

3. 无心外圆磨床的磨削方法

　　无心外圆磨床有两种磨削方法，即纵磨法和横磨法。

　　如图 4-11（a）所示，纵磨法是将工件从机床前面放到前导板上，推入磨削区。由于导轮在垂直平面内倾斜一定的角度，故导轮与工件接触处的线速度 $v_导$ 可分解为水平与垂直两个方向的分速度 $v_{导水平}$ 和 $v_{导垂直}$，垂直方向的速度控制工件的圆周进给运动，水平方向的速度使工件做纵向进给，所以工件进入磨削区后，便既做旋转运动，又做轴向移动，穿过磨削区，从机床后面出去，完成一次走刀。磨削时，工件一个接一个地通过磨削区，加工是连续进行的。为了保证导轮和工件间为直线接触，导轮的形状应修整成回转双曲面形。这种磨削方法适用于不带台阶的圆柱形工件。

　　如图 4-11（b）所示，横磨法是先将工件放在托板和导轮上，然后由工件连同导轮做横向进给。由于工件无须纵向进给，故导轮的中心线仅倾斜微小的角度，以便对工件产生一个不大的轴向推力，使之靠住挡块 4，得到可靠的轴向定位。此法适用于具有阶梯或成形回转表面的工件。

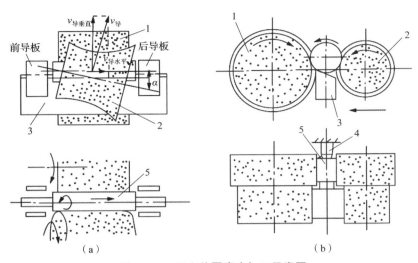

图 4 - 11　无心外圆磨床加工示意图

1—砂轮；2—导轮；3—托板；4—挡块；5—工件

二、平面磨床

1. 平面磨床的结构

图 4 - 12 所示为卧轴矩台平面磨床结构。这种机床的砂轮主轴通常是由内连式异步电动机直接驱动的。通常电动机轴就是主轴，电动机的定子就装在砂轮架 3 的壳体内，砂轮架 3 可沿滑座 4 的燕尾形导轨做间歇的横向进给运动（手动或液动），滑座 4 和砂轮架 3 一起沿立柱 5 的导轨做间歇的垂直切入运动（手动），工作台 2 沿床身 1 的导轨做纵向往复运动（液压传动）。我国生产的卧轴矩台式平面磨床分普通精度级和高精度级。使用普通精度级机床精磨后，加工面对定位基准的平行度为 0.015 mm/1 000 mm，表面粗糙度 Ra 为 0.32 ~ 0.63 μm；使用高精度级机床精磨后，加工面对定位基准的平行度为 0.005 mm/1 000 mm，表面粗糙度 Ra 为 0.04 ~ 0.01 μm。

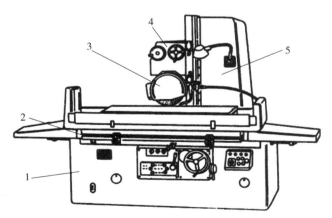

图 4 - 12　卧轴矩台平面磨床结构

1—床身；2—工作台；3—砂轮架；4—滑座；5—立柱

2. 平面磨床的类型

平面磨床磨削时，工件安放在带电磁吸盘的工作台上，适宜加工中小型钢件或铸铁件的平面，磨削后工件上有剩磁，应去磁。当多个工件同时磨削时高度应一致，磨削刚性好，操作方便，生产率高。

平面磨床用于磨削各种零件的平面。根据砂轮的工作面不同，平面磨床可分为用砂轮轮缘（即圆周）进行磨削和用砂轮端面进行磨削两类。用砂轮轮缘磨削的平面磨床，砂轮主轴常处于水平位置；而用砂轮端面磨削的平面磨床，砂轮主轴通常为立式的。根据工作台的形状不同，平面磨床又可分为矩形工作台平面磨床和圆形工作台平面磨床两类。

因此，根据砂轮工作面和工作台形状的不同，普通平面磨床可分为4类：卧轴矩台式平面磨床 [见图4－13（a）]；立轴矩台式平面磨床 [见图4－13）b）]；卧轴圆台式平面磨床 [见图4－13（c）]；立轴圆台式平面磨床 [见图4－13（d）]。

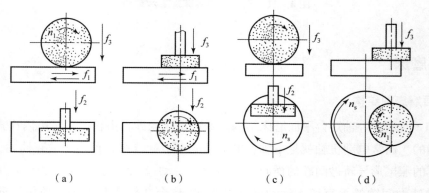

（a） （b） （c） （d）

图4－13　平面磨床加工示意图

（a）卧轴矩台；（b）立轴矩台；（c）卧轴圆台；（d）立轴圆台

3. 平面磨床的加工特点

在前面所述的几种平面磨床中，用砂轮端面磨削的平面磨床与用砂轮轮缘磨削的平面磨床相比较，由于端面磨削的砂轮直径往往比较大，能同时磨出工件的全宽，磨削面积较大，所以生产率较高。但是端面磨削时，冷却困难，切屑也不易排出，所以加工精度和表面质量不高。圆台式平面磨床与矩台式平面磨床相比，由于圆台式是连续进给，故生产率较高。圆台式平面磨床只适用于磨削小零件和大直径的环形零件端面，不能磨削长零件，而矩台式平面磨床可磨削各种常用零件，包括直径小于矩台宽度的环形零件。在机械制造行业中，用得较多的是卧轴矩台式平面磨床和立轴圆台式平面磨床。

三、内圆磨床

内圆磨床主要用于磨削各种圆柱孔（包括通孔、盲孔、阶梯孔和断续表面的孔等）和圆锥孔。内圆磨床的主要类型有普通内圆磨床、无心内圆磨床、行星式内圆磨床和坐标磨床等。

1. 普通内圆磨床

普通内圆磨床是生产中应用最广泛的一种内圆磨床，其磨削方法如图4-14所示。磨削时，工件用卡盘或其他的夹具安装在主轴上，由主轴带动工件旋转做圆周进给运动，用符号 n_w 表示；砂轮高速旋转完成主运动，用符号 n_t 表示；砂轮或工件往复直线运动完成纵向进给运动（也称为轴向运动），用符号 f_a 表示；在完成纵向进给运动后，砂轮或工件还要做一次横向进给运动（也称为径向运动），用符号 f_r 表示。实际磨削时，根据工件形状和尺寸的不同，可采用纵磨法或横向切入法磨削内孔，如图4-14（a）和图4-14（b）所示。某些普通内圆磨床上装备有专门的端磨装置，采用这种端磨装置可在工件一次装夹中完成内孔和端面的磨削，如图4-14（c）和图4-14（d）所示，这样既容易保证孔和端面的垂直度，又可提高生产效率。

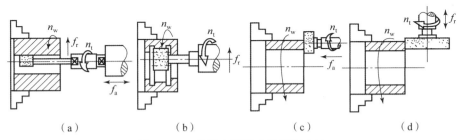

图4-14　普通内圆磨床的磨削方法

（a）纵磨；（b）横向切入；（c）磨削内孔/端面；（d）磨削端面

2. 无心内圆磨床

无心内圆磨床的工作原理如图4-15所示。磨削时，工件4支承在滚轮1和导轮3上，压紧轮2使工件紧靠导轮，由导轮带动工件旋转，实现圆周进给运动（n_w）。砂轮除了完成主运动（n_t）外，还要做纵向进给运动（f_a）和周期横向进给运动（f_r）。加工结束时，压紧轮沿箭头A的方向摆开，以便装卸工件。磨削锥孔时，可将滚轮1、导轮3和工件4一起偏转一定角度。这种磨床主要适用于大批大量生产中，加工那些外圆表面已经精加工且又不宜用卡盘装夹的薄壁工件，以及内、外圆同轴度要求较高的工件，如轴承环之类的零件。

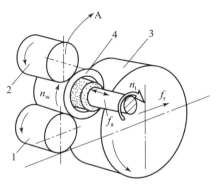

图4-15　无心内圆磨床的工作原理

1—滚轮；2—压紧轮；3—导轮；4—工件

3. 行星式内圆磨床

行星式内圆磨床的工作原理如图 4 - 16 所示。磨削时，工件固定不动，砂轮除了绕自身轴线高速旋转实现主运动（n_t）外，同时还要绕被磨削孔的轴线以缓慢的速度做公转，实现圆周进给运动（n_w）。此外，砂轮还做周期性的横向进给运动（f_r）及纵向进给运动（f_a）（纵向进给也可由工件的移动来实现）。由于砂轮所需运动种类较多，致使砂轮架的结构复杂，刚度较差，主要适用于磨削质量和体积较大、形状不太规整、不适宜旋转的工件，例如磨削高速大型柴油机大连杆上的孔和发动机的各种孔等。

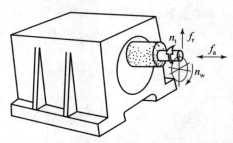

图 4 - 16　行星式内圆磨床的工作原理

工作页

任务描述： 加工一批如图 4-8 所示的底座零件，应选用哪一类磨床加工？ **工作目标：** 根据工作要求选择合适的磨床。

工作准备：

1. 无心外圆磨床工作时，工件不是支承在顶尖上或夹持在卡盘中，而是放在_____。

2. 无心外圆磨床有两种磨削方法：_____和_____。

3. 根据砂轮的工作面不同，平面磨床可分为_____进行磨削和_____进行磨削两类。

4. 内圆磨床的主要类型有_____、无心内圆磨床、_____和行星内圆磨床等。

工作实施：

无心外圆磨床的加工精度和生产率为什么比普通外圆磨床高？

工作提高：

试分析卧轴矩台平面磨床与立轴圆台平面磨床在磨削方法、加工质量以及生产率等方面有何不同？它们的适用范围如何？

工作反思：

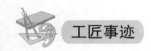

大国工匠洪家光：打磨零件误差不超过 0.003 mm。

1999 年，洪家光以第一名的成绩从技校毕业，被分配到了中航工业沈阳黎明航空发动机（集团）有限责任公司 58 车间，这在当时算得上非常不错的工作，洪家光做梦都想着看看飞机。

然而现实却很快把他"浇醒了"，58 车间的厂房不但又小又破，里面的机器也是非常老旧，别说飞机，就连成型的发动机洪家光都看不见，而他每天的工作，就是在机器和零件二者间来回劳动，一个简单机械的动作一天要重复几百遍，甚至上千遍，

这样枯燥乏味的工作，让年轻的洪家光对人生产生了怀疑，难道他这辈子都要做这样的工作吗？直到一位老师傅的出现，彻底改变了洪家光的人生。老师傅说道："小伙子，其实你也是一个航空人。不要说你的工作没有价值，你加工的一个劣质小零件，就可能毁了一台价格不菲的大机器，甚至影响到国家的重大工程；也不要说你的岗位单调重复，工作内容每天不变，工作标准、工作质量是可以每天变的。"听君一席话，胜读十年书，洪家光的人生从此被点亮了。从此以后，洪家光像变了个人似的，每天早早来到厂子里，热情地干着原本枯燥的工作，闲暇时间还常常向各位老师傅请教，后来听说全国劳模孟宪新师傅在这方面的技术非常高超，他便主动跑去"拜师学艺"，对方见其心诚，便手把手带着他，洪家光吃得苦、耐得劳，什么脏活累活都抢着干，手艺以迅雷不及之速进步着。

2002 年，公司接到了一个史无前例的重大任务——打磨某重点型号发动机核心叶片的修正工具金刚石滚轮，误差控制在 0.003 mm 以内，差一丝一毫，就是废品。0.003 mm 是什么概念？一根头发丝的直径不过 0.08 mm，如此难度，一时之间无人敢挑战，众人陷入了沉默。就在此时，年仅 23 岁的洪家光站了出来，他用响亮的声音回答："我来！"虽然大家知道洪家光是"拼命三郎"，技术也不错，但想要完成这项任务，没几十年的经验根本不可能！但因为实在无人能承担此重任，公司只能先让洪家光试试。接下任务后，洪家光每天奋战 10 多个小时去打磨滚轮，吃饭、睡觉统统在厂子里进行，就这样连续奋斗了 10 多天，洪家光把一个打磨好的滚轮送检，结果令人惊喜——完全合格！

洪家光赢得了所有人的掌声，但他并没有因此停止自己前进的步伐，在接下来的日子里，他多次参加了国家级航空发动机科研项目，攻克了金刚石滚轮成形面加工难题，累计为公司创造产值 9 000 余万元，并获得了 7 项国家发明和实用新型专利，堪称业内奇迹。

项目五 探究数控车床

任务5.1 认知数控机床

知识目标

（1）了解数控机床的发展历史；

（2）了解数控机床的分类、特点以及发展趋势；

（3）掌握数控机床的基本组成与工作原理。

技能目标

（1）具有分析数控机床工作原理的能力；

（3）能清楚数控机床的基本组成。

素养目标

（1）形成爱岗敬业、吃苦耐劳的职业习惯；

（2）树立活学活用的理念以及善于创新的精神。

任务描述

任务描述：何为数控机床？数控机床和普通机床相比有何优势？

相关知识链接

随着科学技术的飞速发展，当前社会对产品多样化的要求日益强烈，产品更新的周期日益缩短，复杂形状的零件越来越多，精度要求也越来越高，传统的加工设备和制造方法已经无法满足这种多样化、柔性化与复杂形状、高效高质量的加工要求。

数控加工技术的迅速发展和广泛应用，能有效解决复杂、精密、小批、多变零件的加工问题，使机械制造行业发生了根本性的变化。目前，随着网络信息化、智能控制化的发展，机械制造业的发展向着更高层次的自动化、柔性化、敏捷化、网络化和数字化制造方向推进。

一、数控机床的发展历史

1952 年，美国帕森斯公司和麻省理工学院研制成功了世界上第一台数控机床，也就是大家所称的世界第一台数控机床——电子管数控机床。

1959 年，数控系统广泛采用晶体管元器件和印刷电路板，从而使机床跨入了第二代——晶体管数控机床；同年 3 月，美国可耐·社列克公司发明了带有自动换刀装置的数控机床，称为"加工中心"。

1965 年，小规模集成电路研制成功。由于其体积小、功耗低，使数控系统的可靠性进一步发展，标志着数控机床的第三代——集成电路控制数控机床的诞生。

以上三代数控系统采用的都是专用控制硬件逻辑数控系统，称为普通数控系统，即 NC 系统。

1967 年，英国首先把几台数控机床连接成具有柔性的制造系统，这就是最初的 FMS——柔性制造系统。随后，欧美国家相继做了技术革新。

1971 年，美国英特尔公司开发和使用了微处理器。数控机床的许多功能由软件程序来实现，由计算机作控制单元的数控系统，这就是数控机床的第四代——小型计算机数控机床。

1974 年，美国、日本等国首先研制出了以微处理器为核心的数控系统，即微型计算机数控系统。

20 世纪 80 年代初，国际上又出现了柔性制造单元 FMC。这种单元投资少、见效快，可以单独、长时间地实现无人看管运行。FMC 和 FMS 也是实现计算机集成系统的核心基础。

二、数控机床的分类

1. 按控制的运动轨迹分类

1）点位控制数控机床

点位控制数控机床的特点是只控制刀具或机床工作台从一点精确地移动到另一点，而对点与点之间移动的轨迹不加控制，而且在移动过程中刀具不进行切削，如数控钻床、数控镗床和数控冲床、数控点焊机和数控折弯机等。其相应的数控装置称为点位控制数控装置。

2）直线控制数控机床

直线控制数控机床的特点是除了控制点与点之间的准确定位外，还要保证被控制的两个坐标点之间移动的轨迹是一条直线，而且在移动过程中刀具能按指定的进给速度进行切削，如数控镗铣床、数控车床和数控磨床。其相应的数控装置称为直线控制装置。

3）轮廓控制数控机床（也称为连续轨迹控制数控机床）

轮廓控制数控机床的特点是能够对两个或两个以上坐标方向的同时运动进行严格的不间

断控制，并且在运动过程中刀具可对工件表面连续进行切削，形成所需的复杂斜面、曲线、曲面等，属于这类机床的有数控车床、数控铣床和加工中心等，其相应的数控装置称为轮廓控制装置。轮廓数控装置比点位、直线控制装置结构更加复杂，功能更加齐全。

2. 按控制方式分类

1）开环控制数控机床

开环控制通常指系统中不带有位置检测元件，指令信号单方向传送，指令发出后不再反馈回来的控制系统，一般由步进电动机驱动线路和步进电动机组成，这种伺服机构比较简单，工作稳定，容易掌握使用，但精度和速度的提高受到限制。

2）闭环控制数控机床

闭环控制系统带有位置检测元件，随时可以检测出工作台的实际位移并反馈给数控装置，与设定的指令值进行比较，利用其差值控制伺服电动机，直至差值为零为止。这种机构定位精度高但系统复杂，调试维修较困难，价格较贵，常用于高精度和大型数控机床。

3）半闭环控制数控机床

如图5-1所示，半闭环控制系统是将位置检测元件安装在伺服电动机的轴上或滚珠丝杠的端部，不直接反馈机床的位移量，而是检测伺服机构的转角，将此信号反馈给数控装置进行指令值比较，用差值控制伺服电动机。这种伺服机构所能达到的精度、速度和动态特性优于开环伺服机构，其复杂性低于闭环系统，被大多数中小型数控机床所采用。

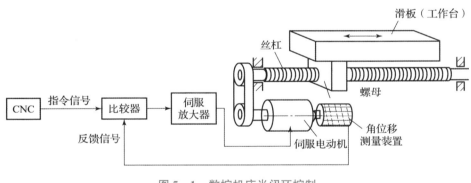

图5-1　数控机床半闭环控制

3. 按联动轴数分类

按联动轴数，数控机床可分为2轴联动、3轴联动和多轴联动（如4轴联动、5轴联动及6轴联动），如图5-2~图5-6所示。联动轴数越多，数控系统的控制算法就越复杂。

（1）2轴联动可以加工出平面曲线。

（2）3轴联动可以加工出空间曲线，采用球头刀可以加工出空间曲面。

（3）多轴联动，如4轴联动、5轴联动及6轴联动都可以加工出空间曲面，联动轴数越多，控制系统越复杂、精度越高、价格越贵。

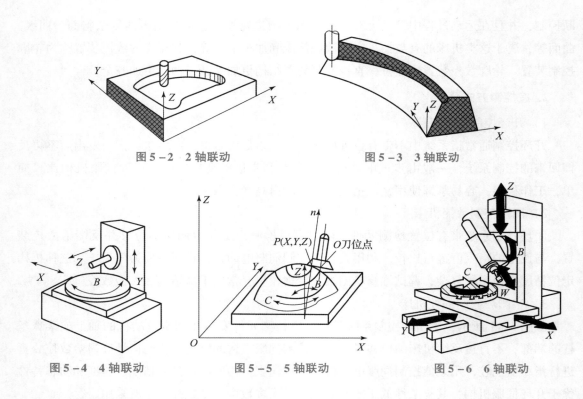

图 5 - 2 2 轴联动

图 5 - 3 3 轴联动

图 5 - 4 4 轴联动

图 5 - 5 5 轴联动

图 5 - 6 6 轴联动

三、数控机床的工作原理

在数控机床上，传统加工过程中的人工操作均被数控系统的自动控制所取代。其工作过程如下：首先要将被加工零件图上的几何信息和工艺信息数字化，即将刀具与工件的相对运动轨迹、加工过程中主轴速度和进给速度的变换、冷却液的开关、工件和刀具的交换等控制和操作，都按规定的规则、代码和格式编成加工程序，然后将该程序送入数控系统，数控系统则按照程序的要求进行相应的运算、处理，然后发出控制命令，使各坐标轴、主轴以及辅助动作相互协调，实现刀具与工件的相对运动，自动完成零件的加工，如图 5 - 7 所示。

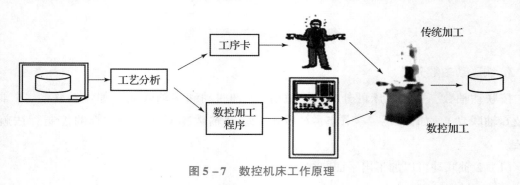

图 5 - 7 数控机床工作原理

四、数控机床的基本组成

数控机床主要由以下几个部分组成，如图 5 - 8 所示。图 5 - 8 中虚线框部分为计算机数控系统，即 CNC 系统，其中各方框为其组成模块，带箭头的连线表示各模块间的信息流向；图5-8中右边的实线框部分为计算机数控系统的控制对象——机床部分。下面将分别介绍各模块的功能。

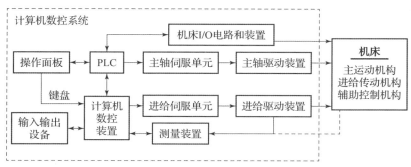

图5-8　数控机床的组成

1. 操作面板（控制面板）

操作面板（控制面板）是操作人员与数控机床（系统）进行交互的工具，主要由机床操作按键、MDI 键盘键、显示屏和功能软件等组成，如图5-9所示。它是数控机床的一个输入/输出部件，是数控机床的特有部件。其功能如下：

数控机床
面板介绍

（1）操作人员可以通过它对数控机床（系统）进行操作、编程、调试或对机床参数进行设定和修改。

（2）操作人员可以通过它了解或查询数控机床（系统）的运行状态。

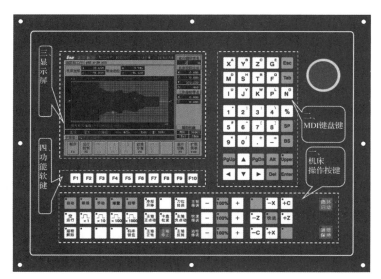

图5-9　数控机床的操作面板

2. 控制介质与输入/输出设备

控制介质是记录零件加工程序的媒介，记录着零件加工程序等主要信息。

输入/输出设备是 CNC 系统与外部设备进行信息交互的装置，它的作用是将编制好的记录在控制介质上的零件加工程序输入 CNC 系统或将 CNC 系统中已调试好的零件加工程序通过输出设备存放或记录在相应的控制介质上。

现代数控系统一般都具有利用通信方式进行信息交换的能力，这种方式是实现 CAD/CAM 集成、FMS 和 CIMS 的基本技术。目前在数控机床上常采用的方式有以下几种：

（1）串行通信（RS232 等串口）。

（2）自动控制专用接口和规范（DNC 方式、MAP 协议等）。

（3）网络技术（Internet、LAN 等）。

3. 计算机数控（CNC）装置（或 CNC 单元）

计算机数控（CNC）装置是计算机数控系统的核心，其主要由计算机系统、位置控制板、PLC 接口板、通信接口板、扩展功能模块以及相应的控制软件等模块组成。

计算机数控（CNC）装置的主要作用是根据输入的零件加工程序或操作命令进行相应的处理（如运动轨迹处理、机床输入/输出处理等），然后输出控制命令到相应的执行部件（伺服单元、驱动装置和 PLC 等），完成零件加工程序或操作命令所要求的工作。所有这些都是由 CNC 装置协调配合、合理组织进行的，从而使整个系统能有条不紊地工作。

4. 伺服系统

伺服系统是数控系统的执行部分，它的作用是将来自数控装置插补产生的脉冲信号转化为受控设备的执行机构的位移（运动）。每个进给运动的执行部件都配有一套伺服驱动系统。

伺服系统由伺服驱动电路、功率放大电路、伺服电动机、传动机构和检测反馈装置组成。常用的伺服电动机有步进电动机、直流伺服电动机和交流伺服电动机。伺服系统的性能是决定数控加工机床加工精度和生产效率的主要因素之一。

闭环控制的数控机床带有检测反馈系统，其作用是将机床移动的实际位置、速度参数检测出来，转换成电信号，并反馈到 CNC 装置中，使 CNC 装置能随时判断机床的实际位置、速度是否与指令一致，并发出相应指令，修正所产生的偏差，提高加工精度。

5. 可编程控制器 PLC、机床 I/O 电路和装置

数控机床的自动控制由 CNC 和可编程控制器 PLC 共同完成。其中 CNC 负责完成与数字运算和管理有关的功能，如编辑加工程序、插补运算、译码、位置伺服控制等；PLC 负责完成与逻辑运算有关的各种动作，如进行与逻辑运算、顺序动作有关的 I/O 控制，它由硬件和软件组成。机床 I/O 电路和装置是用于实现 I/O 控制的执行部件，是由继电器、电磁阀、行程开关、接触器等组成的逻辑电路。它们共同完成以下任务：

（1）接收 CNC 的 M（辅助功能）、S（主轴转速）、T（选刀、换刀）指令，对其进行译码并转换成对应的控制信号，控制辅助装置完成机床相应的开关动作。

（2）接收操作面板和机床侧的 I/O 信号，送给 CNC 装置，经其处理后，输出指令控制

CNC 系统的工作状态和机床的动作。

6. 机床本体

机床是数控机床的主体，是数控系统的被控对象，也是实现制造加工的执行部件。它主要由主运动部件、进给运动部件（工作台、拖板以及相应的传动机构）、支承件（立柱、床身等）以及特殊装置（刀具自动交换系统、工件自动交换系统）和辅助装置（如冷却、润滑、排屑、转位和夹紧装置等）组成。

数控机床机械部件的组成与普通机床相似，但传动结构和变速系统较为简单，在精度、刚度、抗振性等方面要求高。

五、数控机床的特点

1. 适应性强

适应性即所谓的柔性，是指数控机床随生产对象变化而变化的适应能力。在数控机床上改变加工零件时，只需重新编制程序，输入新的程序后就能实现对新的零件的加工，而无须改变机械部分和控制部分的硬件，且生产过程是自动完成的。这就为复杂结构零件的单件、小批量生产以及试制新产品提供了极大的方便。适应性强是数控机床最突出的优点，也是数控机床得以生产和迅速发展的主要原因。

2. 精度高，质量稳定

数控机床是按数字形式给出的指令进行加工的，一般情况下工作过程不需要人工干预，这就消除了操作者人为产生的误差。在设计制造数控机床时，采取了许多措施，使数控机床的机械部分达到了较高的精度和刚度。此外，数控机床的传动系统与机床结构都具有很高的刚度和热稳定性。通过补偿技术，数控机床可获得比本身精度更高的加工精度，尤其是提高了同一批零件生产的一致性，产品合格率高，加工质量稳定。

3. 生产效率高

零件加工所需的时间主要包括机动时间和辅助时间两部分。数控机床主轴的转速和进给量的变化范围比普通机床大，因此数控机床每一道工序都可选用最有利的切削用量。由于数控机床结构刚性好，因此允许进行大切削用量的强力切削，这就提高了数控机床的切削效率，节省了机动时间。数控机床的移动部件空行程运动速度快，工件装夹时间短，刀具可自动更换，辅助时间比一般机床大为减少。

数控机床更换被加工零件时几乎不需要重新调整，节省了零件安装调整时间。数控机床的加工质量稳定，一般只做首件检验和工序间关键尺寸的抽样检验，因此节省了停机检验时间。在加工中心上加工时，一台机床实现了多道工序的连续加工，生产效率的提高更为显著。

4. 能实现复杂的运动

数控机床能完成普通机床难以实现或无法实现的曲线或曲面的加工，如螺旋桨、汽轮机叶片之类的空间曲面。因此，数控机床可实现几乎是任意轨迹的运动和加工任何形状的空间曲面，适应于复杂异形零件的加工。

5. 良好的经济效益

数控机床虽然设备昂贵，加工时分摊到每个零件上的设备折旧费较高，但在单件、小批量生产的情况下，使用数控机床加工可节省划线工时，减少调整、加工和检验时间，节省直接生产费用。数控机床加工零件一般不需要制作专用夹具，节省了工艺装备费用。数控机床加工精度稳定，减少了废品率，使生产成本进一步下降。此外，数控机床可实现一机多用，节省厂房面积和建厂投资。因此使用数控机床可获得良好的经济效益。

6. 有利于生产管理的现代化

数控机床使用数字信息与标准代码处理、传递信息，有利于与计算机连接，构成由计算机控制和管理的生产系统，实现计算机辅助设计、制造与生产管理的一体化。

六、数控机床的发展趋势

1. 向高速度、高精度方向发展

近年来，普通级数控机床的加工精度已由 10 μm 提高到 5 μm，精密级加工中心则从 3 ~ 5 μm 提高到 1 ~ 1.5 μm，而超精密加工精度已开始进入纳米级（0.001 μm）。加工精度的提高不仅在于采用了滚珠丝杠副、静压导轨、直线滚动导轨、磁浮导轨等部件，提高了 CNC 系统的控制精度，应用了高分辨率位置检测装置，也在于使用了各种误差补偿技术，如丝杠螺距误差补偿、刀具误差补偿、热变形误差补偿、空间误差综合补偿等。

高速加工源于 20 世纪 90 年代初，以电主轴和直线电动机的应用为特征，使主轴转速大大提高，达到 100 000 r/min 以上，进给速度达 60 m/min 以上。高速进给要求数控系统的运算速度快、采样周期短，还要求数控系统具有足够的超前路径加（减）速优化预处理能力（前瞻处理），有些系统可提前处理 5 000 个程序段。为保证加工速度，高档数控系统可在每秒内进行 2 000 ~ 10 000 次进给速度的改变。

2. 向柔性化、功能集成化方向发展

数控机床在提高单机柔性化的同时，朝单元柔性化和系统化方向发展，如出现了数控多轴加工中心、换刀换箱式加工中心等具有柔性的高效加工设备；出现了由多台数控机床组成底层加工设备的柔性制造单元（Flexible Manufacturing Cell，FMC）、柔性制造系统（Flexible Manufacturing System，FMS）、柔性加工线（Flexible Manufacturing Line，FML）。

在现代数控机床上，自动换刀装置、自动工作台交换装置等已成为基本装置。随着数控机床向柔性化方向发展，功能集成化更多地体现在：工件自动装卸，工件自动定位，刀具自动对刀，工件自动测量与补偿，集钻、车、镗、铣、磨为一体的"万能加工"和集装卸、加工、测量为一体的"完整加工"等。

3. 向智能化方向发展

随着人工智能在计算机领域的不断渗透和发展，数控系统向智能化方向发展。在新一代

的数控系统中，由于采用进化计算（Evolutionary Computation）、模糊系统（Fuzzy System）和神经网络（Neural Network）等控制机理，故性能大大提高，具有加工过程的自适应控制、负载自动识别、工艺参数自生成、运动参数动态补偿、智能诊断、智能监控等功能。

4. 向高可靠性方向发展

数控机床的可靠性一直是用户最关心的指标，它主要取决于数控系统各伺服驱动单元的可靠性。为提高可靠性，目前主要采取以下措施：

（1）采用更高集成度的电路芯片及大规模或超大规模的专用及混合式集成电路，以减少元器件的数量，提高可靠性。

（2）通过硬件功能软件化，以适应各种控制功能的要求，同时通过硬件结构的模块化、标准化、通用化及系列化，提高硬件的生产批量和质量。

（3）增强故障自诊断、自恢复和保护功能，对系统内硬件、软件和各种外部设备进行故障诊断、报警。当发生加工超程、刀损、干扰、断电等各种意外时，自动进行相应的保护。

5. 向网络化方向发展

数控机床的网络化将极大地满足柔性生产线、柔性制造系统及制造企业对信息集成的需求，也是实现新的制造模式，如敏捷制造（Agile Manufacturing，AM）、虚拟企业（Virtual Enterprise，VE）、全球制造（Global Manufacturing，GM）的基础单元。目前先进的数控系统为用户提供了强大的联网能力，除了具有 RS232C 接口外，还带有远程缓冲功能的 DNC 接口，可以实现多台数控机床间的数据通信和直接对多台数控机床进行控制。有的已配备了与工业局域网通信的功能以及网络接口，促进了系统集成化和信息综合化，使远程在线编程、远程仿真、远程操作、远程监控及远程故障诊断成为可能。

6. 向标准化方向发展

数控标准是制造业信息化发展的一种趋势。数控技术诞生后的 50 多年间，信息交换都是基于 ISO6983 标准，即采用 G、M 代码对加工过程进行描述，显然，这种面向过程的描述方法已经越来越不能满足现代数控技术高速发展的需要。为此，国际上研究和制定了一种新的 CNC 系统标准 ISO14649（STEP – NC），其目的是提供一种不依赖于具体系统的中性机制，能够描述产品整个生命周期内的统一数据模型，从而实现整个制造过程，乃至各个工业领域产品信息的标准化。

7. 向驱动并联化方向发展

并联机床由基座、平台、多根可伸缩杆件组成，每根杆件的两端通过球面支承分别将运动平台与基座相连，并由伺服电动机和滚珠丝杠按数控指令实现伸缩运动，使运动平台带动主轴部件或工作台部件做任意轨迹的运动。并联机床结构简单但整个平台的运动牵涉到相当庞大的数学运算，因此并联机床是一种知识密集型机构。并联机床与传统串联式机床相比具有高刚度、高承载能力、高速度、高精度、重量轻、机械结构简单、制造成本低、标准化程度高等优点，在许多领域都得到了成功的应用。

工作页

任务描述：何为数控机床？数控机床和普通机床相比较有何优势？

工作目标：掌握数控机床的分类、特点、组成以及工作原理。

工作准备：

1. 世界上第一台数控机床于_____年诞生于美国麻省理工学院。

2. 数控机床的工作原理_____。

3. 数控机床的组成部分：_____、_____、_____、_____、_____ 和机床本体。

4. 数控机床的输入装置包括_____、_____、_____、_____。

5. 数控机床按控制的运动轨迹可分为_____、_____和_____。

工作实施：

画出闭环、开环控制系统的示意图，并说明其差异。

工作提高：

1. 数控装置的用途是什么？

2. 反馈装置的功能是什么？你知道的反馈装置都有哪些？

工作反思：

任务 5.2　CK6136 型数控车床传动系统分析

知识目标

（1）了解数控车床的用途及类型；

（2）掌握 CK6136 型数控车床的组成；

（3）掌握 CK6136 型数控车床的传动系统。

技能目标

（1）清楚数控车床的结构组成；

（2）会分析数控机床的传动系统；

（3）具有数控机床主轴转速计算的能力。

素养目标

（1）培养学生树立正确的人生观、世界观和价值观；

（2）培养学生精益求精的大国工匠精神。

任务描述

加工如图 5－10 所示带有椭圆形状的连接轴零件，此零件为某模具生产厂一模具零部件，生产批量为 100 件，工件材料为 H13 模具钢，毛坯尺寸为 ϕ56 mm × 154 mm。请分析此加工零件有什么特点，以及如何选用加工机床。

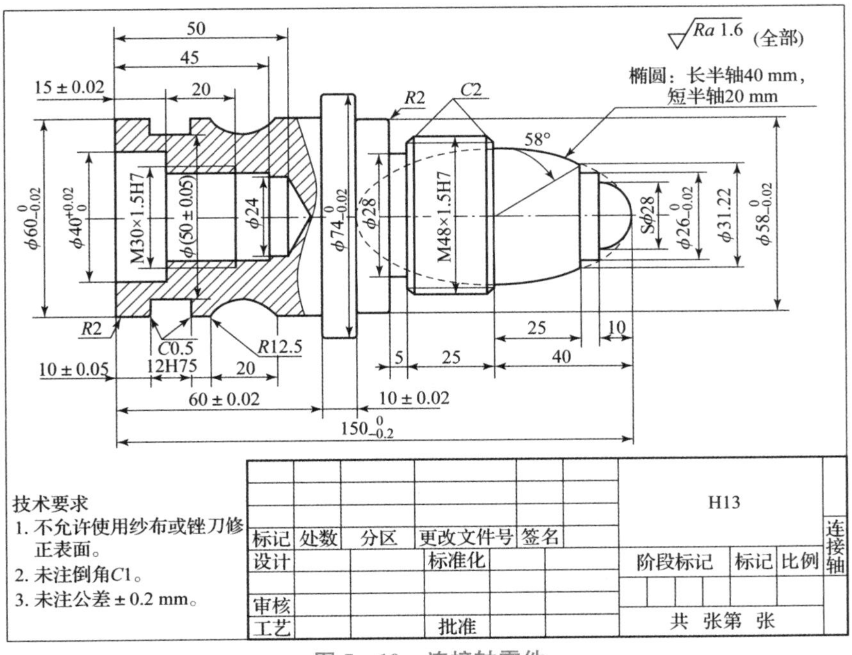

图 5－10　连接轴零件

一、数控车床工艺范围与分类

数控车床主要用于车削加工，包含了普通车床各种回转表面的加工，如内外圆柱面、圆锥面、成形回转表面及螺纹棉等；另外还可以加工高精度的曲面和端面螺纹。数控车床加工零件的尺寸精度可达 IT5 ~ IT6，表面粗糙度可达 1.25 μm 以下。数控车床具有加工灵活、通用性强、能适应产品的品种和规格频繁变化的特点。

数控车床的种类很多，根据主轴形式可以分为数控卧式车床和数控立式车床。

根据通用性分类可分为数控通用车床以及数控专门化车床和数控专用车床（如数控凸轮车床、数控曲轴车床、数控丝杠车床等）。

根据机床复杂程度可分为普通数控车床和车削中心。

二、CK6136 型数控车床主要组成部件

如图 5 – 11 所示，CK6136 型数控车床主要由以下部件组成。

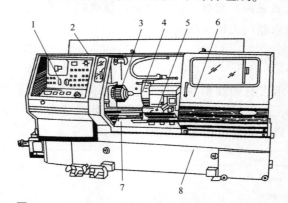

数控车加工

图 5 – 11 CK6136 型数控车床的外形与组成部件
1—操作面板；2—主轴箱；3—卡盘；4—转塔刀架；5—刀架滑板；6—防护罩；7—导轨；8—床身

1. 主轴箱

主轴箱固定在床身的最左边，在数控操作面板之后。主轴箱中的主轴上通过卡盘等夹具装夹工件。主轴箱的功能是支承主轴，使主轴带动工件按照规定的转速旋转，以实现机床的主运动。

2. 机械式转塔刀架

机械式转塔刀架安装在机床的刀架滑板上，加工时可实现自动换刀。刀架的作用是装夹车刀、孔加工刀具及螺纹刀具，并在加工时能准确、迅速选择刀具。

3. 刀架滑板

刀架滑板由纵向（Z 向）滑板和横向（X 向）滑板组成。纵向滑板安装在床身导轨上，沿床身实现纵向（Z 向）运动；横向滑板安装在纵向滑板上，沿纵向滑板上的导轨实现横

向（X 向）运动。刀架滑板的作用是使安装在其上的刀具在加工中实现纵向进给和横向进给运动。

4. 尾座

尾座安装在床身导轨上，并可沿导轨进行纵向移动以调整位置。尾座的作用是安装顶尖支承工件，在加工中起辅助支承作用。

5. 床身

床身固定在机床底座上，是机床的基本支承件，在床身上安装着车床的各主要部件。床身的作用是支承各主要部件，并使它们在工作时保持准确的相对位置。

6. 底座

底座是车床的基础，用于支承机床的各部件、连接电气柜、支承防护罩和安装排屑装置。

7. 防护罩

防护罩安装在机床底座上，用于加工时保护操作者的安全和保持环境的清洁。

8. 机床的液压传动系统

机床的液压传动系统用来实现机床上的一些辅助运动，主要是实现机床主轴的变速、尾座套筒的移动及工件自动夹紧机构的操作。

9. 机床润滑系统

机床润滑系统为机床运动部件间提供润滑和冷却。

10. 机床切削液系统

机床切削液系统为机床在加工中提供充足的切削液，以满足切削加工的要求。

11. 机床的电气控制系统

机床的电气控制系统主要由数控系统（包括数控装置、伺服系统及可编程控制器）和机床的强电气控制系统组成。机床电气控制系统能完成对机床的自动控制。

三、CK6136 数控车床传动系统

1. 主传动系统

CK6136 型数控车床的传动系统图如图 5 – 12 所示。主运动传动由主轴直流伺服电动机（27 kW）驱动，经齿数为 $\frac{27}{48}$ 的同步齿形带传动到主轴箱中的轴 I 上，再经轴 I 上的双联滑移齿轮，经齿轮副 $\frac{84}{60}$ 或 $\frac{29}{86}$ 传递到轴 II（即主轴），使主轴获得高（800 ~ 3 150 r/min）、低（700 ~ 800 r/min）两挡转速范围，在各转速范围内，由主轴伺服电动机驱动实现无级变速调速。主轴箱内部省去了大部分齿轮传动变速机构，因此，减少了齿轮传动对主轴精度的影响，并且维修方便、振动小。

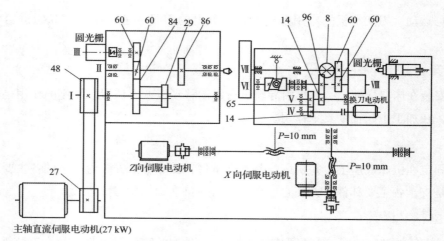

图 5 - 12　CK6136 型数控车床的传动系统图

同时，主轴的运动经过齿轮副 $\frac{60}{60}$ 传递到轴 III 上，由轴 III 经联轴器驱动圆光栅。圆光栅将主轴的转速信号转变为电信号送回数控装置，一方面实现主轴调速用的数字反馈，另一方面可用于进给运动的控制，如实现车削螺纹，即主轴转一转，进给轴 Z 或 X 轴移动一个加工工件的导程。

2. 进给传动系统

如图 5 - 12 所示，CK6136 型数控车床的进给传动系统分为 X 轴（横向）进给传动和 Z 轴（纵向）进给传动。

X 轴进给传动是由横向直流伺服电动机通过齿数均为 $\frac{24}{24}$ 的同步齿形带轮，经安全联轴器驱动滚珠丝杠螺母副，使横向滑板实现横向进给运动。

Z 轴进给传动也是由直流伺服电动机驱动，经安全联轴器直接驱动滚珠丝杠螺母副，从而带动机床上的纵向滑板实现纵向运动。

3. 刀盘传动系统

如图 5 - 12 所示，刀盘运动是实现刀架上刀盘的转动和刀盘的开定位、定位与夹紧的运动，以实现刀具的自动转换。刀盘传动是由换刀交流电动机提供动力，刀架上的轴 IV 经过齿数为 $\frac{14}{65}$ 和 $\frac{14}{96}$ 的两对斜齿轮副将运动传递到轴 VI，轴 VI 是凸轮轴。运动传递到轴 VI 后分成两条传动支路：一条传动支路由凸轮转动，凸轮槽驱动拨叉带动轴 VII（刀盘主轴）实现轴向移动，使刀盘实现开定位、定位、夹紧；另一条传动支路由轴 VI 上齿数为 96 的齿轮与在其上的滚子组成的槽杆及槽数为 8 的槽轮形成的槽杆槽轮副传动轴 VII，使轴 VI 转一转，轴 VII 转 45° 的运动，实现刀具的转动换位。

轴 VII 的转动经一对齿数为 $\frac{60}{60}$ 的齿轮副传到轴 VIII，再传到圆光栅，将转动转换为脉冲信号送给数控机床的电控系统，正常时用于刀盘上刀具刀位的计数，而在撞刀时用于产生刀架报警信号。刀盘的转动可根据最近找刀原则实现正、反向转动，以达到快速找刀的目的。

任务描述：加工如图 5 – 10 所示带有椭圆形状的连接轴零件，此零件为某模具生产厂一模具零部件，生产批量为 100 件，工件材料为 H13 模具钢，毛坯尺寸为 $\phi 56$ mm × 154 mm。请分析此加工零件有什么特点及如何选用加工机床。

工作目标：掌握数控车床的分类、特点、组成以及 CK6136 型数控车床的传动系统。

工作准备：

1. CK6136 型号中，第二个字母 K 代表_____，36 代表_____。

2. 数控车床的工艺范围是_____。

3. CK6136 型数控车床传动系统包含的传动链有_____、_____和刀盘运动传动链。

工作实施：

CK6136 型数控车床传动系统中圆光栅的作用是什么？可不可以用编码器代替？

工作提高：

对比分析 CK6136 型数控车床与 CA6140 型车床传动系统的差异。

工作反思：

❋ 任务 5.3 CK6136 型数控车床主要部件结构分析及调整 ❋

知识目标

（1）掌握数控车床主轴箱的装配结构与调整；

（2）掌握滚珠丝杠的工作原理、特点、类型与间隙调整；

（3）了解数控车床刀盘运动传动装置的分类、结构与工作原理；

（4）了解数控车床尾座的结构与工作原理。

技能目标

（1）会分析数控车床的主轴轴系结构并能完成调整；

（2）具有调整滚珠丝杠间隙的能力；

（3）能正确分析数控车床的刀盘与尾座结构。

素养目标

（1）激励学生要勇于创新、积极进取，为实现制造强国而不懈努力；

（2）树立学生不断磨砺技能、争做时代工匠的精神。

任务描述

加工如图 5-10 所示的零件时，需要对数控车床做哪些结构上的调整？需要几把刀具加工，且如何实现换刀？

相关知识链接

一、主轴箱结构

CK6136 型数控车床主轴箱结构展开图如图 5-13 所示，该图是沿轴 Ⅰ—Ⅱ—Ⅲ 的轴线剖开后展开的。变速轴 Ⅰ 是花键轴，左端装有齿数为 48 的同步齿形带轮，接收来自主电动机的运动。轴上花键部分安装有一对双联滑移齿轮 3，齿轮齿数分别为 29 和 84。齿数为 29 的齿轮工作时，主轴运转在低速区；齿数为 84 的齿轮工作时，主轴运转在高速区。双联滑移齿轮为分体组合式，上面安装有拨叉轴承 2，拨叉轴承 2 用于隔离齿轮和拨叉的运动。双联滑移齿轮由液压缸带动拨叉驱动，在轴 Ⅰ 上轴向移动，分别实现齿轮副 $\frac{29}{86}$、$\frac{84}{60}$ 的啮合，完成主轴的变速。变速轴靠近带轮的一端由球轴承支承，外圈固定；另一端由长圆柱滚子轴承支承，外圈在箱体上不固定，以提高轴的刚度和减少热变形的影响。

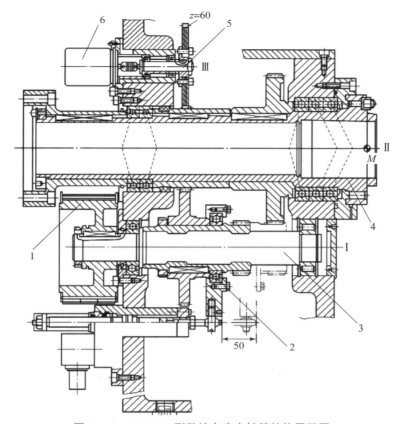

图 5 – 13　CK6136 型数控车床主轴箱结构展开图

1—带轮；2—拨叉轴承；3—双联滑移齿轮；4—变速轴；5—主轴；6—圆光栅

主轴是一个空心的台阶轴，主轴的内孔用于通过长的棒料及卸下顶尖时穿过钢棒，也可用于通过气动、电动及液压夹紧装置的机构。主轴前端采用短圆锥法兰盘式结构，用于定位安装卡盘和拨盘。

主轴安装在两个支承上，转速较高，刚性要求也较高，所以前、后支承都采用角接触球轴承。前支承是三个一组，前面两个大口朝外（朝主轴前端），接触角为 25°；后面一个大口朝里，接触角为 14°。在前支承的后两个轴承的内圈之间留有间隙，装配时加压消隙，使轴承预紧。纵向切削力由前面两个轴承承受，故其接触角大，同时也减少了主轴的悬伸量，并且前支承在箱体上轴向固定。后支承为两个角接触球轴承，小口相对，接触角均为 14°。这两个轴承用以共同承担支承的径向载荷。由于纵向载荷由前轴承承担，故后轴承的外圈轴向不固定，使主轴在热变形时后支承可沿轴向微量移动，以减少热变形影响。

主轴轴承都属于超轻型。前、后轴承由轴承厂配好，成套提供，装配时无须修理、调整。主轴轴承的精度等级相当于我国的 C 级。主轴轴承对主轴的运动精度及刚度影响很大，应在无间隙（或少量过盈）条件下进行运转，轴承中的间隙和过盈量直接影响到机床的加工精度。因此，主轴轴承必须工作于合适的状态下，这就要进行间隙或过盈量的调整。该轴的调整方法为：旋紧主轴尾部螺母，使其压紧托架，由托架压紧后支承轴承，并压紧主轴上的齿轮（齿数为 60），推动齿轮（齿数为 86），压紧前支承轴承到轴肩上，从而达到调整前、后轴承间隙和过盈量的目的。最后旋紧调整螺母的锁紧螺钉。

轴Ⅲ是检测轴，通过两个球轴承支承在轴承套中。它的一端装有齿数为 60 的齿轮，另一端通过联轴器转动圆光栅齿轮与主轴上的齿数为 60 的齿轮相啮合，将主轴运动传到圆光栅上，圆光栅每转一圈发出 1 024 个脉冲，该信号送到数控装置，使数控装置完成对螺纹切削的控制。

主轴箱体的作用是支承主轴和支承主轴运动的传动系统。主轴箱体材料一般为铸铁。主轴箱体使用底部定位面在床身左端定位，并用螺钉紧固。

二、进给传动装置

1. Z 轴进给装置

由于工件最后的尺寸精度和轮廓精度都直接受进给运动的传动精度、灵敏度和稳定性的影响，因此，数控车床的进给传动系统应充分注意减少摩擦力，提高传动精度和刚度，消除传动间隙以及减小运动件的惯量等。

如图 5 - 14 所示，纵向直流伺服电动机 2，经安全联轴器直接驱动滚珠丝杠螺母副，带动纵向滑板沿床身上的纵向导轨运动。直流伺服电动机由尾部的旋转变压器与测速发电机进行位置反馈和速度反馈，纵向进给的最小脉冲是 0.001 mm。这样构成的伺服系统称为半闭环伺服系统。在图 5 - 14 中，Ⅰ放大图为无键锥环连接结构。无键锥环是相互配合的锥环，如拧紧螺钉，紧压环就压紧锥环，使内环的内孔收缩、外环的外圆胀大，靠摩擦力连接轴和孔，锥环的对数可根据所传递的转矩进行选择。这种结构不需要开键槽，避免了传动间隙。

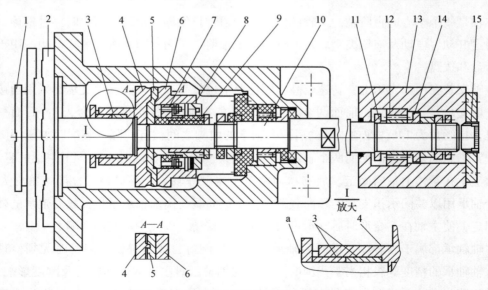

图 5 - 14　CK6136 型数控车床 Z 轴进给装置

1—旋转变压器和测速发电机；2—直流伺服电动机；3—锥环；4，6—半联轴器；5—滑块；7—钢片；8—碟形弹簧；9—套；10—滚珠丝杠；11—垫圈；12—滚针轴承；13—箱体；14—套筒；15—堵头；a—螺钉

安全联轴器的作用是在进给过程中当进给力过大或滑板移动过载时，为了避免整个运动传动机构的零件损坏，安全联轴器动作，终止运动的传递，其工作原理如图 5 – 15 所示。在正常情况下，运动由联轴器传递到滚珠丝杠上，当出现过载时，滚珠丝杠上的扭矩增大，此时通过安全联轴器端面上的三角齿传递的扭矩也随之增大，以致端面三角齿处的轴向力超过弹簧的压力，于是便将联轴器的右半部分推开，连接的左半部分和中间环节继续旋转，而右半部分却不能被带动，在两者之间产生打滑现象，将传动链断开，以保证传动机构不致因为过载而损坏。

机床允许的最大进给力取决于弹簧的弹力。拧动弹簧的调整螺母可以调整弹簧的弹力。在机床上采用了无触点磁传感器监测安全联轴器右半部分的工作情况，当右半部分产生滑移时，传感器产生过载报警信号，通过机床可编程序控制器使进给系统制动，并将此状态信号送到数控装置，由数控装置发出报警指示。

在图 5 – 14 中，安全联轴器由零件 4 ~ 9 组成。半联轴器 4 与滑块 5 之间由矩形齿相连，滑块 5 和半联轴器 6 之间由三角形齿相连（参见 A – A 剖视图）。半联轴器 6 上用螺栓装有一组钢片 7，钢片 7 的形状像摩擦离合器的内片，中心部分是花键孔。钢片 7 和套 9 的外圆上的花键部分相配合，半联轴器 6 的转动能通过钢片 7 传递至套 9，并且半联轴器 6 和钢片 7 一起能沿套 9 进行轴向相对移动。套 9 通过无键锥环与滚珠丝杠相连。碟形弹簧组件 8 使半联轴器 6 紧紧地靠在滑块 5 上，如果进给力过大，则滑块 5、半联轴器 6 之间的三角形齿产生的轴向力超过碟形弹簧 8 的弹力，使半联轴器 6 右移，无触点磁开关发出监控信号给数控装置，使机床停机，直到消除过载因素后才能继续运行。

横向滑板通过导轨安装在纵向滑板的上面，做横向进给运动。横向滑板的传动系统与纵向滑板的传动系统相类似，但由于安装了横向电动机，所以在安全联轴器和直流伺服电动机之间增加了精密同步齿形带传动，使机床的横向尺寸减小。

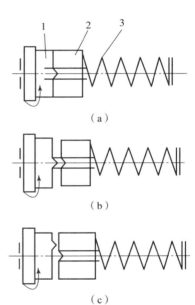

图 5 – 15　安全联轴器工作原理

（a）安全联轴器连接状态；

（b）安全联轴器受力状态；

（c）安全联轴器分离状态

1—中间滑块；2—右接盘；3—弹簧

2. 滚珠丝杠螺母副

在数控机床上，将回转运动转换为直线运动一般都采用滚珠丝杠螺母机构。滚珠丝杠螺母机构的工作原理如图 5 – 16 所示。在丝杠 1 和螺母 4 上各加工有圆弧形螺旋槽，将它们套装起来便形成螺旋形滚道，在滚道内装满滚珠 2。当丝杠相对螺母旋转时，丝杠的螺旋面经滚珠推动螺母轴向移动，同时滚珠沿螺旋形滚道滚动，使丝杠和螺母之间的滑动摩擦转变为滚珠与丝杠、螺母之间的滚动摩擦。螺母螺旋槽的两端用回珠管 3 连接起来，使滚珠能够从一端重新回到另一端，构成一个闭合的循环回路。

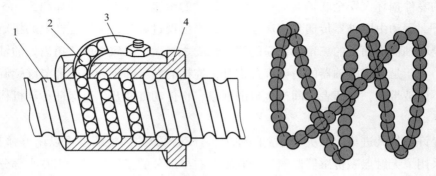

图 5-16　滚珠丝杠螺母机构的工作原理

1—丝杠；2—滚珠；3—回珠管；4—螺母

1）滚珠丝杠螺母副的特点

（1）摩擦系数小，传动效率高。比常规的滑动丝杠螺母副效率提高 3~4 倍，因此伺服电动机所需传动转矩小。

（2）灵敏度高，传动平稳。滚珠丝杠螺母副的动、静摩擦系数相差极小，无论是静止、低速还是高速，摩擦阻力几乎不变。因此传动灵敏，不易产生爬行。

（3）磨损小，使用寿命长。使用寿命主要取决于材料表面的抗疲劳强度。滚珠丝杠螺母副制造精度高，其循环运动比滚动轴承低，所以磨损小，精度保持性好，使用寿命长。

（4）运动具有可逆性，反向定位精度高。滚珠丝杠螺母副不仅可以将旋转运动变为直线运动，也可将直线运动变为旋转运动，通过预紧消除轴向间隙，保证反向无空回死区，从而提高轴向刚度和反向定位精度。

（5）制造工艺复杂，成本高。螺旋槽需要加工成弧形，且对精度和表面粗糙度要求很高，因此制造工艺复杂，成本高。

（6）不能自锁。滚珠丝杠螺母副摩擦阻力小，运动具有可逆性，因而不能自锁，为了避免系统惯性或垂直安装时对运动可能造成的影响，需要增加制动机构。

2）滚珠丝杠螺母副的结构

滚珠丝杠螺母副按滚珠的循环方式有外循环和内循环两种。

图 5-17 所示为内循环式，滚珠循环过程中与丝杠始终接触，螺母螺旋槽的两相邻滚道之间由滚珠反向器实现滚珠的循环运动。

如图 5-18 所示，外循环方式中的滚珠在循环反向时，离开丝杠螺纹滚道，在螺母体内或体外做循环运动。

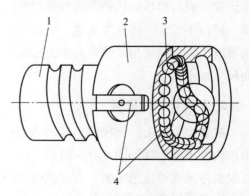

图 5-17　滚珠丝杠螺母副的内循环方式

1—丝杠；2—螺母；3—滚珠；4—反向器

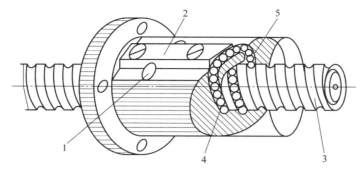

图 5 – 18 滚珠丝杠副的插管式外循环方式

1—弯管；2—压板；3—丝杠；4—滚环；5—螺纹滚道

3）滚珠丝杠螺母副间隙的调整

滚珠丝杠的传动间隙是轴向间隙。如图 5 – 19 所示的结构通过修磨垫片的厚度来调整轴向间隙，这种调整方法具有结构简单、可靠及刚性好、装卸方便等优点，但调整较费时间，很难在一次修磨中完成调整。

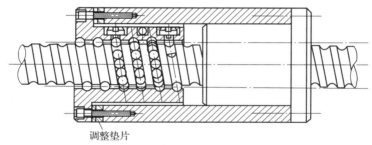

调整垫片

图 5 – 19　垫片调整间隙和施加预紧力

图 5 – 20 所示为利用两个锁紧螺母 1、2 来调整螺母的轴向位移实现预紧的结构，两个螺母靠平键与外套相连，其中右边的螺母外伸部分有螺纹。

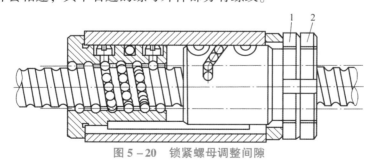

图 5 – 20　锁紧螺母调整间隙

1，2—锁紧螺母

图 5 – 21 所示为双螺母齿差式调整间隙结构。在两个螺母的凸缘上各制有圆柱外齿轮，分别与紧固在套筒两端的内齿圈相啮合，其齿数分别为 z_1 和 z_2，并相差一个齿。调整时，先取下内齿圈，让两个螺母相对于套筒同方向都转动一个齿，然后再插入内齿圈，则两个螺母便产生相对角位移轴向位移量 $X = (1/z_1 - 1/z_2) P_h$。这种调整方法能精确调整预紧量，调整方便、可靠，但结构尺寸较大，多用于高精度的传动。

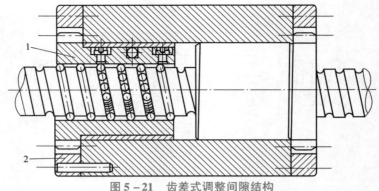

图 5－21　齿差式调整间隙结构

1—外齿轮；2—内齿轮

3. 刀盘运动传动装置

数控刀架作为数控机床必需的功能部件，直接影响机床的性能和可靠性，是机床故障的高发点，这就要求刀架具有转位快、定位精度高、切向扭矩大的特点。刀架的关键技术在于：保证转位的高重复定位精度及加工时的可靠锁紧。现在一般都采用电动刀架和液压刀架，液压刀架比较稳定，转位较快，比电动刀架故障率低，也容易维修。

1）排刀式刀架

排刀式刀架一般用于小规格数控车床，以加工棒料为主的机床较为常见。它的结构形式为夹持着各种不同用途刀具的刀架沿着机床的 X 坐标轴方向排列在横向滑板或快换台板上。刀具典型的布置方式如图 5－22 所示。这种刀架的特点之一是刀具布置和机床调整都很方便，可根据具体工件的车削工艺要求，任意组合各种不同用途的刀具。在一把刀完成车削任务后，横向滑板只要按程序沿 X 轴向移动预先设定的距离，第二把刀就达到了加工位置，这样就完成了机床的换刀动作。这种换刀方式迅速、省时，有利于提高机床的生产效率。

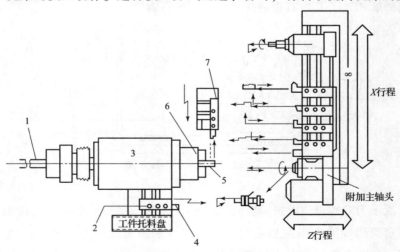

图 5－22　刀具典型布置方式

1—棒料送进装置；2—切向刀架；3—主轴箱；4—去毛刺和背面加工刀具；

5—工件；6—卡盘；7—切断刀架；8—切削刀具

2）转塔刀架

转塔刀架是普遍采用的刀架形式，它通过转塔头的旋转、分度、定位来实现机床的自动换刀工作。目前国内中、低档数控刀架普遍以电动为主，分为立式和卧式两种，如图 5 – 23 所示。立式刀架有四、六工位两种形式，主要用于简易数控车床；卧式刀架有八、十、十二工位等，可正、反方向旋转，就近选刀，用于全功能数控车床。国产数控车床今后将向中、高档发展，中档采用普及型数控刀架，高档采用动力型刀架，兼有液压刀架、伺服刀架和立式刀架等。下面以液压转位刀架为例简单介绍数控车床转位刀架的换刀过程。

（a）   （b）   （c）

图 5 – 23 转位刀架

（a）HLT 系列数控液压刀架；（b）WD 系列电动卧式刀架；（c）LD 系列电动立式刀架

如图 5 – 24 所示，数控车床一般为六角回转刀架，它适用于盘类零件的加工，如加工轴类零件时，可以换用四方回转刀架。由于两者底部安装尺寸相同，故更换刀架十分方便。这种刀架的动作根据数控指令，全部由液压系统通过电磁换向阀和顺序阀进行控制，其动作过程分为以下 4 个步骤。

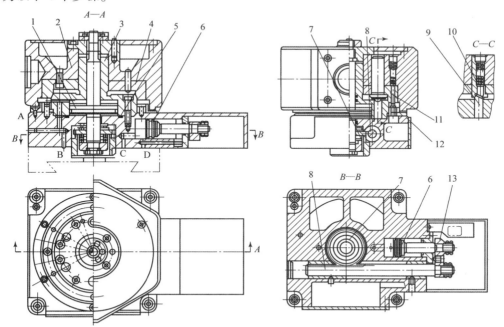

图 5 – 24 液压转塔回转刀架结构

1—压紧液压缸活塞；2—刀架；3—缸体；4—压盘；5—端面齿离合器；6—转位液压缸活塞；7—空套齿轮；
8—齿条；9—固定插销；10—活动插销；11—推杆；12—触头；13—连接板

（1）刀架抬起。当数控装置发出换刀指令后，压力油从 A 孔进入压紧液压缸的下腔，使活塞 1 上升，刀架 2 抬起使定位用活动插销 10 与固定插销 9 脱开。同时，活塞杆下端的端面齿离合器 5 与空套齿轮 8 接合。

（2）刀架转位。当刀架抬起后，压力油从 C 孔进入转位液压缸的左腔，活塞 6 箱右移动，通过连接板 13 带动齿条 8 移动，使空套齿轮 7 连同端面齿离合器 5 逆时针旋转 60°，实现刀架转位。活塞行程应当等于齿轮 8 节圆周长的 1/6，并由限位开关控制。

（3）刀架压紧。刀架转位后，压力油从 B 孔进入压紧液压缸的上腔，活塞 1 带动刀架 2 下降。缸体 3 的底盘上精确地安装着 6 个带斜楔的圆柱固定插销 9，利用活动插销 10 消除定位销与孔之间的间隙，实现反靠定位。当刀架体 2 下降时，定位活动插销与另一个固定插销 9 卡紧，同时，缸体 3 与压盘 4 以锥面接触，刀架在新的位置上定位并压紧。此时，端面离合器与空套齿轮脱开。

（4）转位液压缸复位。刀架压紧后，压力油从 D 孔进转位液压缸右腔，活塞 6 带动齿条复位。由于此时端面齿离合器已脱开，故齿条带动齿轮在轴上空转。

如果定位、压紧动作正常，推杆 11 与相应的触头 12 接触，发出信号表示已经完成换刀过程，则可进行切削加工。

4. 尾座

由于加工长轴类零件时需要尾座，故 CK6136 型数控车床在出厂时配置有标准尾座，如图 5-25 所示。尾座体的移动由滑板带动实现。尾座体移动后，由手动控制的液压缸将其锁紧在床身上。

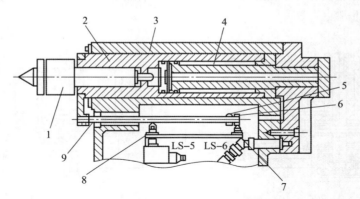

图 5-25　CK6136 型数控车床尾座结构

1—顶尖；2—套筒液压缸；3—尾座体；4—活塞杆；5—移动挡块；6—固定挡块；7，8—确认开关；9—行程杆

尾座装在床身导轨上，可根据工件的长、短调整位置后，用拉杆加以夹紧定位。顶尖 1 与尾座套筒用锥孔连接，尾座套筒可带动顶尖一起移动。在机床自动工作循环中，可通过加工程序由数控系统控制尾座套筒的移动。当数控系统发出尾座套筒伸出的指令后，液压电磁阀动作，压力油通过活塞杆 4 的内孔进入套筒液压缸 2 的左腔，推动尾座套筒伸出。当数控系统令其退回时，压力油进入套筒液压缸的右腔，从而使尾座套筒退回。尾座套筒的移动行程靠调整套筒外部连接的行程杆 9 上面的移动挡块 5 来完成。如图 5-16 所示，当移动挡块的位置在右端极限位置时，套筒的行程最长。当套筒伸出到位时，行程杆上的挡块 5 压下确认开关 8，向数控系统发出尾座套筒到位信号。当套筒退回时，行程杆上的固定挡块 6 压下确认开关 7，向数控系统发出套筒退回的确认信号，停止套筒的运动。

工作页

任务描述：加工如图 5－10 的所示的零件时，需要对数控车床做哪些结构上的调整？需要几把刀具加工，且如何实现换刀？

工作目标：掌握数控车床的主轴结构、滚珠丝杠螺母副以及换刀装置等。

工作准备：

1. CK6136 型数控车床的主轴是一个_____轴，主轴内孔的作用是_____。

2. CK6136 型数控车床主轴的支承形式为_____。

3. 数控车床常用的刀架形式有_____、_____等。

4. 滚珠丝杠螺母副按滚珠的循环方式有_____和_____两种。

5. 滚珠丝杠螺母副间隙的调整方法有_____、_____和双螺母齿差式调整。

工作实施：

简述液压转塔回转刀架的换刀过程。

工作提高：

1. 在 CK6136 型数控车床上，安全联轴器如何保护进给系统的安全？

2. 数控机床为什么常采用滚珠丝杠螺母副作为传动元件？滚珠丝杠传动有何特点？

工作反思：

何小虎：2022 年"大国工匠年度人物"、液体火箭心脏"钻刻师"。

1986 年出生的何小虎，来自陕北延安，毕业于陕西工业职业技术学院机械制造和自动化专业。2010 年，他以实操第一名的成绩脱颖而出，被航天六院 7103 厂录用进入 35 车间，成为一名光荣的航天人。

从长征五号、天问一号，到北斗组网、探月工程，每一次中华人民共和国"飞天"成就的背后，都离不开一代代航天人的辛勤付出，而获得全国五一劳动奖章的 36 岁的液体火箭心脏"钻刻师"何小虎正是其中一员。

从投身航天事业的一线学徒工做起，何小虎用 11 年时间，先后解决了液体火箭发动机生产研制问题 65 项、申请专利 7 项、获公司首个国际专利授权，成长为航天科技六院西安航天发动机有限公司最年轻的一线技能专家。

发动机被称为火箭的"心脏"，液体火箭发动机燃烧系统相关产品更是"心脏中的心脏"。何小虎的工作，就是从事以载人航天、探月工程、探火工程、空间站等为代表的各型号液体火箭发动机燃烧系统相关产品的精密加工。"产品的精度，直接影响着火箭发动机及飞行器能否精准入轨，丝毫差池都可能导致火箭发射的延误甚至失败。"何小虎说，正是这样的要求，成为自己在这份热爱的工作中追求精益求精的"动力"。

中学时代的何小虎便在心底埋下了航天梦的"种子"。那是 2003 年，电视前的何小虎看到杨利伟乘坐飞船进入太空的新闻时想："如果有一天，自己也能参与到伟大的航天事业中，该有多好"。此后，他加倍努力，考入陕西工业职业技术学院机械制造与自动化专业，并在毕业时"过关斩将"，以实操第一名的成绩进入航天六院，如愿成为一名航天人。

上班第一天，看着车间里的机器，何小虎问了师傅董效文一个问题："用这样的车床，我们怎么加工出高科技的火箭发动机？""航天人就是要沉得下心，去锻炼技能！"师傅的回答，让何小虎彻底静下了心。从此，"最早进入车间、最晚回到宿舍"成为何小虎的工作常态。

加工零部件，常常要趴在机器上，一个动作重复几百遍，他却一点也不觉枯燥。在他看来，想成为优秀的技术工人，就是需要这样日积月累的磨砺。为锻炼反应能力，原来用 200 r/min 的转速加工的零件，他挑战用 1 500 r/min 加工；为练好磨刀基本功，他常常是满身沙砾，满手油污……

11 年来，何小虎先后荣获中国青年五四奖章、全国向上向善好青年、全国技术能手、全国青年岗位能手、中央企业岗位能手、2022 年"大国工匠年度人物"等称号。最让他高兴的事，还是将自己总结出的新方法、新工艺、新技术、新技能和大家一起分享，一起成长。如今，作为全国技术能手，何小虎培养出的 20 多名徒弟已经成长成为技术骨干，而他也正带领 95 后、00 后的年轻团队，在迈向中国智造的道路上苦练本领、潜心钻研，向着下一个技术难关挺进。

项目六　探知数控铣床

※　任务6.1　辨识数控铣床　※

知识目标

（1）熟悉数控铣床的工艺范围；

（2）了解数控铣床的分类；

（3）了解XK5040A型数控铣床的主要组成部件。

技能目标

（1）具有辨别各类数控铣床的能力；

（2）能清楚描述数控铣床可以加工的表面。

素养目标

（1）注重科学思维方法的训练；

（2）培养学生团队协作、吃苦耐劳、无私奉献的品质。

任务引入

数铣加工

任务描述：某机床厂要加工如图6-1所示的零件，请分析此零件的加工要求并选用相应的加工机床。

相关知识链接

数控铣床是一种用途广泛的机床，有立式和卧式两种。一般数控铣床是指规格较小的升降台式数控铣床，其工作台宽度多在400 mm以下。规格较大的数控铣床，例如工作台宽度在500 mm以上的，其功能已向加工中心靠近，进而演变成柔性加工单元。数控铣床多为三坐标、两轴联动，也称两轴半控制，即在X、Y、Z三个坐标轴中任意两轴可以联动。一般

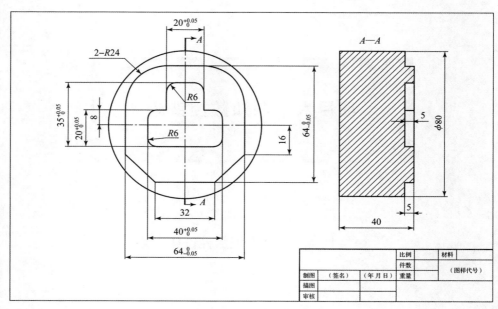

图 6 – 1 零件示意图

情况下，数控铣床只能用来加工平面曲线的轮廓。对于有特殊要求的数控铣床，还可以加一个回转的 A 坐标或 C 坐标，即增加一个数控分度头或数控回转工作台，此时机床的数控系统为四轴的数控系统，可用来加工螺旋槽、叶片等立体曲面零件。

一、数控铣床工艺范围

数控铣床是一种用途广泛的机床，它除了能铣削普通铣床所能铣削的各种平面、沟槽、螺旋槽、成形表面和孔等各种零件表面外，还能铣削普通铣床不能铣削的需要二～五轴联动的各种曲线和曲面，适合于各种模具、凸轮、板类及箱体类零件的加工。数控铣床适于铣削的主要加工对象有以下几类。

1. 平面类零件

加工平行、垂直于水平面或其加工面与水平面的夹角为定角的零件，即平面类零件，如图 6 – 2 所示。其特点是各个加工单元面是平面或可以展开为平面。数控铣床上加工的绝大多数零件均属于平面类零件。

2. 变斜角类零件

加工面与水平面的夹角呈连续变化的零件，即变斜角类零件，如图 6 – 3 所示的飞机上变斜

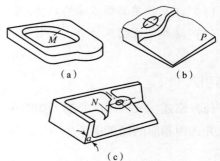

图 6 – 2　数控铣床典型平面曲线加工
(a) 曲面加工；(b) 复杂平面加工；
(c) 箱体类零件加工

角梁缘条。变斜角类零件的变斜角加工面不能展开为平面，但在加工中，加工面与铣刀圆周的瞬间接触为一条直线。加工这类零件最好采用四坐标或五坐标数控铣床，如果没有上述机

床，也可以用三坐标数控铣床进行两轴半近似加工。

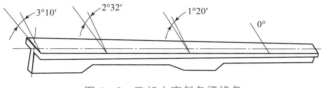

图 6-3　飞机上变斜角梁缘条

3. 曲面类零件

加工面为空间曲面的零件，即曲面类零件，如模具、叶片、螺旋桨等。曲面类零件加工面不能展开为平面，加工时，铣刀与加工面始终为点接触。一般采用球头刀在三轴数控铣床上加工。当曲面较复杂、通道较狭窄、会伤及相邻表面及需要刀具摆动时，要采用四坐标或五坐标机床加工。

二、数控铣床分类

数控铣床从主轴部件的角度可分为数控立式铣床、数控卧式铣床和数控立卧转换铣床。按照数控系统控制的坐标轴数量，又可将数控铣床分为两轴半联动铣床、三轴联动铣床、四轴联动及五轴联动铣床等。

1. 数控立式铣床

主轴垂直的数控立式铣床是数控铣床中数量最多的一种，应用范围也最为广泛。小型数控铣床一般情况下与普通立式升降台铣床结构相似，都采用工作台移动、升降台及主轴不动的方式；中型数控立式铣床往往采用纵向与横向工作台移动方式，且主轴呈铅垂状态；大型数控立式铣床因需要考虑扩大行程、缩小占地面积及刚性等技术问题，大多采用龙门架移动式，其主轴可以在龙门架的横向与垂直溜板上运动，而龙门架则沿床身做纵向运动。

从机床数控系统控制的坐标数量来看，目前三坐标数控立式铣床仍占大多数，一般能够进行三坐标联动的加工。但也有部分机床只能进行三坐标中的任意两个坐标的联动加工，这种运用三轴可控两轴联动数控机床进行的数控加工被称为两轴半加工。有些数控铣床的主轴能够绕 X、Y、Z 坐标轴中的一个或两个轴做数控摆角运动，这些基本都是四轴和五轴数控立式铣床。一般情况下，机床控制的坐标轴越多，特别是要求联动的轴越多，机床的功能、加工范围及可选择的加工对象也越多。但随之而来的是机床的结构更复杂，对数控系统的要求更高，编程的难度更大，设备的价格也更高。

数控立式铣床还可以通过附加数控回转工作台、增加靠模装置等来扩展机床自身的功能、加工范围和加工对象，进一步提高生产率。

2. 数控卧式铣床

与通用卧式铣床相同，数控卧式铣床的主轴轴线平行于水平面。为了扩大加工范围和扩充功能，数控卧式铣床通常采用增加数控转盘或万能数控转盘来实现四轴或五轴的加工。这种数控铣床不但可以加工工件侧面上的连续回转轮廓，而且还能够实现在工件一次安装中，通过转盘不断改变工位，从而执行"四面加工"，尤其是万能数控转盘可以把工件上各种不同角度或空间角度的加工面摆成水平位置来加工，以省去许多专用夹具或专用角度成形铣刀。因此，选择带数控转盘的卧式铣床对箱体类零件或需要在一次安装中改变工位的工件进行加工是非常合适的。

3. 数控立卧转换铣床

数控立卧转换铣床主轴的方向可以更换，能达到在一台机床上既能进行立式加工，又能进行卧式加工。数控立卧转换铣床的使用范围更广、功能更全、选择加工的对象和余地更大，能给用户带来很多方便。特别是当生产批量较少、品种较多，又需要立、卧两种方式加工时，用户可以通过购买一台这样的数控铣床来解决很多实际问题。

数控立卧转换铣床主轴方向的更换有手动与自动两种方式。采用数控万能主轴头的数控立卧转换铣床，其主轴头可以任意转换方向，以加工出与水平面呈各种不同角度的工件表面。如果数控立卧转换铣床增加数控转盘，就可以实现对工件的"五面加工"，即除了工件与转盘贴合的定位面外，其他表面都可以在一次安装中进行加工。

三、XK5040A 数控铣床主要组成部件

图 6-4 所示为 XK5040A 型数控铣床的外形布局。床身 6 固定在底座 1 上，主运动变速系统安装在床身 6 中，由主轴变速手柄 5 和按钮对主轴进行变速、正反转及切削液开、停等操作。纵向工作台 16、横向溜板 12 安装在升降台 15 上，X、Y、Z 三个方向分别由纵向、横向、垂直进给伺服电动机 13、14、4 驱动，整个机床的数控系统安装在数控柜 7 内。操纵台 10 上有 CRT 显示器、各种操作按钮、开关及指示灯。电气控制柜 2 中装有机床电气部分的接触器和继电器等。变压器箱 3 安装在床身 6 立柱的后面。保护开关 8、11 可控制纵向行程硬限位。挡铁 9 为纵向参考点设定挡铁。

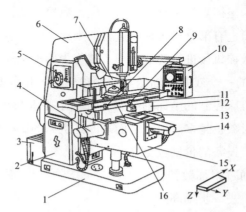

图 6-4　XK5040A 型数控铣床的外形布局

1—底座；2—电气控制柜；3—变压器箱；4—垂直进给伺服电动机；5—主轴变速手柄；6—床身；
7—数控柜；8,11—限位开关；9—挡铁；10—操纵台；12—横向溜板；13—纵向进给伺服电动机；
14—横向进给伺服电动机；15—升降台；16—纵向工作台

任务描述：某机床厂要加工如图 6 - 1 所示的零件，请分析此零件的加工要求并选用相应的加工机床。

工作目标：掌握数控铣床的工艺范围以及分类。

工作准备：

1. 除了能铣削普通铣床所能铣削的各种平面、沟槽、螺旋槽、成形表面和孔等各种零件表面外，数控铣床还能铣削普通铣床不能铣削的各种_____和_____。

2. 数控铣床从主轴部件的角度可分为_____、_____和_____。

3. XK5040A 型机床编号中的 K 代表_____，50 代表_____，40 代表_____，A 代表_____。

工作实施：

数控铣床适合加工哪些类型的工件？

工作提高：

XK5040A 型数控铣床的主运动和进给运动分别是什么？

工作反思：

知识目标

(1) 掌握 XK5040A 型数控铣床传动系统;

(2) 熟悉数控铣床典型部件结构。

技能目标

(1) 具有分析 XK5040A 型数控铣床主传动链、进给传动链的能力;

(2) 具有分析数控铣床典型部件结构的能力。

素养目标

(1) 形成学生探索未知、追求真理的思想;

(2) 培养科技报国的家国情怀。

任务引入

某企业有一台旧的数控铣床,它的工作台会自动下滑,你知道哪里出故障了吗?应该如何调整?

相关知识链接

一、数控铣床传动系统

以 XK5040A 型数控铣床为例,它的传动系统包括主运动和进给运动两个部分。图6-5所示为 XK5040A 型数控铣床的传动系统。

1. 主运动传动链

XK5040A 型数控铣床的主运动采用有级变速,由转速为 1 450 r/min、功率为 7.5 kW 的主电动机经 V 带传动、I 与 II 轴间的三联滑移齿轮变速组、II 与 III 轴间的三联滑移齿轮变速组、III 与 IV 轴间双联滑移齿轮变速组传至 IV 轴,再经 IV 与 V 轴间的一对锥齿轮副及 V 和 VI 轴上的一对圆柱齿轮传至主轴 VI,使主轴获得 18 级转速。主运动的传动线路表达式为

$$电动机 - \frac{\phi140}{\phi285} - I - \begin{bmatrix} \dfrac{16}{39} \\[4pt] \dfrac{19}{36} \\[4pt] \dfrac{22}{33} \end{bmatrix} - II - \begin{bmatrix} \dfrac{18}{47} \\[4pt] \dfrac{28}{37} \\[4pt] \dfrac{39}{26} \end{bmatrix} - III - \begin{bmatrix} \dfrac{19}{71} \\[4pt] \dfrac{82}{38} \end{bmatrix} - IV - \frac{29}{29} - V - \frac{67}{67} - VI$$

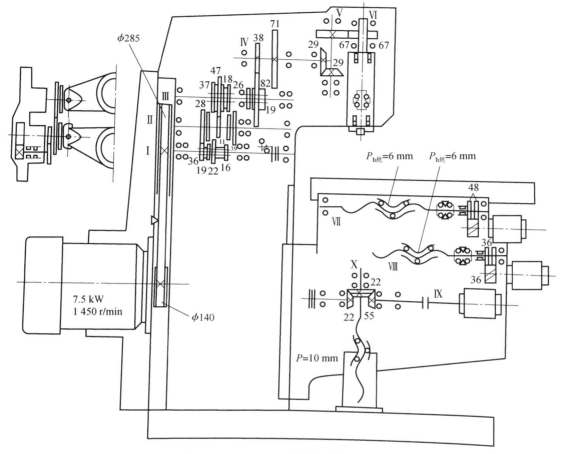

图 6 – 5　XK5040A 数控铣床传动系统

2. 进给运动传动链

进给运动有工作台的纵向、横向和垂直 3 个方向的运动。

（1）纵向进给运动。由 FB – 15 直流伺服电动机驱动，经圆柱齿轮副（$z = 48$）传动带动滚珠丝杠转动，通过丝杠螺母机构实现。

（2）横向进给运动。由 FB – 15 直流伺服电动机驱动，经圆柱齿轮副（$z = 36$）传动带动滚珠丝杠转动，通过丝杠螺母机构实现。

（3）垂直方向进给运动。由 FB – 25 直流伺服电动机驱动，经锥齿轮副（$z = 22$，$z = 55$）传动带动滚珠丝杠转动。实现垂直方向进给的伺服电动机带有制动器，当断电时工作台上下运动方向刹紧，以防止升降台因自重而下滑。

二、数控铣床典型部件结构

1. 主轴部件结构

数控铣床的主轴部件是铣床的重要组成部分，除了与普通铣床一样要求其具有良好的旋转精度、静刚度、抗振性、热稳定性及耐磨性外，由于数控铣床在加工过程中不进行人工调整，且数控铣床要求的转速更高、功率更大，所以数控铣床的主轴部件比普通铣床的主轴部件的要求更高、更严格。

数控铣床典型的二级齿轮变速主轴结构如图6-6所示。主轴采用两支承结构，其主电动机的运动经双联齿轮带动中间传动轴，再经一对圆柱齿轮带动主轴旋转。

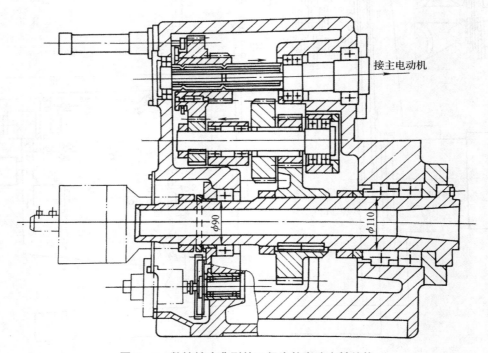

接主电动机

图6-6　数控铣床典型的二级齿轮变速主轴结构

2. 升降台自动平衡装置

图6-7所示为XK5040A型数控机床升降台自动平衡装置。由于滚珠丝杠螺母机构的摩擦阻力很小，不能实现自锁，通常垂直运行的滚珠丝杠螺母机构都会因其上部件的质量作用而自动下落。为了平衡部件的自重，XK5040A型数控机床的垂直进给系统设置了升降台自动平衡装置。伺服电动机1经锥环连接带动十字联轴节，经圆锥齿轮2和3传给垂直进给丝杠，使升降台上升或下降，同时经圆锥齿轮3和4传给由单向超越离合器和摩擦离合器组成的升降台自动平衡装置。当升降台上升时，圆锥齿轮转动并通过销带动单向超越离合器的星轮5旋转，此时单向超越离合器处于脱离的旋转方向，套筒7不转，摩擦片不起作用；当升降合下降时，转向与上述相反，此时单向超越离合器处于滚柱6楔紧的传动状态，运动经星轮、楔紧的滚柱带动套筒7旋转，经套筒右端花键带动内摩擦片转动，从而与外摩擦片之间产生相对运动，内、外摩擦片之间被弹簧8压紧，产生一定的摩擦阻力，与作用在垂直进给系统上的自重所产生的力矩相平衡。平衡力矩的大小可通过螺母9来调整。

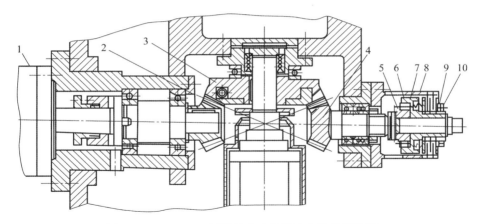

图 6 - 7   XK5040A 型数控机床升降台自动平衡装置

1—伺服电动机；2，3，4—圆锥齿轮；5—星轮；6—滚柱；7—套筒；8—弹簧；9—螺母；10—锁紧螺钉

3. 数控回转工作台

数控回转工作台是数控铣床的常用附件，可使数控铣床增加一个数控轴，扩大数控铣床功能。数控回转工作台适用于板类与箱体类工件的连续回转表面和多面加工。

图 6 - 8 所示为立卧式数控回转工作台，有两个相互垂直的定位面，而且装有定位键 22，可方便地进行立式或卧式安装。工件可由主轴孔 6 定心，也装夹在工作台 4 的 T 形槽内。工作台可以完成任意角度的分度和连续回转进给运动。工作台的回转由直流伺服电动机 17 驱动，伺服电动机尾部装有检测用的每转 1 000 个脉冲信号的编码器，以实现半闭环控制。机械传动部分是两对齿轮副和一对蜗轮副。齿轮副采用双片齿轮错齿消隙法消隙，调整时卸下电动机 17 和法兰盘 16，松开螺钉 18，转动双片齿轮消隙。蜗轮副采用变齿厚双导程蜗杆消隙法消隙，调整时松开螺钉 24 和螺母 25，转动螺纹套 23，使蜗杆 21 轴向移动，改变蜗杆 21 与蜗轮 20 的啮合部位，消除间隙。工作台导轨面 7 贴有聚四氟乙烯，改善了导轨的动、静摩擦系数，提高了运动性能并减少了导轨磨损。

工作时，首先气液转换装置 14 中的电磁换向阀换向，使其中的气缸左腔进气、右腔排气，气缸活塞杆 15 向右退回，油腔 13 及管路中的油压下降，夹紧液压缸 1 上腔减压，活塞 2 在弹簧的作用下向上运动，拉杆 3 松开工作台，同时触头 12 退回，松开夹紧信号开关 9，压下松开信号开关 10，此时伺服电动机 17 开始驱动工作台回转（或分度）。工作台回转完毕（或分度到位），气液转换装置 14 中的电磁阀换向，使气缸右腔进气、左腔排气，活塞杆 15 向左伸出，油腔 13、油管及液压缸 1 上腔的油压增加，使活塞 2 压缩弹簧 5，拉杆 3 下移，将工作台压紧在底座 8 上，同时触头 12 在油压的作用下向外伸出，放开松开信号开关 10，压下夹紧信号开关 9。工作台完成一个工作循环时，零位信号开关（图 6 - 8 中未画出）发信号，使工作台返回零位。手摇脉冲发生器 11 可用于工作台的手动微调。

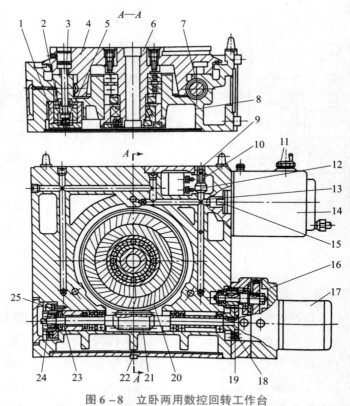

图 6 – 8　立卧两用数控回转工作台

1—夹紧液压缸；2—活塞；3—拉杆；4—工作台；5—弹簧；6—主轴孔；7—工作台导轨面；8—底座；

9，10—信号开关；11—脉冲发生器；12—触头；13—油腔；14—气液转换装置；15—活塞杆；16—法兰盘；

17—直流伺服电动机；18，24—螺钉；19—齿轮；20—蜗轮；21—蜗杆；22—定位键；23—螺纹套；25—螺母

工作页

任务描述：某企业有一台旧的数控铣床，它的工作台会自动下滑，你知道哪里出故障了吗？应该如何调整？

工作目标：了解数控铣床的传动系统；掌握主轴准停装置及升降台自动平衡装置的工作原理。

工作准备：

1. XK5040A 型数控铣床的主轴可以实现_____级变速。

2. 主轴的准停装置可以分为有_____准停和_____准停两大类。

工作实施：

1. XK5040A 型数控机床为什么设置升降台自动平衡装置？

2. 如何调整升降台自动平衡装置，以平衡作用在垂直进给系统上的自重所产生的力矩？

工作提高：

1. 简述数控回转工作台的工作原理。

2. 分析 XK5040A 型数控铣床与 X6132 型铣床在传动系统上有何异同。

工作反思：

刘湘宾：2021 年"大国工匠年度人物"，数控铣工。

1983 年，20 岁的刘湘宾退伍后，走进了我国惯性导航设备研制生产的摇篮——7107 厂，成了一名铣工。"刚进厂，什么是铣刀、钻头都不知道，但我遇到一个好师傅。每天，挎包里装着技校 13 门课用的书，白天实践，晚上学到两三点，不懂的地方第二天向师傅请教，半年学完了技校两年的课。"六七年后，成了车间"挑大梁"的骨干；又过了几年，当上了班组长，在数铣圈小有名气。

2000 年，公司引进当时世界上最先进的"五轴五联动铣削加工中心"，刘湘宾负责去国外交接技术，但"英语关""软件关"让他头疼。于是，他买来英语课本，从字母学起，又拿出自己的积蓄报班学编程。干起活来，刘湘宾有股狠劲。某年，接到一个紧急任务，刘湘宾带领团队吃住在车间，半个月没回家，为了节省时间，睡觉也没脱过衣服。最终需要两个月完成的任务，刘湘宾团队只用 22 天就完成了。

刘湘宾所在的企业精密加工事业部数控组承担着国家防务装备惯导系统关键件、重要件的精密和超精密车铣加工任务。2018 年 5 月，刘湘宾转入石英半球谐振子研究，有人提醒他："石英玻璃易崩易裂，零件加工精度要求又高，是国际难题。"刘湘宾没有退缩，查资料、访同行、绘图、建模……那一阵，他通宵加班的次数更多了，回家也满脑子都是微米级的精度尺寸，一度熬得视线模糊。"实验做了无数次，每天面对失败，不止一次想放弃，但最后还是把自己逼回去了。"

一天半夜，刘湘宾从睡梦中惊醒，披衣而起，一路小跑到车间，把产品全部量了一遍。原来，他晚上梦到自己白天加工的产品多了 5 μm，量完后发现，尺寸都对。

他说："做航天，尤其是精密仪器的，产品要百分之百没问题，东西是要上天的，容不得半点儿大意。"终于，2019 年 2 月，刘湘宾远超预定要求，成功攻关，打通了该型号研制的瓶颈，为我国航空、船舶、新型防务装备、卫星研制提供了技术保障，使我国成为惯导领域超精密加工的"领跑者"。

多年来，刘湘宾带领团队，自制特种工装夹具及刀具 100 余种，这些工具成本低、加工质量高。他们成功将陶瓷类产品的加工合格率提到 95.5% 以上，加工效率提升 3 倍以上。此外，他们还参加国家重点防务装备、载人航天、探月工程等大型试验任务，均获成功。

近年来，荣誉纷至沓来，中国质量工匠、全国技术能手、航天技术能手、陕西省劳模、三秦工匠……但刘湘宾已是两鬓霜雪。刘湘宾表示，只要不退休，他就天天接考题，生命不息，工作就不能停止，就要为中国航天事业努力。他说，他理解的工匠，对本职工作要有一颗热爱的心，对产品要有精益求精的追求，对质量要有如履薄冰的敬畏感，做起事来要大胆设想、小心求证，才能一步一步突破，逐渐解决问题。作为一个一线技能操作者，一个做工的航天人，他要做的是"钻技术、传技能、育好人、出精品"，这十二个字，沉甸甸的，是使命，更是责任，这也是他今后的奋斗目标和他的想法。

项目七 探索多轴加工机床

⊗ 任务 7.1 认识加工中心 ⊗

知识目标

(1) 了解加工中心的组成、分类、结构特点和加工对象；

(2) 了解加工中心各组成部分的功能。

技能目标

(1) 能够说明加工中心的工艺范围；

(2) 能够说明加工中心的外形和组成部分及各部分的功能。

素养目标

(1) 培养学生养成认真负责的工作态度，增强学生的责任担当，有大局意识和核心意识。

(2) 培养学生遵守职业道德和职业规范。

(3) 培养学生善于钻研、不畏困难的工匠精神。

加工中心开机

任务引入

任务描述：完成如图 7-1 所示的泵体端盖底板轮廓铣削加工，材料：硬铝 2A12，毛坯尺寸为：110 mm×90 mm×30 mm，单件生产。请分析此零件的加工工艺并选用相应的加工机床。

相关知识链接

一、加工中心的概述

加工中心机床又称多工序自动换刀数控机床，它主要是指具有自动换刀及其自动改变工

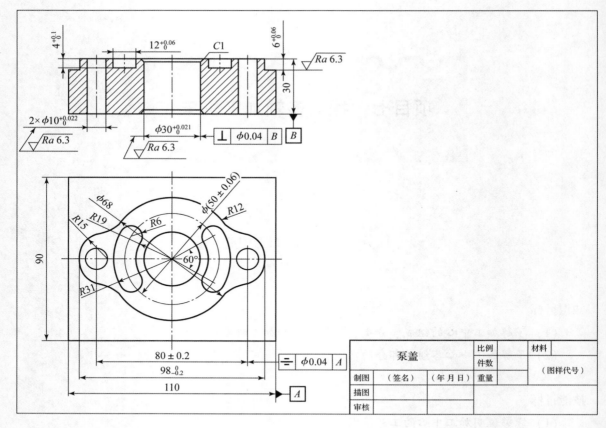

图 7-1 泵体端盖贴合

件加工位置功能的数控机床，能对需要做镗孔、铰孔、攻螺纹、铣削等作业的工件进行多工序的自动加工。因此，加工中心除了可加工各种复杂的曲面外，还可加工各种箱体类和板类等复杂零件。

与其他机床相比，加工中心大大减少了工件装夹、测量和机床调整时间，缩短了工件周转、搬运和存放时间，使机床的切削时间利用率高于普通机床的 3～4 倍；同时，还具有较好的加工一致性，并且能排除工艺过程中人为干扰因素，从而提高加工精度和加工效率，缩短生产周期。此外，加工中心机床具有高度自动化的多工序加工管理，它是构成柔性制造系统的重要单元。

起落架支架
程控加工

1. 加工中心的分类

1）按机床布局方式分类

（1）卧式加工中心，指主轴轴心线为水平状态设置的加工中心，如图 7-2 所示。卧式加工中心通常配有可进行分度回转的正方形分度工作台，一般具有 3～5 个运动坐标，常见的是 3 个直线运动坐标（沿 X、Y、Z 轴方向）加一个回转运动坐标（回转工作台），能够使工件在一次装夹后完成除安装面和顶面以外的其余四个面的加工，最适合箱体类工件的加工。卧式加工中心的结构复杂，占地面积大，重量大，价格也较高。

（2）立式加工中心，指主轴轴心线为垂直状态设置的加工中心，如图 7 - 3 所示。其结构形式多为固定立柱式，工作台为长方形，无分度回转功能。它适合加工盘类零件，具有 3 个直线运动坐标（沿 X、Y、Z 轴方向），如在工作台上安装一个水平轴的数控回转台，可用于加工螺旋线类零件。

与卧式加工中心相比，立式加工中心的结构简单、占地面积小、价格低。

图 7 - 2　卧式加工中心

图 7 - 3　立式加工中心

（3）龙门式加工中心，与龙门铣床结构类似，主轴多为垂直设置，如图 7 - 4 所示，带有自动换刀装置及可更换的主轴头附件，能够一机多用。龙门式布局结构刚性好，尤其适合于大型或形状复杂的工件，如航天工业及大型汽轮机上某些零件的加工。

立式加工中心

（4）万能加工中心，具有立式和卧式加工中心的功能，工件一次装夹能够完成非安装面的所有加工，也叫五面加工中心，如图 7 - 5 所示。常见的五面加工中心有两种形式，一种是主轴可实现立、卧转换；另一种是主轴不改变方向，工作台带着工件旋转 90°完成对工件 5 个表面的加工。

图 7 - 4　龙门式加工中心

图 7 - 5　万能加工中心

2）按加工范围分类

按加工范围可分为车削加工中心、钻削加工中心、镗铣加工中心、磨削加工中心、电火花加工中心等。一般镗铣类加工中心简称加工中心，其余种类的加工中心要有前面的定语。

3）按换刀形式分类

（1）带刀库、机械手的加工中心。加工中心的换刀装置（ATC）是由刀库和机械手组成的，机械手完成换刀工作，这是加工中心普遍采用的形式。JCS-018A型立式加工中心就属于这一类。

（2）无机械手的加工中心。加工中心的换刀是通过刀库和主轴箱的配合动作来完成的，刀库中刀具存放位置的方向与主轴装刀方向一致，换刀时，主轴运动到刀位上的换刀位置，由主轴直接取走或放回刀具，多用于采用40号以下刀柄的小型加工中心。XH754型卧式加工中心就属于这一类。

（3）转塔头加工中心。在带有旋转刀具的数控机床中，利用转塔的转位更换主轴头是一种比较简单的换刀方式，其结构紧凑，因一般主轴数为6～12个，所以容纳刀具数目少。

4）按数控系统分类

按数控系统分类，有2坐标加工中心、3坐标加工中心和多坐标加工中心，此外还有半闭环加工中心和全闭环加工中心。

2. 加工中心的主要加工对象

加工中心适宜于加工结构复杂、工序多、加工精度要求高、需用多种类型的普通机床及众多刀具、夹具经多次装夹和调整才能完成加工的零件，其主要加工对象有箱体类零件、复杂曲面、异形件及盘、套、板类零件和需特殊加工的工件。

1）箱体类零件

箱体类零件一般是指具有一个以上孔系，内部有型腔，在长、宽、高方向有一定比例的零件，这类零件在机床、汽车、飞机制造等行业用得较多，如汽车的发动机缸体、变速箱体，机床的床头箱、主轴箱，柴油机缸体、齿轮泵壳体等。图7-6所示为热电机车主轴箱体。

打孔加工视频

箱体类零件一般均需要进行多工位孔系及平面加工，精度要求较高，特别是几何公差要求较为严格，通常要经过铣、钻、扩、镗、铰、锪、攻螺纹等工序，需要刀具较多，加工时必须频繁地更换刀具；在普通机床上加工难度大，工装套数多，费用高，加工周期长，需多次装夹、找正；手工测量次数多；工艺难以制定，更重要的是精度难以保证。

加工工位较多，需工作台多次旋转角度才能完成的箱体类零件，一般选卧式镗铣类加工中心；加工的工位较少，且跨距不大的箱体类零件，可选立式加工中心，从一端进行加工。

2）复杂曲面

在航空航天、汽车、船舶、国防等领域的产品中，复杂曲面类占有较大的比重，如叶轮（见图7-7）、螺旋桨、凸轮类及各种曲面成形模具等。

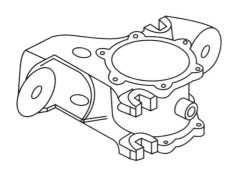

图7-6 热电机车主轴箱体

图7-7 叶轮

就加工的可能性而言，在不出现加工干涉区或加工盲区时，复杂曲面一般可以采用球头刀进行三坐标联动加工，加工精度较高，但效率较低。如果工件存在加工干涉区或加工盲区，则必须考虑采用四坐标或五坐标联动机床。

3）异形件

异形件是指外形不规则的零件，大多需要点、线、面多工位混合加工，如支架（见图7-8）、基座、样板、靠模等。异形件的刚性一般较差，夹压及切削变形难以控制，加工精度也难以保证，此时可充分发挥加工中心工序集中的特点，采用合理的工艺措施，一次或两次装夹，完成多道工序或全部的加工内容。利用加工中心加工异形零件时，形状越复杂、精度要求越高，越能显示其优越性。

叶轮加工视频

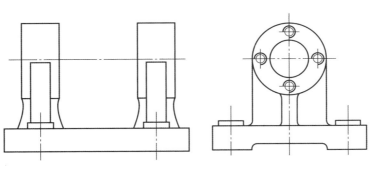

图7-8 支架

4）盘、套、板类零件

如图7-9所示，盘、套、板类零件包括带有键槽或径向孔，或端面有分布的孔系、曲面的盘、套或轴类零件（如带法兰的轴套、带键槽或方头的轴类零件等），还包括具有较多孔加工的板类零件（如各种电动机端盖等）。端面有分布孔系、曲面的盘类零件宜选择立式加工中心，有径向孔的可选卧式加工中心。

5）特殊加工

在熟练掌握加工中心的功能之后，配合一定的工装和专用工具，利用加工中心可完成一些特殊的工艺工作，如在金属表面上刻字、刻线、刻图案；在加工中心的主轴上装上高频电火花电源，可对金属表面进行线扫描表面淬火；用加工中心装上高速磨头，可实现小模数渐

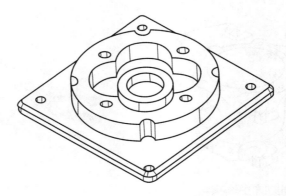

图 7 - 9　盘、套、板类零件

开线锥齿轮磨削及各种曲线、曲面的磨削等。

　　上述是根据零件特征选择的适合采用加工中心加工的几种零件，此外，还有一些适合采用加工中心加工的零件，如周期性投产的零件、加工精度要求较高的中小批量零件、新产品试制中的零件。

　　3. 加工中心的组成

　　1）基础部件

　　基础部件是加工中心的基础结构，它主要由床身、工作台、立柱三大部件组成。这三大部件不仅要承受加工中心的静载荷，还要承受切削加工时产生的动载荷。所以要求加工中心的基础部件必须有足够的刚度，通常这三大部件都是铸造而成。

　　2）主轴部件

　　主轴部件由主轴箱、主轴电动机、主轴和主轴轴承等零部件组成。主轴是加工中心切削加工的功率输出部件，它的启动、停止、变速、变向等动作均由数控系统控制，主轴的旋转精度和定位准确性是影响加工中心加工精度的重要因素。

　　3）数控系统

　　加工中心的数控系统由 CNC 装置、可编程序控制器、伺服驱动系统以及面板操作系统组成，它是执行顺序控制动作和加工过程的控制中心。CNC 装置是一种位置控制系统，其控制过程是根据输入的信息进行数据处理、插补运算，获得理想的运动轨迹信息，然后输出到执行部件，加工出所需要的工件。

　　4）自动换刀系统

　　换刀系统主要由刀库、机械手等部件组成。当需要更换刀具时，数控系统发出指令，由机械手从刀库中取出相应的刀具装入主轴孔内，然后再把主轴上的刀具送回刀库完成整个换刀动作。

　　5）辅助装置

　　辅助装置包括润滑、冷却、排屑、防护、液压、气动和检测系统等部分。这些装置虽然不直接参与切削运动，却是加工中心不可缺少的部分，对加工中心的加工效率、加工精度和可靠性起着保障作用。

任务描述：完成如图 7 – 1 所示泵体端盖底板轮廓的铣削加工，材料：硬铝 2A12，毛坯尺寸为：110 mm × 90 mm × 30 mm，单件生产。请分析此零件的加工工艺并选用相应的加工机床。

工作目标：掌握加工中心的工艺范围、分类以及组成部分。

工作准备：

    1. 加工中心的工艺范围：_____，复杂曲面，_____，盘、套、板类零件，需特殊加工的工件。

    2. 加工中心的组成有：基础部件、_____、_____、_____和辅助装置。

工作实施：

    1. 能够说明加工中心的工艺范围。

    2. 能够说明加工中心的分类。

    3. 能够说明加工中心的组成部分及各部分功能。

工作提高：

    能够选择图 7 – 1 所示泵体端盖底板加工的机床。

工作反思：

※ 任务7.2 加工中心刀库和换刀装置 ※

知识目标
(1) 掌握加工中心刀库的类型；
(2) 掌握加工中心自动换刀装置的类型。

技能目标
(1) 能够选择合适的刀库；
(2) 能够选择合适的加工中心换刀装置；
(3) 能够对加工中心刀库和换刀装置进行管理；
(4) 能够对机械手与刀库进行维护。

素养目标
(1) 培养学生养成认真负责的工作态度，增强学生的责任担当，有大局意识和核心意识。
(2) 培养学生精益求精的科学探索精神。
(3) 培养学生艰苦奋斗、勇于创新、精益求精、追求卓越、专注持久、甘于奉献的精神。

任务引入
如图7-10所示的箱体类零件，中空为腔，毛坯为铸件，材料是QT450。选择合适的机床加工，并说明其自动换刀装置。

相关知识链接
加工中心利用刀库实现换刀，这是目前加工中心大量使用的换刀方式。由于有了刀库，故机床只需要一个固定主轴夹持刀具，有利于提高主轴刚度。独立的刀库大大增加了刀具的储存数量，有利于扩大机床的功能，并能较好地隔离各种影响加工精度的干扰因素。

三轴数控机床对刀

一、刀库

加工中心刀库的形式很多，结构也各不相同，最常用的有鼓盘式刀库、链式刀库和格子盒式刀库。

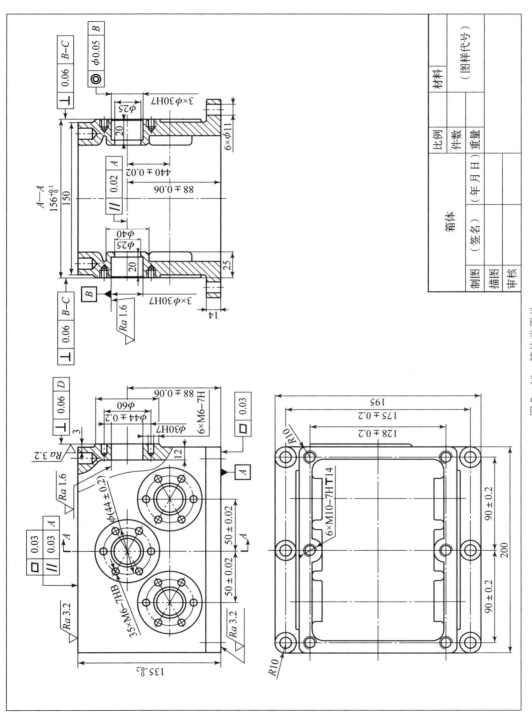

图 7 - 10 箱体类零件

1. 鼓盘式刀库

鼓盘式刀库结构紧凑、简单，在钻削中心上应用较多，一般存放刀具不超过 32 支。图 7 – 11 所示为刀具轴线与鼓盘轴线平行布置的刀库，其中图 7 – 11（a）所示为径向取刀形式，图 7 – 11（b）所示为轴向取刀形式，图 7 – 11（c）所示为刀具径向安装在刀库上的结构，图 7 – 11（d）所示为刀具轴线与鼓盘轴线成一定角度布置的结构。

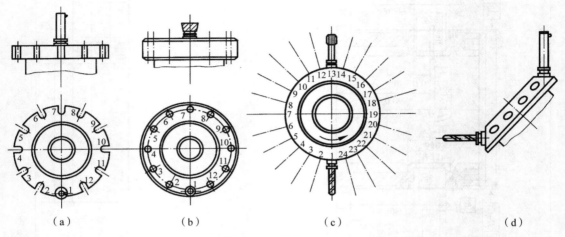

（a）　　　　　　　（b）　　　　　　　（c）　　　　　　　（d）

图 7 – 11　鼓盘式刀库

图 7 – 12 所示为该加工中心的盘式刀库的结构简图。当数控系统发出换刀指令后，直流伺服电动机 1 接通，其运动经过十字联轴器 2、蜗杆 4、蜗轮 3 传到刀盘 14，刀盘带动其上面的 16 个刀套 13 转动，完成选刀工作。每个刀套尾部有一个滚子 11，当待换刀具转到换刀位置时，

盘式刀库换刀视频

滚子 11 进入拨叉 7 的槽内。同时气缸 5 的下腔通压缩空气，活塞杆 6 带动拨叉 7 上升，放开位置开关 9，用以断开相关的电路，防止刀库、主轴误动作。拨叉 7 在上升的过程中，带动刀套绕着销轴 12 逆时针向下翻转 90°，从而使刀具轴线与主轴轴线平行。

刀套下转 90°后，拨叉 7 上升到终点，压住定位开关 10，发出信号使机械手抓刀。通过螺杆 8，可以调整拨叉的行程。拨叉的行程决定刀具轴线相对于主轴轴线的位置。

刀套的结构如图 7 – 13 所示，刀套 4 的锥孔尾部有两个球头销钉 3。在螺纹套 2 与球头销之间装有弹簧 1，当刀具插入刀套后，由于弹簧力的作用，使刀柄被夹紧。拧动螺纹套，可以调整夹紧力大小，当刀套在刀库中处于水平位置时，靠刀套上部的滚子 5 来支承。

2. 链式刀库

在环形链条上装有许多刀座，刀座的孔中装夹各种刀具，链条由链轮驱动。链式刀库适用于刀库容量较大的场合，且多为轴向取刀。链式刀库有单环链式和多环链式等几种，如图 7 – 14（a）和图 7 – 14（b）所示。当链条较长时，可以增加支承链轮的数目，使链条折叠回绕，提高空间利用率［见图 7 – 14（c）］。

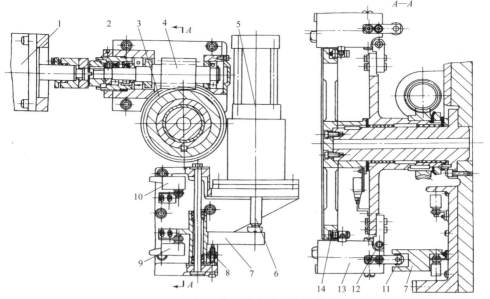

图 7－12　加工中心的盘式刀库结构简图

1—直流伺服电动机；2—十字联轴器；3—蜗轮；4—蜗杆；5—气缸；6—活塞杆；7—拨叉；

8—螺杆；9—位置开关；10—定位开关；11—滚子；12—销轴；13—刀套；14—刀盘

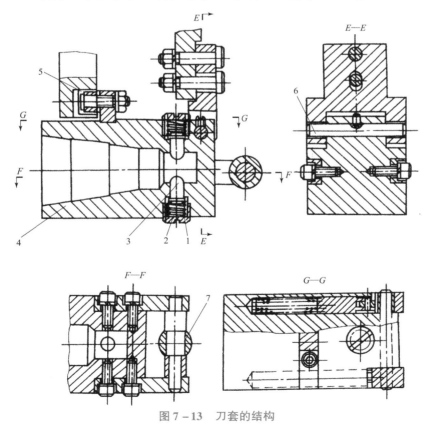

图 7－13　刀套的结构

1—弹簧；2—螺纹套；3—球头销钉；4—刀套；5，7—滚子；6—销轴

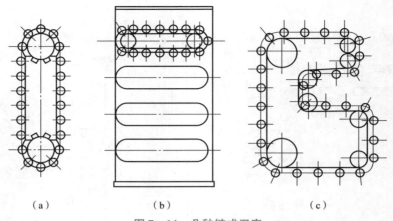

（a）   （b）   （c）

图 7 - 14　几种链式刀库

3. 格子盒式刀库

图 7 - 15 所示为固定型格子盒式刀库。刀具分几排直线排列，由纵、横向移动的取刀机械手完成选刀运动，将选取的刀具送到固定的换刀位置刀座上，由换刀机械手交换刀具。由于刀具排列密集，因此刀床的空间利用率高、容量大。

刀库装刀、拆刀

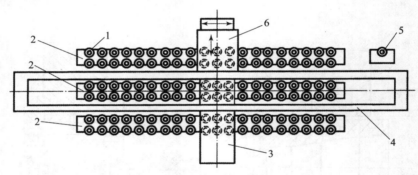

图 7 - 15　固定型格子盒式刀库

1—刀座；2—刀具固定板架；3—取刀机械手横向导轨；4—取刀机械手纵向导轨；5—换刀位置刀座；6—换刀机械手

二、换刀装置

加工中心常见换刀装置包括转塔式、刀库式和成套更换三种方式，如表 7 - 1 所示。

表 7 - 1　加工中心上的换刀装置

类别	型式	特点	应用范围
转塔式	垂直转塔头	1. 根据驱动方式不同，可为顺序换刀或任意换刀； 2. 结构紧凑简单； 3. 容纳刀具数目少	用于钻削中心
	水平转塔头		

类别	型式	特点	应用范围
刀库式	无机械手换刀	1. 利用刀库运动与主轴直接换刀，省去机械手； 2. 结构紧凑； 3. 刀库运动较多	小型加工中心
	机械手换刀	1. 刀库只做选刀运动，机械手换刀； 2. 布局灵活，换刀速度快	各种加工中心
	机械手和刀具运送器	1. 刀库距机床主轴较远时，用刀具运送器将刀具送至机械手； 2. 结构复杂	大型加工中心
成套更换方式	更换转塔	1. 通过更换转塔头增加换刀数目； 2. 换刀时间基本不变	扩大工艺范围的钻削中心
	更换主轴箱	1. 通过更换主轴箱扩大组合机床加工工艺范围； 2. 结构比较复杂	扩大柔性的组合机床
	更换刀库	1. 扩大加工工艺，更换刀库，另有刀库存储器； 2. 充分提高机床利用率和自动化程度； 3. 扩大加工中心的加工工艺范围	加工复杂零件，需刀具很多的加工中心或组成高度自动化的生产系统

由于转塔式换刀装置，容纳刀具数量少，换刀顺序受限，所以常用于以孔类加工为主的钻削中心。

刀库式换刀装置是目前比较常见、应用比较广泛的一种。刀库换刀根据是否有机械手参与换刀过程可分为以下两种：

（1）有机械手换刀：有机械手的系统在刀库配置、与主轴的相对位置及刀具数量上都比较灵活，换刀时间短。

（2）无机械手换刀：无机械手方式结构简单，只是换刀时间较长。

成套更换方式包括三种：更换转塔、更换主轴箱、更换刀库。这三种换刀方式都扩大了机床的工艺范围，更适用于复杂机床和自动换刀程度较高的生产系统。

1）更换转塔换刀装置

更换转塔换刀是一种比较简单的换刀方式。这种机床的主轴头就是一个转塔刀库，主轴头有卧式和立式两种。如图7-16所示，八方形主轴头（转塔头）上装有8根主轴，每根主轴上装有一把刀具，根据各加工工序的要求按顺序自动地将所需要的刀具由其主轴转到工作位置，实现自动换刀，同时接通主传动，不处于工作位置的主轴便与主传动脱开。转塔头的转位由槽轮机构来实现。

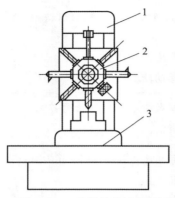

图 7 – 16　八轴转塔头结构

1，12—齿轮；2，3，4，7—行程开关；4，5—油缸；
6—蜗轮；8—蜗杆；9—盘；10—鼠牙盘；11—槽轮

这种换刀装置的优点是省去了自动松、夹、卸刀、装刀以及刀具搬运等一系列的复杂操作，从而缩短了换刀时间，并提高了换刀的可靠性。但是由于空间位置的限制，使主轴部件结构不能设计得十分坚实，因而影响了主轴系统的刚度。所以转塔主轴头通常只适用于工序较少、精度要求不太高的机床，如数控钻、镗、铣床。

2）更换主轴箱换刀装置

采用多主轴的主轴箱，通过更换主轴箱来达到换刀的目的，如图 7 – 17 所示。机床立柱后面的主轴箱库两侧的导轨上，装有同步运行的小车 Ⅰ 和 Ⅱ，它们在主轴箱库与机床动力头之间进行主轴箱的运输。根据加工要求，先选好所需的主轴箱，等两小车运行至该主轴箱处后，将它推到小车 Ⅰ 上，小车 Ⅰ 载着它与空车 Ⅱ 同时运行到机床动力头两侧的更换位置。当上一道工序完成后，动力头带着主轴箱 1 上升到更换位置，动力头上的夹紧机构将主轴箱松开，定位销也从定位孔中拔出，推杆机构将用过的主轴箱 1 从动力头推到小车 Ⅱ 上，同时又将待用主轴箱从小车 Ⅰ 推到机床动力头上，并进行定位与夹紧，然后动力头沿立柱导轨下降开始新的加工。与此同时，两小车回到主轴箱库，停在待换的主轴箱旁，由推杆机构将下次待换的主轴箱推上小车 Ⅰ，并把用过的主轴箱从小车 Ⅱ 推入主轴箱库中的空位。小车又一次载着下次待换的主轴箱运行到动力头的更换位置，等待下一次换箱。

3）带刀库的自动换刀系统

这类换刀装置由刀库、选刀机构、刀具交换机构及刀具在主轴上的自动装卸机构等四部分组成，应用广泛，刀库可装在机床的立柱（见图 7 – 18）、主轴箱或工作台上。当刀库容量大及刀具较重时，也可装在机床之外，作为一个独立部件。如刀库远离主轴，常常要附加运输装置来完成刀库与主轴之间刀具的运输。

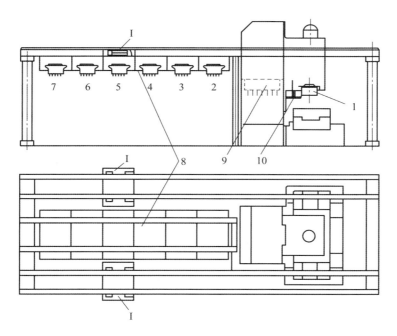

图 7 – 17　更换主轴箱换刀装置

1—主轴箱；2~7—备用主轴箱；8—主轴箱库；9—刀库；10—机械手；Ⅰ，Ⅱ—小车

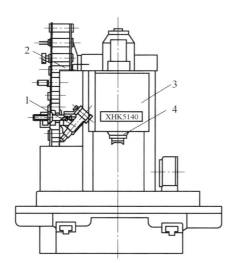

XHK5140

图 7 – 18　刀库装在机床立柱一侧

1—机械手；2—刀库；2—主轴箱；4—主轴

　　带刀库的自动换刀系统，整个换刀过程比较复杂，首先要把加工过程中要用的全部刀具分别安装在标准的刀柄上，在机外进行尺寸预调整后，插入刀库。换刀时，根据选刀指令先在刀库上选刀，由刀具交换装置从刀库和主轴上取出刀具，进行刀具交换，然后将新刀具装入主轴，将用过的刀具放回刀库。这种换刀装置和转塔主轴头相比，由于机床主轴箱内只有一根主轴在结构上，故可以增强主轴的刚性，有利于精密加工和重切削加工；可采用大容量的刀库，以实现复杂零件的多工序加工，从而提高了机床的适应性和加工效率。但换刀过程

的动作较多，同时影响换刀工作可靠性的因素也较多。

其中，利用刀库实现换刀，是目前加工中心大量使用的换刀方式，因为独立的刀库大大增加了刀具的储存数量，有利于扩大机床的功能，并能较好地隔离各种影响加工精度的干扰。由于有了刀库，故机床只要一个固定主轴夹持刀具，有利于提高主轴的刚度。

三、典型换刀过程

1. 无机械手换刀

无机械手换刀的方式是利用刀库与机床主轴的相对运动来实现刀具交换，如图 7-19 所示，具体过程如表 7-2 所示。

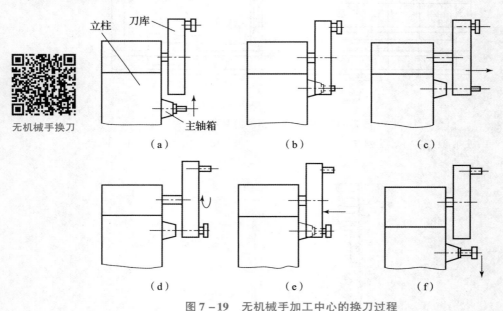

图 7-19　无机械手加工中心的换刀过程

表 7-2　无机械手加工中心的换刀过程

图号	动作内容
图 7-19（a）	主轴准停，主轴箱沿 Y 轴上升，装夹刀具的卡爪打开
图 7-19（b）	刀具定位卡爪钳住，主轴内刀杆自动夹紧装置放松刀具
图 7-19（c）	刀库伸出，从主轴锥孔中将刀拔出
图 7-19（d）	刀库转位，选好的刀具转到最下面位置；压缩空气将主轴锥孔吹净
图 7-19（e）	刀库退回，同时将新刀插入主轴锥孔；刀具夹紧装置将刀杆拉紧
图 7-19（f）	主轴下降到加工位置后启动，开始下一工步的加工

这种换刀机构不需要机械手，结构简单、紧凑。由于交换刀具时机床不工作，所以不会影响加工精度，但会影响机床的生产率；其次受刀库尺寸限制，装刀数量不能太多。这种换

刀方式常用于小型加工中心。

无机械手换刀方式中，刀库夹爪既起着刀套的作用，又起着手爪的作用，图7-20所示为无机械手换刀方式的刀库夹爪。

2. 机械手换刀

采用机械手进行刀具交换的方式应用得最为广泛。这是因为机械手换刀有很大的灵活性，而且可以减少换刀时间。机械手的结构形式是多种多样的，因此换刀运动也有所不同。下面以TH65100卧式镗铣加工中心为例来说明采用机械手换刀的工作原理。

该机床采用的是链式刀库，位于机床立柱左侧。由于刀库中存放刀具的轴线与主轴的轴线垂直，故机械手需要有三个自由度。机械手沿主轴轴线的插拔刀动作由液压缸来实现，90°的摆动送刀运动及180°的换刀动作分别由液压马达实现。其换刀分解动作如图7-21所示，具体过程如表7-3所示。

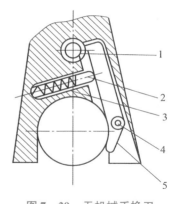

图7-20 无机械手换刀
方式的刀库夹爪

1—锁销；2—顶销；3—弹簧；
4—支点轴；5—手爪

机械手换刀

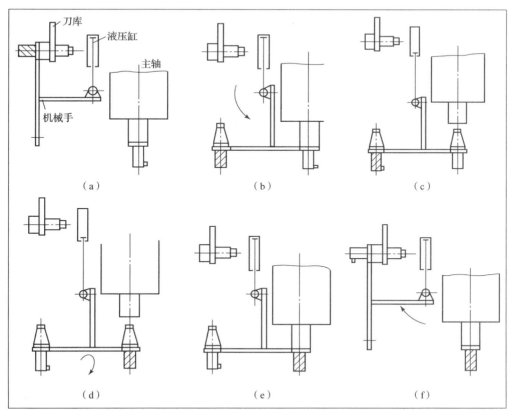

图7-21 换刀分解动作示意图

表 7 - 3 换刀分解动作

图 7 - 21 （a）	抓刀爪伸出，抓住刀库上的待换刀具，刀库刀座上的锁板拉开
图 7 - 21 （b）	机械手带着待换刀具逆时针方向转 90°，另一抓刀爪抓住主轴上的刀具，主轴将刀杆松开
图 7 - 21 （c）	机械手前移，将刀具从主轴锥孔内拔出
图 7 - 21 （d）	机械手转位，待换刀具转至主轴下方
图 7 - 21 （e）	机械手后退，将新刀具装入主轴，主轴将刀具锁住
图 7 - 21 （f）	抓刀爪缩回，松开主轴上的刀具；机械手顺时针转 90°，将刀具放回刀库的相应刀座上，刀库上的锁板合上；抓刀爪缩回，松开刀库上的刀具，恢复到原始位置

3. 带刀套机械手换刀

VP1050 换刀机械手原理如图 7 - 22 所示。套筒 1 由气缸带动做垂直方向运动，实现对刀库中刀具的抓刀。滑座 2 由气缸作用在两条圆柱导轨上水平移动，用于将刀库刀夹上的刀具（或换刀臂上的刀具）移到换刀臂上（或移到刀库刀夹上）。换刀臂可以上升、下降及 180°旋转，以实现主轴换刀。换刀臂的上下运动由气缸实现，回转运动由齿轮齿条机构实现。VP1050 换刀机械手换刀过程如下。

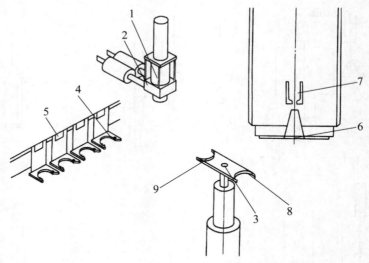

图 7 - 22 VP1050 换刀机械手换刀原理

1—套筒；2—滑座；3—换刀臂；4—弹簧刀夹；5—刀号；6—主轴；

7—主轴抓刀爪；8—换刀臂外侧爪；9—换刀臂内侧爪

1）取刀

套筒 1 下降（套进刀把）→滑座 2 前移至换刀臂（将刀具从刀库中移到换刀臂）→换刀臂 3 刀号更新（换刀臂的刀号登记为刀链的刀号，此过程在数控系统内部由 PLC 程序完成，用于刀库的自动管理）→套筒 1 上升（套筒脱离刀把）→滑座 2 移进刀库（恢复初始预备状态）。

2）换刀

主轴 6 运动至还（换）刀参考点（运动顺序为先 Z 轴，后 X 轴，将刀柄送入换刀臂外侧爪）→主轴抓刀爪 7 松开→换刀臂 3 下降（从主轴上取下刀具）→换刀臂 3 旋转（刀具转至刀库侧）→换刀臂 3 上升（换刀臂刀爪与刀库刀爪对齐）→滑座 2 前移（套筒 1 对正刀柄）→套筒 1 下降（套进刀柄）→滑座 2 移进刀库（刀具从换刀臂移进刀库）→换刀臂 3 刀号设置为 0（换刀臂刀号为空白，由数控系统 PLC 完成）→套筒上升（脱离刀把）→还刀完成。

工作页

任务描述：如图 7 – 16 所示的箱体类零件，中空为腔，毛坯为铸件，材料是 QT450。选择合适的机床加工，并说明其自动换刀装置。

工作目标：掌握加工中心刀库形式和自动换刀装置，熟悉典型的换刀过程。

工作准备：

1. 识图，分析图纸。

2. 加工中心刀库的形式有很多，最常用的有_____、_____和格子盒式刀库。

3. 加工中心常见换刀装置包括转塔式、_____和成套更换三种方式。

4. 加工中心典型换刀过程有_____、_____、_____。

工作实施：

1. 观察加工中心刀库，记录刀库形式。

2. 观察加工中心自动换刀装置，记录每种形式的换刀过程。

3. 选择卧式加工中心，根据图纸，选择合适的刀具，并确定合适容量的刀库。

4. 观察并简述换刀方式。

工作提高：

1. 简述无机械手换刀过程。

2. 简述有机械手换刀过程。

工作反思：

知识目标

(1) 掌握加工中心的主传动系统;

(2) 掌握加工中心的进给传动系统;

(3) 了解加工中心的回转工作台。

技能目标

(1) 初步具有将数控铣床改造成加工中心的能力;

(2) 具有加工中心机床的管理和维护能力。

素养目标

(1) 培养学生具有精益求精的工匠精神;

(2) 尊重劳动、热爱劳动,具有较强的实践能力。

(3) 培养学生具有质量意识、绿色环保意识、安全意识和创新精神。

(4) 具有较强的集体意识和团队合作精神,能够进行有效的人际沟通和协作。

任务引入

将现有数控铣床改造成加工中心,并加工如图7-23所示零件。

相关知识链接

一、加工中心传动系统

1. 对加工中心主轴系统的要求

加工中心主轴系统是加工中心成形运动的重要执行部件之一,由主轴动力、主轴传动、主轴组件等部分组成。由于加工中心具有更高的加工效率、更宽的使用范围和更高的加工精度,因此,它的主轴系统必须满足以下要求:

1) 具有更大的调速范围并实现无级变速

加工中心为了保证加工时能选用合理的切削用量,从而获得最高的生产率、加工精度和表面质量,同时还要适应各种工序和各种加工材料的加工要求,加工中心主轴系统必须具有更大的调速范围,目前加工中心主轴系统基本可实现无级变速。

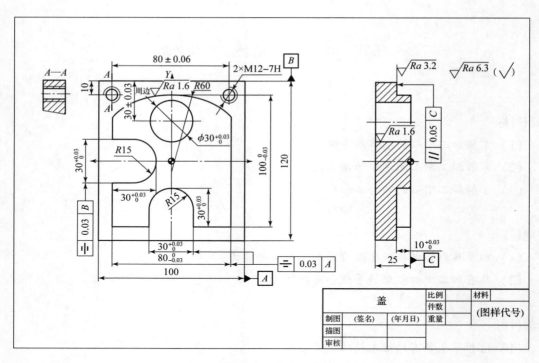

图 7-23　复杂零件

2）具有较高的精度与刚度，传动平稳，噪声低

加工中心加工精度与主轴系统精度密切相关。主轴部件的精度包括旋转精度和运动精度。旋转精度指装配后，在无载和低速转动条件下主轴前段工作部位的径向和轴向跳动值。主轴部件的旋转精度取决于部件中各个零件的几何精度、装配精度和调整精度。运动精度指主轴在工作状态下的旋转精度，这个精度通常与静止或低速状态的旋转精度有较大的差别，它表现在工作时主轴中心位置的不断变化，即主轴轴心漂移。运动状态下的旋转精度取决于主轴的工作速度、轴承性能和主轴部件的平衡。

静态刚度反映了主轴部件或零件抵抗静态外载的能力。加工中心多采用抗弯刚度作为衡量主轴部件刚度的指标。影响主轴部件弯曲刚度的因素很多，如主轴的尺寸、形状，主轴轴承的类型、数量、配置形式、预紧情况、支承跨距和主轴前端的悬伸量等。

3）好的抗振性和热稳定性

加工中心在加工时，由于断续切削、加工余量大且不均匀、运动部件速度高且不平衡，以及切削过程中的自振等原因引起的冲击力和交变力的干扰，会使主轴产生振动，影响加工精度和表面粗糙度，严重时甚至会破坏刀具和主轴系统中的零件；主轴系统的发热会使其中所有零部件产生热变形，破坏相对位置精度和运动精度，造成加工误差。为此，主轴组件要有较高的固有频率，保持合适的配合间隙并进行循环润滑等。

4）具有刀具的自动夹紧功能

加工中心突出的特点是自动换刀功能。为保证加工过程的连续实施，加工中心主轴系统与其他主轴系统相比，必须具有刀具自动夹紧功能。

二、主轴传动系统

主轴传动系统由主轴动力（主轴电动机）、主轴传动和主轴组件等部分组成。

1. 主轴电动机

加工中心上常用的主轴电动机为交流调速电动机和交流伺服电动机。交流调速电动机通过改变电动机的供电频率可以调整电动机的转速。加工中心使用该类电动机时，大多数为专用电动机与调速装置配套使用，电动机的电参数（工作电流、过载电流、过载时间、启动时间、保护范围等）与调速装置一一对应。主轴驱动电动机的工作原理与普通交流电动机相同，为便于安装，其结构与普通的交流电动机不完全相同。交流调速电动机制造成本较低，但不能实现电动机轴在圆周任意方向的准确定位。

交流伺服主轴电动机是近几年发展起来的一种高效能的主轴驱动电动机，其工作原理与交流伺服进给电动机相同，但其工作转速比一般的交流伺服电动机要高。交流伺服电动机可以实现主轴在任意方向上的定位，并且以很大的转矩实现微小位移。用于主轴驱动的交流伺服电动机的电功率通常在十几千瓦至几十千瓦之间，其成本比交流调速电动机高出数倍。

2. 主轴传动

低速主轴常采用齿轮变速机构或同步带构成主轴传动系统，从而达到增强主轴的驱动力矩、适应主轴传动系统性能与结构的目的。

高速主轴要求在极短时间内实现升降速，并在指定位置上快速准停，这要求主轴具有很高的角加速度。通过齿轮或传送带这些中间环节，常会引起较大的振动和噪声，而且增大了转动惯量，为此将电动机与主轴合二为一，制成电主轴，实现无中间环节的直接传动，其是主轴高速单元的理想结构，如图7-24所示。

图7-24 高速电主轴

电主轴是"高频主轴"（High Frequency Spindle）的简称，有时也称为"直接传动"（Direct Drive Spindle），是内装式电机主轴单元。它把机床主传动链的长度缩短为零，实现了机床的"零传动"，具有结构紧凑、机械效率高、可获得极高的回转速度、回转精度高、噪声低、振动小等优点，在现代数控机床中获得了越来越广泛的应用。在国外，电主轴已成为一种机电一体化的高科技产品，由一些技术水平很高的专业工厂生产，如瑞士的 FISCHER 公司、德国的 GMN 公司、美国的 PRECISE 公司、意大利的 GAMFIOR 公司、日本的NSK 公司等。

电主轴包括动力源、主轴、轴承和机架等几个部分。电主轴基本结构简图如图7-25所示。用于大型加工中心的内装式电主轴单元由主轴轴系1、内装式电动机2、支承及其润滑系统3、冷却系统4、松拉刀机构5、轴承自动卸载系统6、编码器安装调整系统7等组成。

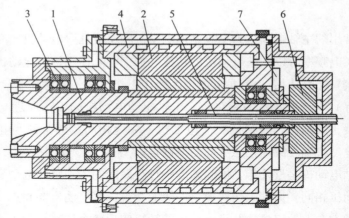

图7-25　加工中心用电主轴基本结构简图

1—主轴轴系；2—内装式电动机；3—支承及其润滑系统；4—冷却系统；

5—松拉刀机构；6—轴承自动卸载系统；7—编码器安装调整系统

3. 主轴组件

主轴组件包括主轴、主轴轴承及安装在主轴上的传动件、密封件，还包括为了实现主轴自动装卸与夹持功能的刀具自动夹紧装置、主轴准停装置、主轴锥孔清理装置。

1）主轴部件

如图7-26所示，主轴1的前支承4配置了3个高精度的角接触球轴承，用以承受径向载荷和轴向载荷，前两个轴承大口朝下，后一个轴承大口朝上。前支承按预加载荷计算的预紧量由预紧螺母5来调整。后支承6为一对小口相对配置的角接触球轴承，它们只承受径向载荷，因此轴承外圈不需要定位。该主轴选择的轴承类型与配置形式满足主轴高转速和承受较大轴向载荷的要求。主轴受热变形向后伸长，但不影响加工精度。

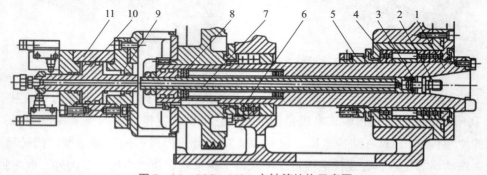

图7-26　JCS-018A主轴箱结构示意图

1—主轴；2—拉钉；3—钢球；4，6—角接触球轴承；5—预紧螺母；

7—拉杆；8—蝶形弹簧；9—圆柱螺旋弹簧；10—活塞；11—液压缸

2）刀具的自动夹紧机构

如图 7－26 所示，主轴内部和后端安装的是刀具自动夹紧机构。它主要由拉杆 7、拉杆端部的四个钢球 3、碟形弹簧 8、活塞 10 和液压缸 11 等组成。机床执行换刀指令，机械手从主轴拔刀时，主轴需松开刀具。此时，液压缸上腔通压力油，活塞推动拉杆向下移动，使碟形弹簧压缩，钢球进入主轴锥孔上端的槽内，刀柄尾部的拉钉（拉紧刀具用）2 被松开，机械手拔刀。之后，压缩空气进入活塞和拉杆的中孔，吹净主轴锥孔，为装入新刀具做好准备。当机械手将下一把刀具插入主轴后，液压缸上腔无油压，在碟形弹簧 8 和弹簧 9 的恢复力作用下，拉杆、钢球和活塞退回到图示的位置，即碟形弹簧通过拉杆和钢球拉紧刀柄尾部的拉钉，使刀具被夹紧。

刀杆夹紧机构用弹簧夹紧、液压放松，以保证在工作中突然停电时刀杆不会自行松脱。夹紧时，活塞 10 下端的活塞杆端与拉杆 7 的上端部之间有一定的间隙（约为 4 mm），以防止主轴旋转时端面摩擦。刀具夹紧受力情况如图 7－27 所示。

机床采用的是 7∶24 号锥柄刀具，锥柄的尾端安装有拉钉 2，拉杆 7 通过 4 个钢球拉住拉钉 2 的凹槽，使刀具在主轴锥孔内定位及夹紧。拉紧力由碟形弹簧 8 产生。碟形弹簧共有 34 对 68 片，组装后压缩 20 mm 时弹力为 10 kN，压缩 28.5 mm 时弹力为 13 kN。拉紧刀具的拉紧力等于 10 kN。换刀时，活塞 10 推动拉杆 7，直到钢球进入主轴锥孔上部的 $\phi 37$ mm 环槽，此时钢球已不能约束拉钉的头部。拉杆继续下降，拉杆的 A 面与拉钉的顶端接触，把刀具从主轴锥孔中推出，机械手即可将刀取出。

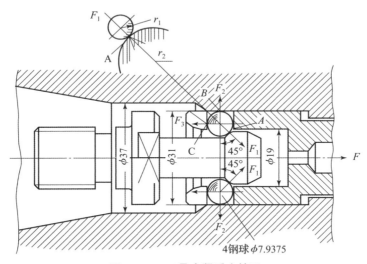

图 7 – 27　刀具夹紧受力情况

3）切屑清除装置

自动清除主轴孔内的灰尘和切屑是换刀过程中的一个不容忽视的问题。如果因主轴锥孔小而落入了切屑、灰尘或其他污物，在拉紧刀杆时，锥孔表面和刀杆锥柄会被划伤，甚至会使刀杆发生偏斜，破坏刀杆的正确定位，影响零件的加工精度，致使零件超差报废。为了保持主轴锥孔的清洁，常采用的方法是使用压缩空气吹屑。如图 7－26 所示的活塞的心部钻有压缩空气通道，当活塞向右移动时，压缩空气经过活塞由孔内的空气嘴喷出，将锥孔清理干净。为了提高吹屑效率，喷气小孔要有合理的喷射角度，并均匀布置。

4）主轴准停装置

机床的切削扭矩由主轴上的端面键来传递，每次机械手自动装取刀具时必须保证刀柄上的键槽对准主轴的端面键，如图7－28所示。在加工中心中，当主轴停转进行刀具交换时，主轴需停在一个固定不变的位置上，即主轴准停，从而保证主轴端面上的键也在一个固定的位置，这样换刀机械手在交换刀具时能保证刀柄上的键槽对正主轴端面上的定位键。

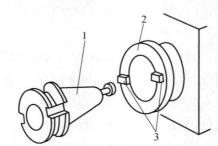

图7－28　刀具与主轴通过端面键传递扭矩

1—锥柄；2—主轴端面；3—端面键

在精镗孔退刀时，为了避免刀尖划伤已加工表面，常用主轴准停控制，使刀尖停在一个固定位置（X轴或Y轴上），以便主轴偏移一定尺寸后使刀尖离开工件表面进行退刀，如图7－29所示。

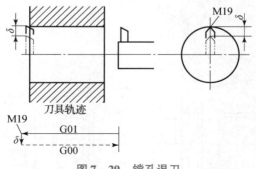

图7－29　镗孔退刀

另外通过小孔镗大孔，主轴准停控制，使刀尖停在一个固定位置（X轴或Y轴上），以便主轴偏移一定尺寸后使刀尖能通过前壁小孔进入箱体内对大孔进行镗削，如图7－30所示。因此，镗孔加工时也需要主轴准停。这就要求加工中心的主轴具有主轴准停功能。为满足主轴这一功能而设计的装置称为主轴准停装置或称为主轴定向装置。主轴准停装置有机械准停和电气准停，电气准停又分磁传感器准停、编码器准停和数控系统准停。

（1）机械准停控制：图7－31所示为典型的V形槽轮定位盘准停结构。带有V形槽的定位盘与主轴端面保持一定的位置关系，以确定定位位置。当指令为准停控制M19时，首先使主轴减速至设定的低速转动，当检测到无触点开关有效信号后，立即使主轴电动机停

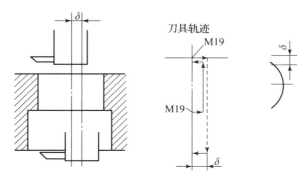

图 7 – 30　镗孔加工让刀图

转，此时主轴电动机与主轴传动件依惯性继续空转，同时准停液压缸定位销伸出，并压向定位盘。当定位盘 V 形槽与定位销正对时，由于液压缸的压力，定位销插入 V 形槽中，LS2准停到位信号有效，表明准停动作完成。这里 LS1 为准停释放信号。采用这种准停方式，必须有一定的逻辑互锁，即当 LS2 有效时，才能进行换刀等动作。而只有当 LS1 有效时，才能启动主轴电动机正常运转。上述准停功能通常由数控系统的可编程控制器完成。

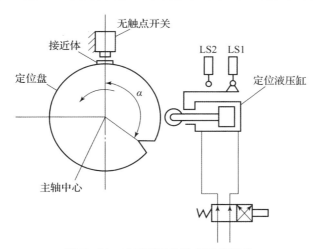

图 7 – 31　V 形槽轮定位盘准停结构

（2）磁传感器主轴准停控制：磁传感器主轴准停控制由主轴驱动装置本身完成。当执行 M19 时，数控系统只需发出主轴准停启动命令 ORT 即可。主轴驱动完成准停后会向数控装置输出完成信号 ORE，然后数控系统再进行下面的工作，其基本结构如图 7 – 32 所示。采用磁传感器准停的步骤如下：当主轴转动或停止时，接收到数控装置发来的准停开关信号量 ORT，主轴立即加速或减速至某一准停速度（可在主轴驱动装置中设定）。主轴到达准停速度且到达准停位置时（即磁发体与磁传感器对准），主轴立即减速至某一爬行速度（可在主轴驱动装置中设定）。当磁传感器信号出现时，主轴驱动立即进入磁传感器作为反馈元件的闭环控制，目标位置为准停位置。准停完成后，主轴驱动装置输出准停完成信号 ORE 给数控装置，从而可进行自动换刀（ATC）或其他动作。

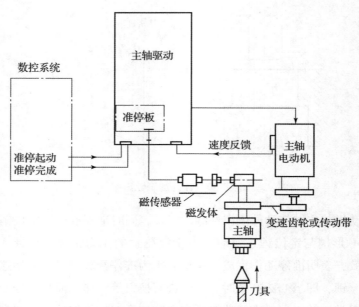

图 7 - 32　磁传感器准停控制系统构成

　　磁发体与磁传感器在主轴上的位置如图 7 - 33 所示，由于采用了传感器，故应避免产生磁场的元件（如电磁线圈、电磁阀等）与磁发体和磁传感器安装在一起。另外磁发体（通常安装在主轴旋转部件上）与磁传感器（固定不动）的安装有严格的要求，应按说明书要求的精度安装。

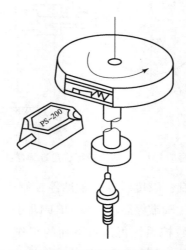

图 7 - 33　磁发体与磁传感器在主轴上的位置

　　（3）编码器主轴准停控制：编码器主轴准停功能也是由主轴驱动完成的，CNC 只需发出 ORT 信号即可。主轴驱动完成准停后输出准停完成信号 ORE。这种准停方式可采用主轴电动机内部安装的编码器信号（来自主轴驱动装置），也可以在主轴上直接安装其他编码器。主轴驱动装置内部可自动转换状态，使主轴驱动处于速度控制或位置控制状态。准停角度可由外部开关量信号（12 位）设定，这一点与磁传感器准停不同，磁传感器准停的角度无法随意设定，要调整准停位置，只有调整磁发体与磁传感器的相对位置。

（4）数控系统准停控制：这种准停控制方式的准停功能是由数控系统完成的，数控系统控制主轴准停的原理与进给位置控制的原理非常相似，如图7-34所示。数控系统准停的步骤如下：数控系统执行 M19 或 M19 S＊＊＊＊时，首先将 M19 送至可编程控制器，可编程控制器经译码送出控制信号，使主轴驱动进入伺服状态，同时数控系统控制主轴电动机降速，寻找零位脉冲 C，然后进入位置闭环控制状态。如执行 M19 而无 S 指令，则主轴定位于相对零位脉冲 C 的某一默认位置（可由数控系统设定）；如执行 M19 S＊＊＊＊，则主轴定位于指令位置，也就是相对于零位脉冲 S＊＊＊＊的角度位置。

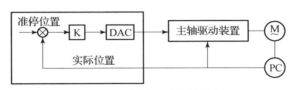

图 7-34　数控系统准停控制

三、加工中心的进给传动系统

1. 进给系统的要求

进给运动是机床成形运动的一个重要部分，其传动质量直接关系到机床的加工性能。加工中心对进给系统的要求如下：

1）高的传动精度与定位精度

加工中心进给系统的传动精度和定位精度，是机床最重要的性能指标。普通精度级的定位精度目前已从 0.012 mm/300 mm 提高到 0.005～0.008 mm/300 mm，精密级的定位精度已从 0.005 mm/全行程提高到 0.0015～0.003 mm/全行程，重复定位精度也提高到 0.001 mm。传动精度直接影响机床加工轮廓面的精度，定位精度直接关系到加工的尺寸精度。影响传动精度与定位精度的因素很多，具体实施中经常通过提高进给系统机械机构的传动刚度、提高传动件精度及消除传动间隙来实现。

2）宽的进给调速范围

为保证加工中心在不同工况下对进给速度的选择，进给系统应该有较大的调速范围。普通加工中心进给速度一般为 3～10 000 mm/min；低速定位，要求速度能保证在 0.1 mm/min 左右；快速移动，速度则高达 40 m/min。

宽的调速范围是加工中心实现高效精加工的基本条件，也是进给伺服系统设计上的难题。

3）快的响应速度

所谓快速响应，是指进给系统对指令信号的变化跟踪要快，并能迅速趋于稳定。为此，应减小传动中的间隙和摩擦及系统转动惯量，增大传动刚度，以提高伺服进给系统的快速响应能力。目前，加工中心已较普遍地采用了伺服电动机不通过减速环节直接连接丝杠带动运动部件实现运动的方案。随着直线伺服驱动电动机性能的不断提高，由电动机直接带动工作台运动已成为可能。直接驱动取消了包括丝杠在内的所有传动元件，实现了加工中心的"零传动"。

2. 进给系统的机械结构及典型元件

JCS-018A 机床沿 X、Y、Z 三个坐标轴的进给运动分别由三台功率为 1.4 kW 的 FANUC-BESKDC15 型直流伺服电动机直接带动滚珠丝杠旋转实现。为了保证各轴的进给传动系统有较高的传动精度，电动机轴和滚珠丝杠之间均采用锥环无键连接和高精度十字联轴器。以 Z 轴进给装置为例，分析电动机与滚珠丝杠之间的连接结构。图 7-35 所示为 Z 轴进给装置中电动机与丝杠连接的局部视图。电动机轴与轴套 3 之间采用锥环无键连接结构，4 为相互配合的锥环。该连接结构可以实现无间隙传动，使两连接件的同心性好，传递动力平稳，而且加工工艺性好，安装与维修方便。高精度十字联轴器由三件组成，其中与电动机轴连接的轴套 3 的端面有与中心对称的凸键，与丝杠连接的轴套 6 上开有与中心对称的端键槽，中间一件联轴器 5 的两端上分别有中心对称且互相垂直的凸键和键槽，它们分别与轴套 3 和轴套 6 相配合，用来传递运动和转矩。为了保证十字联轴器的传动精度，在装配时凸键与凹键的径向配合面要经过配研，以便消除反向间隙及保证传递动力平稳。

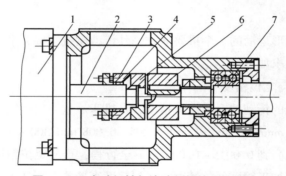

图 7-35　电动机轴与滚珠丝杠的连接结构

1—直流伺服电动机；2—电动机轴；3，6—轴套；4—锥环；5—联轴器；7—滚珠丝杠

该立式加工中心 X、Y 轴的快速移动速度为 14 m/min，Z 轴快移速度为 10 m/min。由于主轴箱垂直运动，为防止滚珠丝杠因不能自锁而使主轴箱下潜，Z 轴电动机带有制动器。

由于机床基础件刚度高，且采用贴塑导轨，因此，机床在高速移动时振动小、低速移动时无爬行，并有高的精度稳定性。

X、Y 两方向滚珠丝杠均采用一端固定一端浮动的连接方式。

四、回转工作台

加工中心常用的回转工作台有分度工作台和数控回转工作台。分度工作台又可分为插销式和鼠齿盘式两种。分度工作台的功用是将工件转位换面，与自动换刀装置配合使用，工件一次安装能实现几面的加工。而数控回转工作台除了分度和转位的功能之外，还能实现圆周进给运动。

分度工作台的分度、转位和定位按照控制系统的指令自动进行。分度工作台只能完成分度运动。由于结构上的原因，分度工作台只能完成规定角度（如45°、60°或90°等）的分度运动，以改变工件相对于主轴的位置，完成工件大部分或全部平面的加工。为满足分度精度，分度运动需要使用专门的定位元件。常用的定位方式按定位元件的不同可分为定位销式定位和鼠牙盘式定位等几种。

1. 定位销式分度工作台

图7-36所示为卧式镗铣床加工中心的定位销式分度工作台，这种工作台的定位分度主要靠配合的定位销和定位孔来实现。分度工作台1嵌在长方形工作台10之中，在不单独使用分度工作台时，两个工作台可以作为一个整体使用。

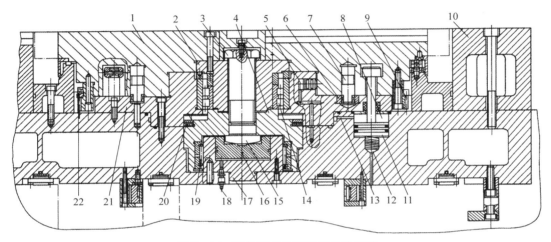

图7-36 定位销式分度工作台的结构

1—分度工作台；2—锥套；3—螺钉；4—支座；5—消隙油缸；6—定位孔衬套；7—定位销；8—锁紧油缸；9—大齿轮；10—长方形工作台；11—活塞杆；12—弹簧；13—油槽；14、19、20—轴承；15—螺柱；16—活塞；17—中央液压缸；18—油管；21—底座；22—挡块

回转分度时，工作台须经过松开、回转、分度定位和夹紧四个过程。在分度工作台1的底部均匀分布着八个圆柱定位销7，在底座21上有一个定位孔衬套6及供定位销移动的环形槽，其中只有一个定位销7进入定位孔衬套6中，其他7个定位销则都在环形槽中。因为定位销之间的分布角度为45°，因此工作台只能做2、4、8等分的分度运动。

1）松开

分度时机床的数控系统发出指令，由电器控制的液压缸使六个均布的锁紧油缸8中的压力油，经环形油槽13流回油箱，活塞杆11被弹簧12顶起，工作台1处于松开状态。同时消隙油缸5卸荷，油缸中的压力油经回油路流回油箱。油管18中的压力油进入中央液压缸17，使活塞16上升，并通过螺栓15、支座4把推力轴承20向上抬起15 mm，顶在底座21上。分度工作台1用四个螺钉与锥套2相连，而锥套2用六角头螺钉3固定在支座4上，所以当支座4上移时，通过锥套2使工作台1抬高15 mm，固定在工作台面上的定位销7从定位孔衬套6中拔出，做好回转准备。

2）回转

当工作台抬起之后发出信号，使液压马达驱动减速齿轮，带动固定在工作台 1 下面的大齿轮 9 转动实现回转运动。

3）定位

分度工作台的回转速度由液压马达和液压系统中的单向节流阀来调节，分度初做快速转动，在将要到达规定位置前减速，减速信号由固定在大齿轮 9 上的挡块 22（周向均布八个）碰撞限位开关发出。当挡块碰到第一个限位开关时，发出信号使工作台降速，碰到第二个限位开关时，分度工作台停止转动，此时相应的定位销 7 正好对准定位孔衬套 6。

4）夹紧

分度定位完毕后，数控系统发出信号使中央液压缸 17 卸荷，油液经油管 18 流回油箱，分度工作台 1 靠自重下降，定位销 7 插入定位孔衬套 6 中。定位完毕后消隙油缸 5 通压力油，活塞顶向工作台面 1，以消除径向间隙。经油槽 13 来的压力油进入锁紧液压缸 8 的上腔，推动活塞杆 11 下降，通过活塞杆 11 上的 T 形头将工作台锁紧。至此分度工作进行完毕。

定位销式分度工作台的定位精度取决于定位销和定位孔的精度，最高可达 ±5″。定位销与定位孔衬套的制造和装配精度要求都很高，硬度的要求也很高，而且耐磨性要好。

2. 鼠牙盘式分度工作台

鼠牙盘式分度工作台主要由工作台面、底座、夹紧液压缸、分度液压缸及鼠牙盘等零件组成，如图 7 – 37 所示。

机床需要分度时，数控系统就发出分度指令（也可用手压按钮进行手动分度），由电磁铁控制液压阀（图 7 – 37 中未示出），使压力油经管道 23 至分度工作台 7 中央的夹紧液压缸下腔 10，推动活塞 6 上移（液压缸上腔 9 的回油经管道 22 排出），经推力轴承 5 使工作台 7 抬起，上鼠牙盘 4 和下鼠牙盘 3 脱离啮合。工作台上移的同时带动内齿圈 12 上移并与齿轮 11 啮合，完成了分度前的准备工作。

当工作台 7 向上抬起时，推杆 2 在弹簧的作用下向上移动，使推杆 1 在弹簧的作用下右移，松开微动开关 D 的触头，控制电磁阀（图中未示出）使压力油经管道 21 进入分度液压缸的左腔 19 内，推动齿条活塞 8 右移（右腔 18 的油经管道 20 及节流阀流回油箱），与它相啮合的齿轮 11 做逆时针转动。根据设计要求，当齿条活塞 8 移动 113 mm 时，齿轮 11 回转 90°，因此时内齿圈 12 已与齿轮 11 相啮合，故分度工作台 7 也回转 90°。分度运动的速度快慢可通过进、回油管道 20 中的节流阀控制齿条活塞 8 的运动速度进行调整。

齿轮 11 开始回转时，挡块 14 放开推杆 15，使微动开关 C 复位。当齿轮 11 转过 90°时，它上面的挡块 17 压推杆 16，使微动开关 E 被压下，控制电磁铁使夹紧液压缸上腔 9 通入压力油，活塞 6 下移（下腔 10 的油经管道 23 及节流阀流回油箱），工作台 7 下降。鼠牙盘 4 和 3 又重新啮合，并定位夹紧，分度运动进行完毕。管道 23 中用节流阀用来限制工作台 7 的下降速度，以避免产生冲击。

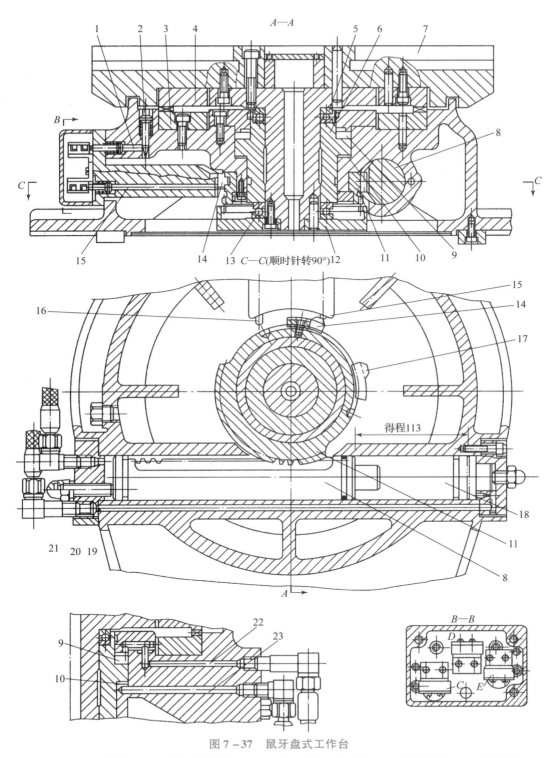

图 7-37 鼠牙盘式工作台

1，2，15，16—推杆；3，4—下、上鼠牙盘；5，13—推力轴承；6—活塞；7—分度工作台；8—齿条活塞；

9，10—夹紧液压缸上、下腔；11—齿轮；12—内齿圈；14，17—挡块；18，19—分度液压缸右、左腔；

20，21—分度液压缸进、回油管道；22，23—升降液压缸进、回油管道当分度工作台下降时，推杆 2 被压下，推杆 1 左移，微动开关 D 的触头被压下，通过电磁铁控制液压阀，使压力油从管道 20 进入分度液压缸的右腔 18，推动齿条活塞 8 左移（左腔 19 的油经管道 21 流回油箱），使齿轮 11 顺时针回转，它上面的挡块 17 离开推杆 16，微动开关正的触头被放松。因工作台面下降夹紧后齿轮 11 下部的轮齿已与内齿圈 12 脱开，故分度工作台面不转动。当活塞齿条 8 向左移动 113 mm 时，齿轮 11 顺时针转 90°，齿轮 11 上的挡块 14 压下推杆 15，微动开关 C 的触头又被压紧，齿轮 11 停在原始位置，为下次分度做好准备。

鼠牙盘式分度工作台的优点是分度和定心精度高，分度精度可达 ±0.5″~ ±3″。由于采用多齿重复定位，从而可使重复定位精度稳定，而且定位刚性好，只要分度数能除尽鼠牙盘的齿数，都能分度，适用于多工位分度。

任务描述：将现有数控铣床机械传动部分改造成加工中心，并加工如图 7-23 所示工件。

工作目标：掌握加工中心主传动和进给传动系统。

工作准备：

1. 对加工中心主轴系统的要求为_____、_____、_____、_____。

2. 对加工中心进给传动系统的要求为_____、_____、_____。

3. 加工中心常用的回转工作台有分度工作台和数控回转工作台，选择合适的工作台。

工作实施：

简述主轴准停控制方式。

工作提高：

1. 加工中心主传动系统装调。

2. 加工中心进给传动系统装调。

工作反思：

知识目标

(1) 了解车铣复合机床类型；

(2) 掌握五轴联动机床的不同结构形式。

技能目标

(1) 能够利用车铣复合机床进行编程；

(3) 能够利用五轴联动机床进行编程。

素养目标

(1) 培养学生坚守初心的品质；

(2) 培养学生技术创新的精神；

(3) 培养学生制造强国的爱国主义情怀。

任务引入

选择车铣复合机床，加工如图 7 - 38 所示槽轮轴。

相关知识链接

一、认识车铣复合机床

车铣复合加工是机械加工领域目前国际上最流行的加工工艺之一，是一种先进制造技术。复合加工就是把几种不同的加工工艺，在一台机床上实现。复合加工应用最广泛、难度最大的即车铣复合加工。车铣复合加工中心相当于一台数控车床和一台（数铣）加工中心的复合。

在全球机床制造和金属加工领域，车铣复合加工技术正以其强大的加工能力被不断发展应用。所谓车铣复合加工技术，即在一台设备上完成车、铣、钻、镗、攻螺纹、铰孔、扩等多种加工要求，车铣复合加工最突出的优点是可以大大缩短工件的生产周期、提高工件的加工精度。

目前，大多数的车铣复合加工是在车削中心上完成的，而一般的车削中心只是把数控车床的普通转塔刀架换成带动力刀具的转塔刀架，主轴增加 C 轴功能。由于转塔刀架结构、外形尺寸的限制，动力头的功率小，转速不高，也不能安装较大的刀具。这样的车削中心以车为主，铣、钻功能只是做一些辅助加工。由于动力刀架造价昂贵，故造成车削中心的成本

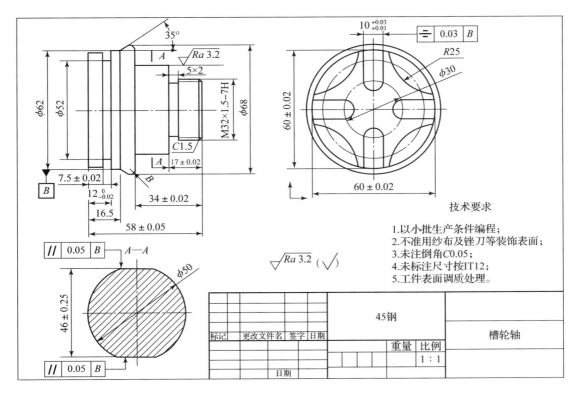

技术要求

1. 以小批生产条件编程；
2. 不准用纱布及锉刀等装饰表面；
3. 未注倒角C0.05；
4. 未标注尺寸按IT12；
5. 工件表面调质处理。

				45钢		槽轮轴
标记	更改文件名	签字	日期			
				重量	比例	
		日期			1:1	

图 7-38 槽轮轴

居高不下。

对于一些带有 Y 轴和 B 轴联动的车铣设备来说，其能够加工的零件类型将更加广泛。这类设备不仅具有车削功能，同时也可以完成三到五轴联动的铣切工作。例如，X、Z、C 联动加工（C 轴角度定位）；X、Y、Z 联动加工或是 X、Y、Z、C 联动加工；X、Y、Z、C 四联动加工或是 X、Y、Z、B、C 五联动加工（B 轴摆角定位）。

在机械加工中，应用车铣复合设备的意义可以概括如下：

1）缩短产品制造工艺链，提高生产效率

车铣复合加工可以实现一次装夹完成全部或者大部分加工工序，从而大大缩短产品制造工艺链。这样一方面减少了由于装夹改变导致的生产辅助时间，同时也减少了工装夹具制造周期和等待时间，能够显著提高生产效率。

2）减少装夹次数，提高加工精度

装夹次数的减少避免了由于定位基准转化而导致的误差积累。同时，目前的车铣复合加工设备大多具有在线检测的功能，可以实现制造过程关键数据的在线检测和精度控制，从而提高产品的加工精度。

3）减少占地面积，降低生产成本

虽然车铣复合加工设备的单台价格比较高，但由于制造工艺链的缩短和产品所需设备的减少，以及工装夹具数量、车间占地面积和设备维护费用的减少，故能够有效降低总体固定资产的投资、生产运作和管理的成本。

车铣复合设备不仅能够提高产品的精度和加工产品的效率，而且对企业而言大大节约了机床的占地面积，过去需要在几台机床上完成一个零件的加工，现在只需要一台设备就可以完成所有的加工。

1. X、Z、C 车削中心

标准 X、Z、C 车削中心，如图 7 - 39 所示，它是在传统车床基础上增加了简单钻铣功能，能够对工件的端面及圆周面进行钻孔、攻丝、铣槽、铣轮廓加工。车削加工时，刀塔转到车刀位置，通过卡盘带动工件旋转、XZ 轴的运动，便实现了车削加工；钻铣加工时，刀塔转到动力刀具位置，动力头带动刀具旋转，通过 X、Z、C 轴的运动，便实现了钻孔和铣削加工。

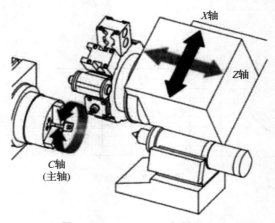

图 7 - 39　X、Z、C 车削中心

2. 带副主轴（背主轴）的 X、Z、C 车削中心

带副主轴（背主轴）的 X、Z、C 车削中心，如图 7 - 40 所示，它是在标准 X、Z、C 车削中心的基础上增加了副主轴。副主轴也能够对工件的端面及圆周面进行钻孔、攻丝、铣槽和铣轮廓加工。

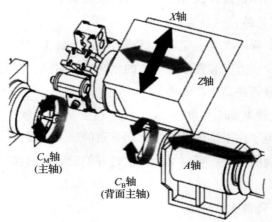

图 7 - 40　带副主轴（背主轴）的 X、Z、C 车削中心

3. 带副主轴（背主轴）和带 Y 轴的 X、Y、Z、C 车铣复合

带副主轴（背主轴）和带 Y 轴的 X、Y、Z、C 车铣复合，如图 7 – 41 所示，它是在标准 X、Z、C 车削中心的基础上增加了副主轴和 Y 轴。通过增加 Y 轴控制侧铣，可加工更加复杂形状的零件。

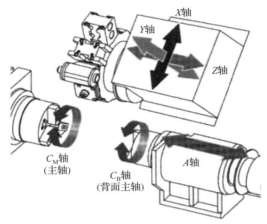

图 7 – 41 带副主轴（背主轴）和带 Y 轴的 X、Y、Z、C 车铣复合

4. 带 B 轴的车铣复合机床

带 B 轴的车铣复合，如图 7 – 42 所示，此款设备功能比较齐全，有上刀塔和下刀塔，都可以安装车刀和铣刀。上刀塔可以 X、Y、Z、B 联动，配合 C 轴使之 X、Y、Z、B、C 联动；下刀塔配合 C 轴使之 X、Z、C 联动，即在传统加工中心的 X、Y、Z 三个平面轴的基础上，增加了 B、C 两个轴，它的铣削功能由自带的铣头来完成，车削则是通过装在刀塔上的车刀来完成，相比于车铣复合，其主要差别在于铣头独立于刀塔，且既可以沿 Z 轴旋转进给，也可以沿 X 轴进给。

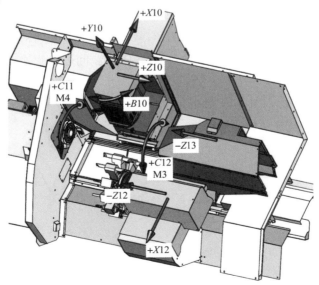

图 7 – 42 带 B 轴的车铣复合

二、结构简介

五轴联动数控机床是一种科技含量高、精密度高、专门用于加工复杂曲面的机床，这种机床系统对一个国家的航空、航天、军事、科研、精密器械、高精医疗设备等行业有着举足轻重的作用。目前，五轴联动数控机床系统是对叶轮、叶片、船用螺旋桨、重型发电机转子、汽轮机转子、大型柴油机曲轴等进行加工的唯一手段。

一般来说，三轴机床只有三个正交的运动轴（通常定义为 X、Y、Z 轴），只能实现三个方向直线移动的自由度。因此，沿加工刀轴方向的结构都能加工出来，但侧面结构特征无法加工。三轴机床因设计多套夹具，故需进行多次安装、定位、夹紧，将整体加工进行分解，加工周期延长，质量大大降低。

然而，五轴联动机床在一台机床上至少有五个坐标轴（X、Y、Z 线标轴和 C 或者 B/C 两个旋转轴），而且可在计算机数控系统控制下同时协调运动进行加工，即五轴联机床有五个伺服轴（不包括主轴）可以同时进行插补（五个坐标轴可以同一时间、同时移动，对一个零件进行加工）。

五轴联动机床的使用，让工件的装夹变得容易，加工时无须特殊夹具，降低了夹具的成本，避免了多次装夹，提高了模具加工精度。采用五轴联动机床加工模具可以减少夹具的使用数量。另外，由于五轴联动机床可在加工中省去许多特殊刀具，所以降低了刀具成本。五轴联动机床在加工中，根据零件造型特点，增加了刀具的有效切削刃长度，减小了切削力，提高了刀具使用寿命，降低了成本。采用五轴联动机床加工模具可以很快地完成模具加工，交货快，更好地保证了模具的加工质量，使模具加工变得更加容易，并且使模具修改也变得容易。

相对于一般数控机床，多轴机床主要有以下几个加工特点：

（1）可以加工更为复杂的工件。

（2）可一次装夹完成多面、多方位加工，有效提高加工效率和精度。

（3）通过改变刀具或工件姿态，有效避免刀具干涉问题，提高切削效率和工件表面质量。

（4）可以简化刀具和夹具形状，降低加工成本。

五轴数控机床有多种不同的结构形式，主要分为以下三大类：

（1）工作台上有 2 个旋转轴（摇篮式五轴）；

（2）主轴上有 2 个旋转轴（双摆头式五轴）；

（3）工作台上有 1 个旋转轴，主轴上有 1 个旋转轴（单摆头、单旋转式五轴）。

1. 摇篮式五轴

摇篮式五轴即工作台上有 2 个旋转轴，如图 7－43 和图 7－44 所示。设置在床身上的工作台可以环绕 X 轴回转，定义为 A 轴（可以环绕 Y 轴回转，定义为 B 轴），A 轴工作范围一般为 $+100°\sim -100°$ 或者 $-100°\sim +100°$。工作台的中间还设有一个回转台，其按图 7－44 所

示的位置环绕 Z 轴回转，故定义为 C 轴，C 轴可以 ±360°回转（A 轴和 C 轴可以根据每个生产厂家的结构来定义正、负方向，如图 7-43 所示）。

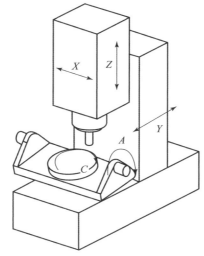

图 7-43　摇篮式五轴机床

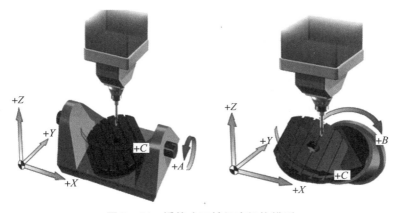

图 7-44　摇篮式五轴机床机构模型

这种设置方式的优点是主轴的结构比较简单，刚度非常好，制造成本比较低。但一般工作台不能设计得太大，承重也较小，特别是当 A 轴回转 ≥90°时，工件切削时会对工作台带来很大的承载力矩。

2. 双摆头式五轴

双摆头式五轴即主轴上有两个旋转轴，如图 7-45 和图 7-46 所示。主轴前端是一个回转头，能环绕 Z 轴回转，定义为 C 轴，C 轴可以 ±360°回转。回转头上还带有可环绕 X 轴旋转的 A 轴（环绕 Y 轴旋转定义为 B 轴），一般可达 ±110°，以实现上述同样的功能。这种结构的优点是主轴加工非常灵活，工作台也可以设计得非常大，飞机庞大的机身、巨大的发动机壳都可以在这类加工中心上加工。这种结构还有一大优点，即在使用球面铣刀加工曲面，刀具中心线垂直于加工面时，由于球面铣刀顶点处的线速度为零，故顶点处切出的工件表面质量会很差，而采用主轴回转的结构，令主轴相对工件转过一个角度，使球面铣刀避开顶点处切削，保证有一定的线速度，可提高表面加工质量。

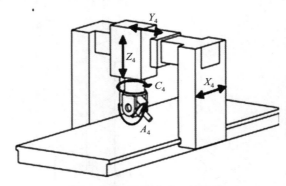

图 7 − 45　双摆头式五轴机床

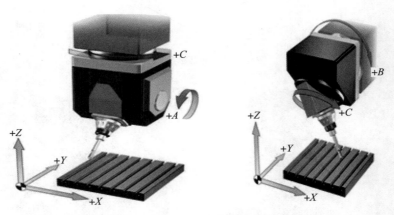

图 7 − 46　双摆头式五轴机床机构模型

这种结构非常适合加工模具的高精度曲面，而这是工作台回转式加工中心难以做到的。为了达到回转的高精度，高档的回转轴还配置了圆光栅尺反馈，其分度精度都在几秒以内，但这类主轴的回转结构比较复杂，制造成本也较高。

五轴加工中心
加工钟楼

3. 单摆头、单旋转式五轴

单摆头、单旋转式五轴即工作台上有一个旋转轴、主轴上有一个旋转轴，两个旋转轴分别在主轴和工作台上，如图 7 − 47 和图 7 − 48 所示。这类机床的旋转轴结构布置有最大的灵活性，可以是在 A、B、C 轴中任意两个组合，其中环绕 Z 轴回转的定义为 C 轴，C 轴可以 ±360° 回转；环绕 X 轴旋转的定义为 A 轴（环绕 Y 轴旋转的定义为 B 轴），一般设置可达 ±110°。

这种机床结构简单、灵活，同时具备主轴旋转型与工作台旋转型机床的部分优点。这类机床的主轴可以旋转为水平状态和垂直状态，工作台只需分度定位，即可简单地配置为立、卧转换的三轴加工中心，将主轴进行立、卧转换，再配合工作台分度，对工件实现五面体加工，制造成本低，且非常实用。

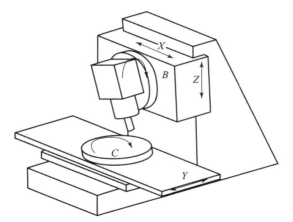

图 7 – 47　单摆头、单旋转式五轴机床

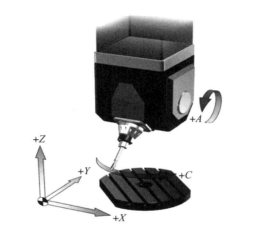

图 7 – 48　单摆头、单旋转式五轴机床机构模型

工作页

任务描述：选择车铣复合机床，加工如图 7 – 38 所示零件。 **工作目标**：了解车铣复合加工机床，并能运用车铣复合机床加工复杂零件。

工作准备：
 	
   1. 观察并说明车铣复合机床结构形式。
 	
   2. 根据图纸，选择合适的五轴联动机床。

工作实施：
 	
   1. 根据图纸，选择合适的数控加工机床。
 	
   2. 简述五轴数控机床的结构形式以及各自适用的场合。

工作反思：

高速加工技术的发展趋势

对于高速切削技术的发展趋势，高速加工领域非常著名的美国肯纳金属公司（Kenna-metal）在总结高速切削技术过去 10 年发展的基础上，对未来的技术发展作了以下预测。

1. 机床结构的变化

机床结构将会具有更高的刚度和抗振性，使得刀具在高转速和高进给情况下具有更长的寿命；将会用完全考虑高速要求的新设计观念来设计机床，并联（虚拟轴）机床就是一个例子。

2. 提高机床进给速度的同时保持机床精度

日前铣削轮廓的进给速度是 12.7～15.2 m/min（500～600 in/min），随着 NC 技术的发展，这个速度还会提高 1 倍，因为更大的效益来自更高的速度。现在铝材的切削速度可达到 7 000 m/min，直线进给速度可达到 61 m/min（2 400 in/min），甚至更高。

3. 快换主轴

美国明尼苏达州的 Remmele Engineering 公司先进制造工程部主任 Richard Heitkamp 先生是高速主轴的创始人之一，他在高速主轴技术攻关中所做的报告指出，快换主轴的设计方法已经找到，改进主轴的设计可以使主轴的寿命提高 4 倍。其方法是把主轴看作刀具，用极快的速度交换，这样可以延长主轴的寿命。他们有一个由 6 台机床组成的生产单元，主轴转速为 40 000 r/min，每天主轴交换 3 次。

4. 高、低速度的主轴共存

在同一台机床上，高速主轴和普通主轴同时存在，可以扩大机床的使用范围，以适应不同材料和尺寸工件的加工。在 1995 年欧洲机床博览会上，Droop&Rein 公司展出了一台大型三坐标数控机床，机床带有快换主轴，同时有 2 个换刀装置，分别采用 HSK63 和 HSK100 的刀柄。在 1996 年国际机床展览会上，意大利展出了一台机床，同时有用于大转矩切削的齿轮传动主轴（5 000 r/min）和高速电主轴（30 000 r/min），后者使用 ISO 标准 30 号刀具，用于高速切削，且 2 个主轴放在滑枕两边，根据需要选用。当时，美国的 Boston-Digital 公司也展出了一台双主轴机床，2 个主轴并排放置，一个主轴转速为 40 000 r/min，使用 20 号刀具，用于高速切削；另一个主轴转速为 10 000 r/min，使用 40 号刀具，提供大转矩，用于中、低速粗加工。上述 3 种尝试为把高速和低速很好地结合起来提供了一个新的思路。

5. 改善轴承技术

改善轴承技术包括轴承的润滑、在轴承滚道上用铬钛铝镍镀层、采用陶瓷球以增加刚度和减少质量等。磁悬浮轴承的推广应用，使我们看到轴承的 d_n 值可达到 $2 \times 10^6 \ \mathrm{mm \cdot r/min}$，Fischer Precision 公司现在可以提供 40 – 40 的高速电主轴，即转速为 40 000 r/min，功率为 40 kW，其采用的就是磁悬浮轴承。

6. 改进刀具和主轴的接触条件

对于刀具锥柄，以前使用的都是 BT 等锥柄，而新的刀具锥柄概念如 HSK、KM、CAPTO、MTK、NC – 50、Big Plus 等仍然需要继续改进完善，以在高速切削下提高刚度。

7. 更好的动平衡技术

在主轴装配中使用更好的动平衡技术，使主轴在高速切削中具有更好的切削条件，同时也可提高安全性和减少主轴轴承的磨损。主轴装配中的平衡设备和技术是与高速主轴、高速切削刀具以及高速刀具刀柄平行发展的。另外，整个主轴系统的自动动平衡技术也在不断发展中。

8. 高速冷却系统

冷却刀具的高速冷却系统已和主轴及刀柄集成在一起，同时要改进切削液的过滤装置，以进一步提高机床的性能。

此外，还将有新的刀具材料、刀具镀层等出现或得到改进，换刀时间将继续缩短，非切削时间将继续减少。

项目八　探求工业机器人

⊗　任务8.1　工业机器人总论　⊗

知识目标

（1）了解工业机器人的分类；

（2）熟悉机器人的结构形态与技术参数；

（3）工业机器人结构剖析。

技能目标

（1）能清楚工业机器人的运动与结构；

（2）掌握工业机器人本体的典型结构。

素养目标

（1）养成吃苦耐劳的职业习惯；

（2）培养学生精益求精、一丝不苟的工匠精神。

任务引入

任务描述：什么是工业机器人？它能完成什么工作？

相关知识链接

焊接机器人

一、工业机器人的分类

1. 工业机器人的定义

工业机器人是面向工业领域的多关节机械手或多自由度的机器装置，它能自动执行工作，是靠自身动力和控制能力来实现各种功能的一种机器。它可以接受人类指挥，也可以按照预先编排的程序运行，现代的工业机器人还可以根据人工智能技术制定的原则和纲领行动。

工业机器人是一种通过重复编程和自动控制，能够完成制造过程中某些操作任务的多功能、多自由度的机电一体化自动机械装备和系统，它结合制造主机或生产线，可以组成单机或多机自动化系统，在无人参与下，实现搬运、焊接、装配和喷涂等多种生产作业。

2. 工业机器人的基本特征

工业机器人技术和产业迅速发展，在生产中应用日益广泛，已成为现代制造生产中重要的高度自动化装备。自 20 世纪 60 年代初第一代机器人在美国问世以来，工业机器人的研制和应用有了飞速的发展，但工业机器人最显著的特点归纳有以下几个。

1）可编程

生产自动化的进一步发展是柔性自动化。工业机器人可随其工作环境变化的需要而再编程，因此它在小批量、多品种且具有均衡高效率的柔性制造过程中能发挥很好的功用，是柔性制造系统（FMS）中的一个重要组成部分。

机器人磨边

2）拟人化

工业机器人在机械结构上有类似人的行走、腰转、大臂、小臂、手腕、手爪等部分，在控制上有电脑。此外，智能化工业机器人还有许多类似人类的"生物传感器"，如皮肤型接触传感器、力传感器、负载传感器、视觉传感器、声觉传感器、语言功能等。传感器提高了工业机器人对周围环境的自适应能力。

3）通用性

除了专门设计的专用的工业机器人外，一般工业机器人在执行不同的作业任务时具有较好的通用性。比如，更换工业机器人手部末端操作器（手爪、工具等）便可执行不同的作业任务。

机器人涂胶

4）机电一体化

工业机器人技术涉及的学科相当广泛，将其归纳起来为机械学和微电子学的结合——机电一体化技术。第三代智能机器人不仅具有获取外部环境信息的各种传感器，而且还具有记忆能力、语言理解能力、图像识别能力、推理判断能力等人工智能，这些都和微电子技术的应用，特别是计算机技术的应用密切相关。

因此，机器人技术的发展必将带动其他技术的发展，机器人技术的发展和应用水平也可以验证一个国家科学技术与工业技术的发展和水平。

3. 工业机器人的分类

工业机器人分类方式有多种形式，本部分主要介绍按坐标形式分类。

1）直角坐标型机器人（可以沿 $X\backslash Y\backslash Z$ 轴移动）

特点：位置精度高，控制无耦合、简单，避障性好，但结构较庞大，无法调节工具姿态，灵活性差，难以与其他机器人协调，移动轴的结构较复杂，且占地面积较大。

2）圆柱坐标型机器人（两个方向移动和一个方向回转运动）

特点：其位置精度仅次于直角坐标型，控制简单，避障性好，但结构也较庞大，难以与其他机器人协调工作，两个移动轴的设计较复杂。

3）球坐标型机器人（由一个移动和两个回转运动组成）

特点：占地面积较小，结构紧凑，位置精度尚可，能与其他机器人协调工作，重量较轻，但避障性差，有平衡问题，位置误差与臂长有关。

4）关节坐标型机器人

特点：垂直关节坐标型机器人的运动由前、后臂的俯仰及立柱的回转构成，其结构最紧凑，灵活性大，占地面积最小，工作空间最大，能与其他机器人协调工作，避障性好，是目前应用最多的一类机器人，但位置精度较低，有平衡问题，控制存在耦合，故比较复杂。

5）SCARA 型机器人（平面关节型机器人）

特点：它有 3 个转动关节，轴线相互平行，可在平面内进行定位和定向。该类机器人的特点是在垂直平面内具有很好的刚度，在水平面内具有较好的柔顺性，动作灵活，速度快，定位精度高。

各类坐标机器人如图 8 - 1 所示。

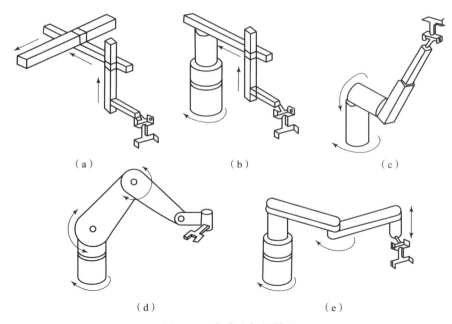

图 8 - 1　各类坐标机器人

（a）直角坐标型；（b）圆柱坐标型；（c）球坐标型；

（d）关节坐标型；（e）平面关节型

4. 工业机器人与数控机床的异同

世界首台数控机床出现在 1952 年，其诞生比工业机器人早 7 年，因此工业机器人很多技术都来自数控机床。最初设想的工业机器人就是利用数控机床的伺服轴驱动连杆机构，然后通过操纵控制器的伺服轴来实现机器人的功能。

因此，工业机器人和数控机床的控制系统类似，它们都有控制面板、控制器、伺服驱动等基本部件，操作者可利用控制面板对它们进行手动操作或进行程序自动运行、程序输入与编辑等操作控制。但是，由于工业机器人和数控机床的研发目的有着本质的区别，因此，地位、用途、结构、性能等各方面均存在较大的差异。

总体而言，两者的区别主要有以下4点。

1）作用和地位不同

机床是用来加工机器零件的设备，是制造机器的机器，故称为工作母机；没有机床就几乎不能制造机器，没有机器就不能生产工业产品。因此，机床被称为国民经济基础的基础，在现有的制造模式中，它仍处于制造业的核心地位。工业机器人尽管发展速度很快，但目前绝大多数还只是用于零件搬运、装卸、包装、装配的生产辅助设备，或是进行焊接、切割、打磨、抛光等简单粗加工的生产设备。

2）目的和用途不同

研发数控机床的根本目的是解决轮廓加工的刀具运动轨迹控制问题，是直接用来加工零件的生产设备；而研发工业机器人的根本目的是协助或代替人类完成那些单调、重复、频繁或长时间、繁重的工作或进行高温、粉尘、有毒、易燃、易爆等危险环境下的作业。由于两者研发目的不同，因此，其用途也有根本的区别，两者目前尚无法相互完全替代。

3）结构形态不同

数控机床的结构以直线轴为主、回转摆动轴为辅，绝大多数都采用直角坐标结构，其作业空间局限于设备本身。工业机器人需要模拟人的动作和行为，在结构上以回转摆动轴为主、直线轴为辅，多关节串联、并联轴是其常见的形态。部分机器人的作业空间是开放的。

4）技术性能不同

数控机床是用来加工零件的精密加工设备，其轮廓加工能力、定位精度和加工精度等是衡量数控机床性能最重要的技术指标。高精度数控机床的定位精度和加工精度通常需要达到0.01 mm或0.001 mm的数量级，甚至更高，且其精度检测和计算标准的要求高于机器人。数控机床的轮廓加工能力决定于工件要求和机床结构，通常而言，能同时控制5轴（5轴联动）的机床几乎可以满足所有零件的轮廓加工要求。

工业机器人强调的是动作灵活性、作业空间、承载能力和感知能力，因此大多数工业机器人对定位精度和轨迹精度的要求通常只需要达到0.1~1 mm的数量级便可满足，且精度检测和计算标准都低于数控机床。但是，工业机器人的控制轴数将直接决定自由度、动作灵活性等关键指标，其要求很高；理论上说，需要工业机器人有6个自由度（6轴控制），才能完全描述一个物体在三维空间的位姿，如需要避障，还需要有更多的自由度。而数控机床一般只需要检测速度与位置，因此，工业机器人对检测技术的要求高于数控机床。

二、机器人的结构形态与技术参数

1. 结构形态

从运动学原理上说，绝大多数机器人都是由若干关节和连杆组成的运动链。根据关节间的连接形式，多关节工业机器人的典型结构可分为垂直串联、水平串联和并联三大类。

1）垂直串联机器人

垂直串联是工业机器人最常见的结构形式，机器人的本体部分一般由 5~7 个关节在垂直方向依次串联而成，可以模拟人类从腰部到手腕的运动，用于加工、搬运、装配和包装等各种场合。

我们常见的是六轴串联机器人（见图 8-2）。机器人的 6 个运动轴分别为腰部回转轴 J_1、下臂摆动轴 J_2、上臂摆动轴 J_3、腕回转轴 J_4、腕弯曲轴 J_5、手回转轴 J_6。其中，腰部回转轴、腕回转轴、手回转轴可在 4 象限进行 360° 或接近 360° 回转，称为回转轴；下臂摆动轴、上臂摆动轴、腕弯曲轴一般只能在 3 象限内进行小于 270° 回转，称为摆动轴。

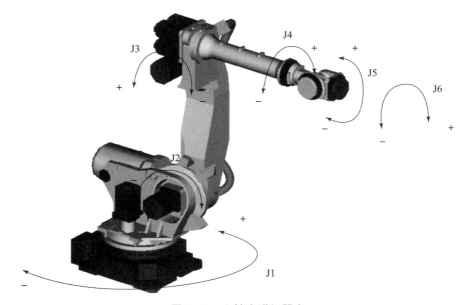

图 8-2　六轴串联机器人

六轴垂直串联结构机器人的末端执行器作业点的运动，由手臂、手腕和手的运动合成。其中，腰、下臂、上臂 3 个关节，可用来改变手腕基准点的位置，称为定位机构；手腕部分的腕回转、弯曲和手回转 3 个关节，可用来改变末端执行器的姿态，称为定向机构。

6 轴垂直串联结构机器人较好地实现了三维空间内的任意位置和姿态控制，由于结构所限，6 轴垂直串联结构机器人存在运动干涉区域，在上部或正面运动受限时，进行下部、反向作业非常困难，为此，先进的工业机器人有时也采用 7 轴串联结构。7 轴机器人增加了下臂回转轴，使机身的运动更加灵活。

2）水平串联机器人

水平串联结构又称 SCARA 结构，或选择顺应性装配机器手臂。这种机器人的手臂由 2~3 个轴线相互平行的水平旋转关节 C_1、C_2、C_3 串联而成，以实现平面定位，如图 8-3 所示。

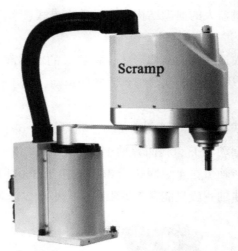

图 8 - 3　水平串联机器人

SCARA 机器人的结构简单、外形轻巧、定位精度高、运动速度快，特别适合于平面定位、垂直方向装卸的搬运和装配作业，故首先被用于 3C 行业印刷电路板的器件装配和搬运作业，其承载能力一般为 1~200 kg。

采用 SCARA 基本结构的机器人结构紧凑、动作灵巧，但水平旋转关节 C_1、C_2、C_3 的驱动电动机均需要安装在基座侧，其传动链长、传动系统结构较为复杂。此外，垂直轴 Z 需要控制 3 个手臂的整体升降，其运动部件质量较大、升降行程通常较小，因此，实际使用时经常采用执行器直接升降结构，如图 8 - 4 所示。

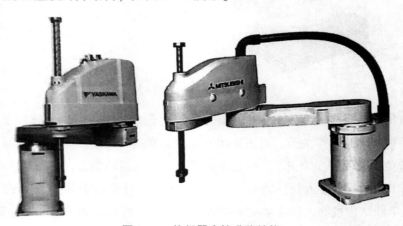

图 8 - 4　执行器直接升降结构

采用执行器升降结构的 SCARA 机器人不但可扩大 Z 轴升降行程、减轻升降部件的重量、提高手臂刚性和负载能力，同时，还可将 C_2、C_3 轴的驱动电动机安装位置前移，以缩短传动链、简化传动系统结构。但是，这种结构的机器人回转臂的体积大，结构不及基本型紧凑，因此，多用于垂直方向运动不受限制的平面搬运和部件装配作业。

3）并联机器人

并联机器人，英文名为 Parallel Mechanism，简称 PM，可以定义为动平台和定平台通过至少两个独立的运动链相连接，机构具有两个或两个以上自由度，且以并联方式驱动的一种闭环机构。

并联机器人的结构设计源自 1965 年英国科学家 Stewart 在 *A Platform with Six Degrees of Freedom* 中提出的 6 自由度飞行模拟器，即 Stewart 平台机构；1978 年澳大利亚学者 Hunt 首次将 Stewart 平台机构引入机器人；到了 1985 年，瑞士洛桑联邦理工学院（Swiss federal Institute of Technology in lausanne，简称 EPFL）的 clavel 博士发明了一种 3 自由度空间平移的并联机器人，并称其为 Delta 机器人（Delta 机械手），如图 8 – 5（a）所示。Delta 机器人一般采用悬挂式布置，其基座上置，手腕通过空间均布的 3 根并联连杆支撑；机器人可通过如图 8 – 5（b）所示的连杆摆动角控制，使得手腕在一定的空间圆柱内定位。

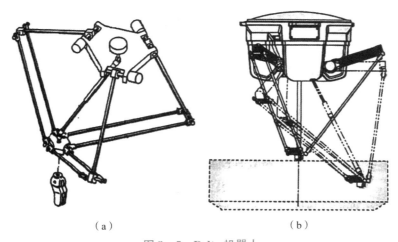

（a） （b）

图 8 – 5 Delta 机器人

（a）Delta 机械手；（b）连杆摆动角控制

Delta 机器人具有结构简单、运动控制容易、安装方便等优点，因而成了目前并联机器人的基本结构。

并联机器人的特点：

（1）无累积误差，精度较高；

（2）驱动装置可置于定平台上或接近定平台的位置，这样运动部分重量轻、速度高、动态响应好；

（3）结构紧凑，刚度高，承载能力强；

（4）完全对称的并联机构具有较好的各向同性；

（5）工作空间较小。

根据这些特点，并联机器人在需要高刚度、高精度或者大载荷而无须很大工作空间的领域内得到了广泛应用。

2. 技术参数

机器人的技术参数反映了机器人可胜任的工作、具有的最高操作性能等情况，是选择、设计、应用机器人所必须考虑的问题。

1）自由度

自由度是衡量机器人动作灵活性的重要指标。所谓自由度，就是整个机器人运动链所能够产生的独立运动数，包括直线、回转、摆动运动，但不包括执行器本身的运动（如刀具旋转等）。机器人的每一个自由度原则上都需要有一个伺服轴进行驱动，因此，在产品样本和说明书中，通常以控制轴数表示。

一般而言，机器人进行直线运动或回转运动所需要的自由度为 1，进行平面运动（水平面或垂直面）所需要的自由度为2，进行空间运动所需要的自由度为 3。进而，如果机器人能进行图 8-6 所示的 X、Y、Z 方向的直线运动和回绕 X、Y、Z 轴的回转运动，则具有 6 个自由度，执行器即可在 3 维空间上任意改变姿态，实现完全控制。

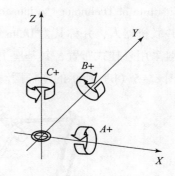

图 8-6 机器人的三维空间运动自由度

如果机器人的自由度超过 6 个，多余的自由度称为冗余自由度，冗余自由度一般用来回避障碍物。

在三维空间作业的多自由度机器人上，由第 1~3 轴驱动的 3 个自由度，通常用于手腕基准点的空间定位，第 4~6 轴则用来改变末端执行器姿态。但是，当机器人实际工作时，定位和定向动作往往是同时进行的，因此，需要多轴同时运动。

机器人的自由度与作业要求有关。自由度越多，执行器的动作就越灵活，适应性也就越强，但其结构和控制也就越复杂。因此，对于作业要求不变的批量作业机器人来说，运行速度、可靠性是其最重要的技术指标，自由度则可在满足作业要求的前提下适当减少；而对于多品种、小批量作业的机器人来说，通用性、灵活性指标显得更加重要，这样的机器人就需要有较多的自由度。

通常而言，机器人的每一个关节都可驱动执行器产生 1 个主动运动，这一自由度称为主动自由度。主动自由度一般有平移、回转、绕水平轴线的垂直摆动、绕垂直轴线的水平摆动4 种，在结构示意图中，它们分别用如图 8-7 所示的符号表示。

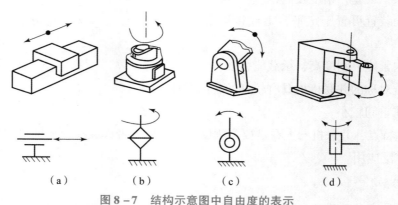

图 8-7 结构示意图中自由度的表示

（a）平移；（b）回转；（c）垂直摆动；（d）水平摆动

2）工作空间

工作空间是指机器人手臂末端或手腕中心所能到达的所有点的集合，也叫工作区域。工作范围是衡量机器人作业能力的重要指标，工作范围越大，机器人的作业区域也就越大。

机器人的工作范围决定于各关节运动的极限范围，它与机器人结构有关。工作范围应剔除机器人在运动过程中可能产生自身碰撞的干涉区；在实际使用时，还需要考虑安装末端执行器后可能产生的碰撞，因此，实际工作范围还应剔除执行器碰撞的干涉区。

机器人的工作范围内还可能存在奇异点。所谓奇异点，是由于结构的约束，导致关节失去某些特定方向自由度的点，奇异点通常存在于作业空间的边缘；如奇异点连成一片，则称为"空穴"。机器人运动到奇异点附近时，由于自由度的逐步丧失，关节的姿态需要急剧变化，这将导致驱动系统承受很大的负荷而产生过载。因此，对于存在奇异点的机器人来说，其工作范围还需要剔除奇异点和空穴。

机器人的工作范围与机器人的结构形态有关，对于常见的典型结构机器人，其作业空间范围如图 8 - 8 所示。

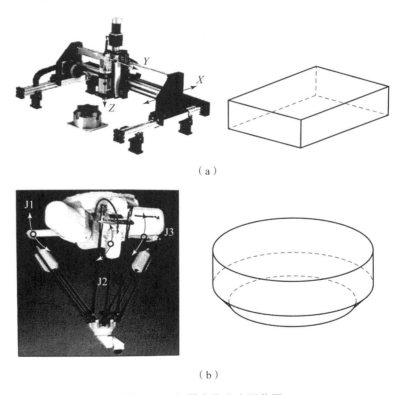

（a）

（b）

图 8 - 8　机器人作业空间范围

（a）直角坐标结构；（b）并联结构

（1）全范围作业机器人。

在不同结构形态的机器人中，直角坐标机器人、并联机器人、SCARA 机器人通常无运动干涉区，机器人能够在整个工作范围内进行作业。

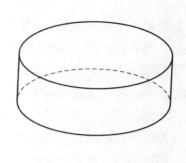

（c）

图8-8 机器人作业空间范围（续）

（c）摆动和垂直升降结构

直角坐标结构机器人手腕参考点定位通过三维直线运动实现，其作业空间为图8-8（a）所示的实心立方体；并联机器人的手腕参考点定位通过3个并联轴的摆动实现，其作业范围为图8-8（b）所示的三维空间的锥底圆柱体；SCARA机器人的手腕参考点定位通过3轴摆动和垂直升降实现，其作业范围为图8-8（c）所示的三维空间的圆柱体。

（2）部分范围作业机器人。

圆柱坐标、球坐标和垂直串联机器人的工作范围，需要去除机器人的运动干涉区，故只能进行如图8-9所示的部分空间作业。

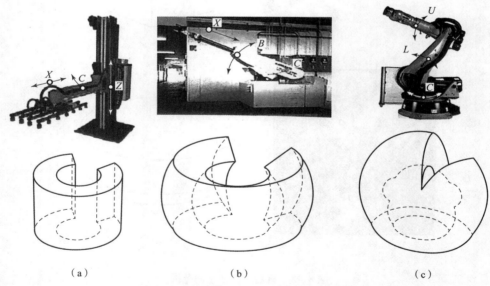

（a）   （b）   （c）

图8-9 部分范围作业机器人的工作范围

（a）圆柱坐标机器人；（b）球坐标机器人；（c）垂直串联关节型机器人

圆柱坐标机器人的手腕参考点定位通过2轴直线加1轴回转摆动实现，由于摆动轴存在运动死区，故其作业范围通常为图8-9（a）所示的三维空间的部分圆柱体。球坐标型机器人的手腕参考点定位通过1轴直线加2轴回转摆动实现，其摆动轴和回转轴均存在运动死区，作业范围为图 8 - 9（b）所示的三维空间的部分球体。垂直串联关节型机器人的手腕参考点定位通过腰、下臂、上臂 3 个关节的回转和摆动实现，摆动轴存在运动死区，其作业范围为图 8 - 9（c）所示的三维空间的不规则球体。

3）承载能力

承载能力指机器人在工作范围内的任何位姿上所能承受的最大质量。承载能力不仅决定于负载的质量，且与机器人运行的速度和加速度的大小和方向有关。为安全起见，承载能力这一技术指标是指高速运行时的承载能力，它一般用质量、力、转矩等技术参数表示。

搬运、装配、包装类机器人的承载能力是指机器人能抓取的物品质量，产品样本所提供的承载能力是指不考虑末端执行器、假设负载重心位于手腕参考点时，机器人高速运动可抓取的物品重量。焊接、切割等加工机器人无须抓取物品，因此，所谓承载能力是指机器人所能安装的末端执行器质量。切削加工类机器人需要承担切削力，其承载能力通常是指切削加工时所能够承受的最大切削进给力。

4）定位精度和重复定位精度

机器人的定位精度是指机器人定位时，执行器实际到达的位置和目标位置间的误差值，它是衡量机器人作业性能的重要技术指标。机器人样本和说明书中所提供的定位精度一般是各坐标轴的重复定位精度（R_P），在部分产品上，有时还提供了轨迹重复精度（R_T）。

机器人的定位需要通过运动学模型来确定末端执行器的位置，其理论位置和实际位置之间本身就存在误差；加上结构刚性、传动部件间隙、位置控制和检测等多方面的原因，其定位精度与数控机床、三坐标测量机等精密加工、检测设备相比，还存在较大的差距。因此，它一般只能用作零件搬运、装卸、码垛、装配的生产辅助设备，或是用于位置精度要求不高的焊接、切割、打磨、抛光等粗加工。

重复定位精度是关于精度的统计数据，是指在相同的运动位置指令下，机器人连续若干次相同运动轨迹间的度量，要求工业机器人的重复定位精度高于绝对定位精度。

5）最大工作速度

工作速度越高，工作效率越高。然而工作速度越高就要花费更多的时间去升速或降速，或者对工业机器人最大加速度变化率及最大减速度变化率的要求更高。

6）其他参数

对于一个完整的机器人的技术参数和描述还包括控制方式、驱动方式、安装方式、动力源容量、本体质量、环境参数及安全注意事项等。

三、工业机器人结构剖析

总体而言，与数控机床、FMC、FMS 等自动化加工设备相比，工业机器人实际上只是一种小型、简单设备，尽管它也有各种结构形态，但在机械结构上，它们都是由关节和连杆、直线运动件（滚珠丝杠和导轨）、回转运动件等，通过不同的结构和机械连接设计，所组成的机械运动装置，其传动系统类似、构件结构简单、核心部件种类较少。

在 ISO、JRA、RIA 等标准中，均将工业机器人定义为"机械手"，因此，组成手臂的关节（Joint）和连杆（Link）是各种结构形态都需要使用，并是具有工业机器人特色的基本部件，而垂直串联结构机器人则是目前应用最广、最具代表性的典型形态，它被广泛用于加工、搬运、装配和包装等场合。

为了进一步了解工业机器人的内部机械结构，现以常见中、小规格垂直串联机器人为例，对机器人本体的机械结构解剖和分析如下。

1. 本体典型结构

1）机身

由基座、腰、下臂、上臂等部件组成，它一般具有腰回转、下臂摆动、上臂摆动三个关节，机身结构如图 8-10 所示。

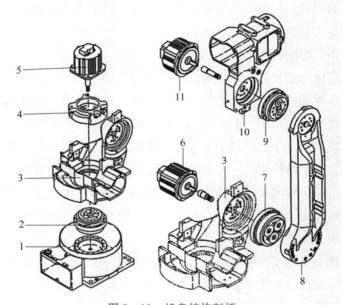

图 8-10　机身结构剖析

1—基座；2，7，9—RV 减速器；3—腰体；4—电机安装座；

5，6，11—伺服电动机与连接轴；8—下臂体；10—上臂体

图 8-10 中的基座 1 是机器人安装和固定用的支承部件，它可通过底面的地脚螺钉固定于地面，或墙面、顶面。

腰体 3 是实现机器人本体整体回转运动的回转部件，驱动腰回转的伺服电动机 5 及 RV 减速器 2 的壳体安装在腰体 3 上，减速器的输入轴与电动机连接，输出轴固定在基座上，由于 RV 减速器 2 的输出轴被固定，因此，当伺服电动机 5 旋转时，腰体 3 将连同减速器壳体和伺服电动机相对于基座 1 低速回转。

驱动机器人下臂体 8 摆动的伺服电动机 6 和 RV 减速器 7 安装在腰体 3 上；减速器的输入轴与电动机连接，壳体固定在腰体 3 上，输出轴与下臂体连接。当伺服电动机 6 旋转时，减速器输出轴将带动下臂体 8 相对于腰体 3 低速摆动。

驱动上臂体 10 摆动的伺服电动机 11 及 RV 减速器 9 的壳体安装在上臂体；减速器的输入轴与电动机连接，输出轴与下臂体 8 的上部连接。当伺服电动机 11 旋转时，上臂体 10 可连同伺服电动机、减速器壳体相对于下臂体 8 进行低速摆动。

由此可见，机器人机身实际上是由腰、下臂、上臂 3 个关节的回转减速部件和相应连接件依次串联而成的机械运动机构的组合，每一关节的运动都由一台伺服电动机经减速器减速后驱动（减速器是机身的机械核心部件）。

2）手腕

工业机器人的手腕结构根据机器人的规格稍有区别，垂直串联结构的工业机器人常见结构有前驱、后驱、连杆驱动等。在中、小规格的垂直串联工业机器人上，为了简化传动系统结构、缩短传动链，驱动手腕弯曲摆动的伺服电动机和驱动手回转的伺服电动机一般安装在上臂延长体的前内侧，这种结构的手腕简称前驱手腕。其手腕结构剖析如图 8 – 11 所示。

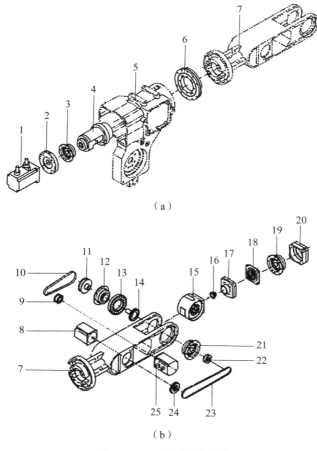

（a）

（b）

图 8 – 11　手腕结构剖析

1，8，25—伺服电动机与连接轴；2—安装座；

3，19，21—谐波减速器；4—连接轴；5—上臂体；6—交叉滚子轴承；

7—手腕回转体；9，11，22，24—同步皮带轮；10，23—同步皮带；12—支承座；

13—轴承；14，16—伞齿轮；15—摆动体；17—安装座；18—连接件；20—手腕罩壳

前驱结构机器人手腕的整体回转运动，一般通过上臂延伸段的手腕回转体 7 实现。回转体 7 和上臂体 5 之间安装有可同时承受径向、轴向载荷的交叉滚子轴承 6；轴承外圈固定在上臂体 5 上，内圈与回转体 7 连接。驱动手腕回转的伺服电动机 1、谐波减速器 3 及连接轴 4，安装在上臂体 5 的后侧；伺服电动机及减速器壳体（刚轮）通过安装座 2，固定在上臂体 5 上。谐波减速器的谐波发生器与电动机轴连接，柔轮通过连接轴 4 与回转体 7 连接；谐波发生器是输入端，柔轮是输出端。因此，当伺服电动机 1 旋转时，回转体 7 可相对于上臂体 5 低速回转。

前驱机器人的手腕回转体 7 一般为 U 形叉结构，U 形叉的内侧为手腕摆动体 15，手回转减速部件安装在摆动体上；驱动弯曲和手回转运动的伺服电动机均安装在回转体 7 的内腔。

手腕摆动体 15 的摆动运动由伺服电动机 8 驱动，电动机通过同步皮带轮 22 和 24、同步皮带 23 与谐波减速器 21 的谐波发生器连接；减速器壳体（刚轮）固定在回转体 7 的一侧 U 形叉上，输出端柔轮连接摆动体 15；当伺服电动机 8 旋转时，摆动体 15 可在手腕回转体 7 的 U 形叉内低速摆动。

机器人的手回转运动由伺服电动机 25 驱动，电动机可通过同步皮带轮 9 和 11、同步皮带 10，将动力传递至安装在 U 形叉前侧的伞齿轮 14 上，以驱动安装在摆动体 15 上的谐波减速器 19，输入伞齿轮 16 旋转。减速器 19 的壳体（刚轮）固定在摆动体 15 上，输出端的柔轮就是工具安装法兰；当伺服电动机 25 旋转时，工具安装法兰可相对于摆动体 15 低速回转。

由此可见，机器人手腕也是由手腕回转、弯曲摆动、手回转 3 个关节的回转减速部件和相应连接件依次串联而成的机械运动机构的组合，每一关节的运动都由一个伺服电动机经减速器减速后驱动。减速器、同步皮带是手腕的机械核心部件。

工作页

任务描述：什么是工业机器人？它能完成什么工作？	
工作目标：掌握工业机器人的分类方法与结构形态。	

工作准备：

  1. 工业机器人的基本特征：_____、_____、_____、_____。

  2. 多关节工业机器人的典型结构可分为_____、_____和_____三大类。

  3. 可在 4 象限进行 360°或接近 360°回转的轴，称为_____；只能在 3 象限内进行小于270°回转的轴，称为_____。

  4. 机身是由_____、_____、_____、_____等部件组成的。

  5. 直线变位器可用于_____或_____；回转变位器可用于_____或_____。

工作实施：

简述工业机器人的分类方法与基本特征。

工作提高：

  1. 工业级人的典型结构有哪些？

  2. 机器人可胜任的工作、具有的最高操作性能等情况，是通过哪些技术参数反映出来的？

工作反思：

知识目标

(1) 学习谐波减速器的结构与工作原理；

(2) 认识 RV 减速器的结构与工作原理。

技能目标

(1) 掌握工业机器人的核心零部件；

(2) 能正确选择合适的减速器和其他主要零件。

素养目标

(1) 发展学生的创新素养和科学思维；

(2) 培养学生为国效力、甘于奉献的家国情怀。

任务引入

任务描述：在工业机器人的机械部件中，减速器（RV 减速器、谐波减速器）、CRB 轴承、同步皮带、滚珠丝杠、直线滚动导轨等传动部件是直接决定机器人运动速度、定位精度、承载能力等关键技术指标的核心部件，这些部件的结构复杂、加工制造难度大，加上部件存在运动和磨损，因此，它们是工业机器人机械维护、修理的主要对象。

相关知识链接

一、谐波减速器的结构与工作原理

在工业机器人的机械核心部件中，减速器是工业机器人本体及变位器等回转运动都必须使用的关键部件。基本上可以说，减速器的输出转速、传动精度、输出转矩和刚性，实际上就决定了工业机器人对应运动轴的运动速度、定位精度、承载能力。因此，工业机器人对减速器的要求很高，传统的普通齿轮减速器、行星齿轮减速器、摆线针轮减速器等都不能满足工业机器人高精度、大比例减速的要求，为此，它需要使用专门设计的特殊减速器。

1. 谐波减速器基本结构

谐波减速器是谐波齿轮传动装置的通称。谐波齿轮传动装置实际上既可用于减速，也可用于升速，但由于其传动比很大（通常为 50~160），因此，在工业机器人、数控机床等机电产品上应用时，多用于减速，故习惯上称谐波减速器。

谐波减速器的基本结构如图 8 – 12 所示，它主要由刚轮、柔轮、谐波发生器 3 个基本部件构成。刚轮、柔轮、谐波发生器可任意固定其中 1 个，其余 2 个部件一个连接输入（主动），另一个即可作为输出（从动），以实现减速或增速。

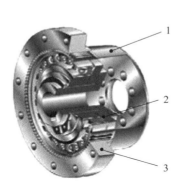

图 8 – 12　谐波减速器的基本结构

1—柔轮；2—谐波发生器；3—刚轮

1）刚轮

刚轮是一个圆周上加工有连接孔的刚性内齿圈，其齿数比柔轮略多（一般多 2 或 4 个）。当刚轮固定、柔轮旋转时，刚轮的连接孔用来连接安装座；当柔轮固定、刚轮旋转时，连接孔可用来连接输出。为了减小体积，在薄型、超薄型或微型谐波减速器上，刚轮有时与减速器 CRB 轴承设计成一体，构成谐波减速器单元。

2）柔轮

柔轮是一个可产生较大变形的薄壁金属弹性体，它既可被制成图 8 – 12 所示的水杯形，也可被制成后述的礼帽形、薄饼形等。弹性体与刚轮啮合部位为薄壁外齿圈；水杯形柔轮底部是加工有连接孔的圆盘；外齿圈和底部间利用弹性膜片连接。当刚轮固定、柔轮旋转时，底部安装孔可用来连接输出；当柔轮固定、刚轮旋转时，底部安装孔可用来固定柔轮。

3）谐波发生器

谐波发生器一般由凸轮和滚珠轴承构成。谐波发生器的内侧是一个椭圆形的凸轮，凸轮的外圆上套有一个能发生弹性变形的薄壁滚珠轴承，轴承的内圈固定在凸轮上，外圈与柔轮内侧接触。凸轮装入轴承内圈后，轴承将产生弹性变形成为椭圆形，并迫使柔轮外齿圈变成椭圆形，从而使椭圆长轴附近的柔轮齿与刚轮齿完全啮合、短轴附近的柔轮齿与刚轮齿完全脱开。当凸轮连接输入轴旋转时，柔轮齿与刚轮齿的啮合位置可不断变化。

2. 谐波减速器变速原理

谐波减速器的变速原理如图 8 – 13 所示。

假设旋转开始时刻，谐波发生器椭圆长轴位于 0°位置，此时，柔轮基准齿和刚轮 0°位置的齿完全啮合。当谐波发生器在输入轴的驱动下产生顺时针旋转时，椭圆长轴也将顺时针回转，使柔轮和刚轮啮合的齿顺时针移动。

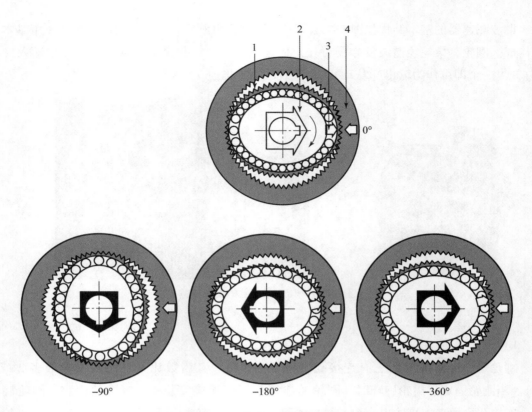

图 8 − 13　谐波减速器变速原理

1—柔轮；2—谐波发生器；3—基准齿；4—刚轮

当减速器刚轮固定、柔轮旋转时，柔轮的齿形和刚轮完全相同，但齿数少于刚轮（如相差 2 齿），因此，当椭圆长轴的啮合位置到达刚轮 −90° 位置时，柔轮、刚轮所转过的齿数必须相同，即柔轮转过的角度将大于刚轮；如齿差为 2 齿，则柔轮上的基准齿将逆时针偏离刚轮 0° 基准位置 0.5 个齿。进而，当椭圆长轴到达刚轮 −180° 位置时，柔轮上基准齿将逆时针偏离刚轮 0° 基准位置 1 个齿；而当椭圆长轴绕柔轮回转一周后，柔轮的基准齿将逆时针偏离刚轮 0° 位置一个齿差（2 个齿）。

这就是说，当刚轮固定，谐波发生器连接输入轴、柔轮连接输出轴时，如谐波发生器绕柔轮顺时针旋转 1 r（ −360°），柔轮将相对于固定的刚轮逆时针转过一个齿差（2 个齿）。因此，假设谐波减速器的柔轮齿数为 Z_f、刚轮齿数为 Z_c，则柔轮输出和谐波发生器输入间的传动比为

$$i_1 = \frac{Z_c - Z_f}{Z_f}$$

同样，如谐波减速器柔轮固定、刚轮可旋转，当谐波发生器绕柔轮顺时针旋转 1 r（ −360°）时，由于柔轮与刚轮所啮合的齿数必须相同，而柔轮又被固定，因此，将使刚轮的基准齿顺时针偏离柔轮一个齿差，其偏移的角度为

$$\theta = \frac{Z_c - Z_f}{Z_f} \times 360°$$

因此，当柔轮固定、谐波发生器连接输入轴、刚轮作为输出轴时，其传动比为

$$i_2 = \frac{Z_c - Z_f}{Z_c}$$

这就是谐波齿轮传动装置的减速原理。

相反，如果谐波减速器的刚轮被固定，柔轮连接输入轴、谐波发生器作为输出轴，则柔轮旋转时，将迫使谐波发生器的椭圆长轴快速回转，起到增速的作用。同样，当谐波减速器的柔轮被固定，刚轮连接输入轴、谐波发生器作为输出轴时，刚轮的回转也可迫使谐波发生器的椭圆长轴快速回转，起到增速的作用。这就是谐波齿轮传动装置的增速原理。

3. 谐波减速器主要特点

由谐波齿轮传动装置的结构和原理可见，它与其他传动装置相比，主要有以下特点。

1）承载能力强、传动精度高

谐波齿轮传动装置有两个 180° 对称方向的部位同时啮合，其同时啮合齿数远多于齿轮传动，故其承载能力强，齿距误差和累积齿距误差可得到较好的均化。因此，它与部件制造精度相同的普通齿轮传动相比，谐波齿轮传动装置的传动误差大致只有普通齿轮传动装置的1/4 左右，即传动精度可提高 4 倍。

2）传动比大、传动效率较高

在传统的单级传动装置上，普通齿轮传动的推荐传动比一般为 8 ~ 10、传动效率为 0.9 ~ 0.98；行星齿轮传动的推荐传动比为 2.8 ~ 12.5，齿差为 1 的行星齿轮传动效率为 0.85 ~ 0.9；蜗轮蜗杆传动装置的推荐传动比为 8 ~ 80，传动效率为 0.4 ~ 0.95；摆线针轮传动的推荐传动比为 11 ~ 87，传动效率为 0.9 ~ 0.95。而谐波齿轮传动的推荐传动比为 50 ~ 160，可选择 30 ~ 320，正常传动效率为 0.65 ~ 0.96（与减速比、负载、温度等有关）。

3）结构简单，体积小，重量轻，使用寿命长

谐波齿轮传动装置只有 3 个基本部件，它与传动比相同的普通齿轮传动比较，零件数可减少50% 左右，体积、重量只有 1/3 左右。此外，在传动过程中，由于谐波齿轮传动装置的柔轮齿进行的是均匀径向移动，齿间的相对滑移速度一般只有普通渐开线齿轮传动的百分之一，加上同时啮合的齿数多、轮齿单位面积的载荷小、运动无冲击，因此，齿的磨损较小，传动装置使用寿命可长达 7 000 ~ 10 000 h。

4）传动平稳，无冲击，噪声小

谐波齿轮传动装置可通过特殊的齿形设计，使得柔轮和刚轮的啮合、退出过程实现连续渐进、渐出，啮合时的齿面滑移速度小，且无突变，因此其传动平稳，啮合无冲击，运行噪声小。

5）安装调整方便

谐波齿轮传动装置只有刚轮、柔轮、谐波发生器三个基本构件，三者为同轴安装；刚轮、柔轮、谐波发生器可按部件提供（称部件型谐波减速器），由用户根据自己的需要，自由选择变速方式和安装方式，并直接在整机装配现场组装，其安装十分灵活、方便。此外，谐波齿轮传动装置的柔轮和刚轮啮合间隙可通过微量改变谐波发生器的外径调整，甚至可做

到无侧隙啮合，因此，其传动间隙通常非常小。

二、RV 减速器的结构与工作原理

RV 减速器是旋转矢量（Rotary Vector）减速器的简称，它是在传统摆线针轮、行星齿轮传动装置的基础上发展出来的一种新型传动装置。与谐波减速器一样，RV 减速器实际上既可用于减速，又可用于升速，但由于传动比很大（通常为 30 ~ 260），因此，在工业机器人、数控机床等产品上应用时，一般较少用于升速，故习惯上称为 RV 减速器。

1. RV 减速器基本结构

RV 减速器的基本结构如图 8 – 14 所示。减速器由芯轴、端盖、针轮、输出法兰、行星齿轮、曲轴组件、RV 齿轮等部件构成。

RV 减速器的径向结构可分为 3 层，由外向内依次为针轮层、RV 齿轮层（包括端盖 2、输出法兰 5 和曲轴组件 7）、芯轴层，每一层均可独立旋转。

1）针轮层

外层的针轮 3 实际上是一个内齿圈，其内侧加工有针齿；外侧加工有法兰和安装孔，可用于减速器的安装固定。针齿和 RV 齿轮 9 间安装有针齿销 10，当 RV 齿轮 9 摆动时，针齿销 10 可推动针轮 3 相对于输出法兰 5 缓慢旋转。

2）RV 齿轮层

减速器中间的 RV 齿轮层是减速器的核心，它由 RV 齿轮 9、端盖 2、输出法兰 5 和曲轴组件 7 等部件组成，RV 齿轮、端盖、输出法兰均为中空结构，其内孔用来安装芯轴。曲轴组件 7 的数量与减速器规格有关，小规格减速器一般布置 2 组，中大规格减速器布置 3 组。

输出法兰 5 的内侧是加工有 2 ~ 3 个曲轴 7 安装缺口的连接段，端盖 2 和输出法兰（亦称输出轴）5 利用连接段的定位销、螺钉连成一体。端盖和法兰的中间安装有两片可自由摆动的 RV 齿轮 9，它们可在曲轴偏心轴的驱动下进行对称摆动，故又称摆线轮。

驱动 RV 齿轮摆动的曲轴 7 安装在输出法兰 5 的安装缺口上，由于曲轴的径向载荷较大，故其前、后端均需要采用圆锥滚柱轴承进行支承，前支承轴承安装在端盖 2 上，后支承轴承安装在输出法兰 5 上。

曲轴组件是驱动 RV 齿轮摆动的轴，它通常有 2 ~ 3 组，并在圆周上呈对称分布。曲轴组件由曲轴 7、前后支承轴承 8、滚针 11 等部件组成。曲轴 7 的中间部位是 2 段驱动 RV 齿轮摆动的偏心轴，偏心轴位于输出法兰 5 的缺口上；偏心轴的外圆上安装有驱动 RV 齿轮 9 摆动的滚针 11；当曲轴旋转时，2 段偏心轴将分别驱动 2 片 RV 齿轮 9 进行 180°对称摆动。曲轴 7 的旋转通过后端的行星齿轮 6 驱动，它与曲轴一般为花键连接。

3）芯轴层

芯轴 1 安装在 RV 齿轮 9、端盖 2、输出法兰 5 的中空内腔，其形状与减速器传动比有关，传动比较大时，芯轴直接被加工成齿轮轴；传动比较小时，它是一根后端安装齿轮的花键轴。芯轴上的齿轮称为太阳轮，它和曲轴上的行星齿轮 6 啮合，当芯轴旋转时，可通过行

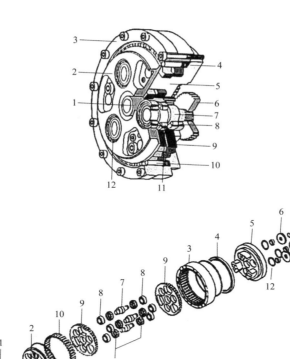

图 8 – 14 RV 减速器的基本结构

1—芯轴；2—端盖；3—针轮；4—密封圈；5—输出法兰；6—行星齿轮；

7—曲轴；8—圆锥滚柱轴承；9—RV 齿轮；10—针齿销；11—滚针；12—卡簧

星齿轮6，同时驱动2~3组曲轴旋转，带动 RV 齿轮摆动。减速器用于减速时，芯轴一般连接输入驱动轴，故又称输入轴。

因此，RV 减速器具有 2 级变速：太阳轮和行星齿轮间的变速是 RV 减速器的第 1 级变速，称正齿轮变速；由 RV 齿轮 9 摆动所产生的、通过针齿销 10 推动针轮 3 的缓慢旋转，是 RV 减速器的第 2 级变速，称为差动齿轮变速。

2. RV 减速器变速原理

RV 减速器的变速原理如图 8 – 15 所示，它可通过正齿轮变速、差动齿轮变速 2 级变速，实现大传动比变速。

1）正齿轮变速

正齿轮减速原理如图 8 – 15（a）所示，它是由行星齿轮和太阳轮实现的齿轮变速，假设太阳轮的齿数为 Z_1、行星齿轮的齿数为 Z_2，则行星齿轮输出/芯轴输入的转速比（传动比）为 Z_1/Z_2，转向相反。

2）差动齿轮变速

当行星齿轮带动曲轴回转时，曲轴上的偏心段将带动 RV 齿轮做图 8 – 15（b）所示的摆动。因曲轴上的 2 段偏心轴为对称布置，故 2 片 RV 齿轮可在对称方向同时摆动。

图 8-15（c）所示为其中一片 RV 齿轮的摆动情况，另一片的摆动过程相同，但相位相差 180°。由于减速器的 RV 齿轮和针轮间安装有针齿销，故当 RV 齿轮摆动时，针齿销将迫使 RV 齿轮沿针轮的齿逐齿回转。

如果 RV 减速器的 RV 齿轮固定、芯轴连接输入、针轮连接输出，并假设 RV 齿轮的齿数为 Z_3、针轮的齿数为 Z_4（齿差为 1 时，$Z_4 - Z_3 = 1$），则当偏心轴带动 RV 齿轮顺时针旋转 360°时，RV 齿轮的 0°基准齿和针轮基准位置间将产生 1 个齿的偏移。因此，相对于针轮而言，其偏移角度为

$$\theta = 1/Z_4 \times 360°$$

即针轮输出/曲轴输入的转速比（传动比）为 $i = 1/Z_4$；考虑到行星齿轮（曲轴）输出/芯轴输入的转速比（传动比）为 Z_1/Z_2，故可得到减速器的针轮输出/芯轴输入的总转速比（总传动比）为

$$i = Z_1/Z_2 \times (1/Z_4)$$

因 RV 齿轮固定时，针轮和曲轴的转向相同，行星轮（曲轴）和太阳轮（芯轴）的转向相反，故最终输出（针轮）和输入（芯轴）的转向相反。

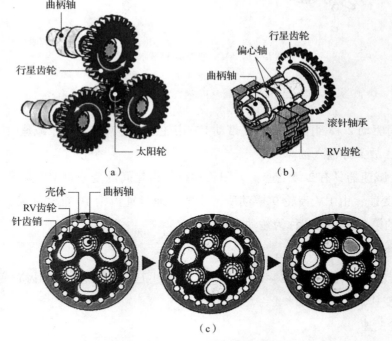

图 8-15　RV 减速器的变速原理

（a）正齿轮减速；（b）RV 齿轮摆动；（c）齿差减速

当减速器的针轮固定、芯轴连接输入、RV 齿轮连接输出时，情况有所不同。因为，一方面，通过芯轴的（Z_2/Z_1）×360°逆时针回转，可驱动曲轴产生 360°的顺时针回转，使得 RV 齿轮的 0°基准齿相对于固定针轮的基准位置产生 1 个齿的逆时针偏移，即 RV 齿轮输出

的回转角度为

$$\theta_o = (1/Z_4) \times 360°$$

同时，由于 RV 齿轮套装在曲轴上，故当 RV 齿轮偏转时，也将使曲轴的中心逆时针偏转 θ_o，因曲轴中心的偏转方向（逆时针）与芯轴转向相同，因此，相对于固定的针轮，芯轴所产生的相对回转角度为

$$\theta_i = (Z_2/Z_1 + 1/Z_4) \times 360°$$

所以，RV 齿轮输出/芯轴输入的转速比（传动比）将变为

$$i_i = \frac{\theta_o}{\theta_i} = \frac{1}{1 + \dfrac{Z_2}{Z_1}. Z_4}$$

输出（RV 齿轮）和输入（芯轴）的转向相同。

以上就是 RV 减速器差动齿轮变速的减速原理。

相反，如减速器的针轮被固定，RV 齿轮连接输入、芯轴连接输出，则 RV 齿轮旋转时，将迫使曲轴快速回转，起到增速的作用。同样，当减速器的 RV 齿轮被固定，针轮连接输入、芯轴连接输出时，针轮的回转也将迫使曲轴快速回转，起到增速的作用。这就是 RV 减速器差动齿轮变速部分的增速原理。

3. RV 减速器的主要特点

由 RV 减速器的结构和原理可见，它与其他传动装置相比，主要有以下特点。

1）传动比大

RV 减速器设计有正齿轮、差动齿轮 2 级变速，其传动比不仅比传统的普通齿轮、行星齿轮、蜗轮蜗杆、摆线针轮传动装置大，且还可做得比谐波齿轮传动装置更大。

2）结构刚性好

减速器的针轮和 RV 齿轮间通过直径较大的针齿销传动，且曲轴采用的是圆锥滚柱轴承支承；减速器的结构刚性好，使用寿命长。

3）输出转矩高

RV 减速器的正齿轮变速一般有 2~3 对行星齿轮；差动变速采用的是硬齿面多齿销同时啮合，且其齿差固定为 1 齿。因此，当体积相同时，其齿形可比谐波减速器做得更大、输出转矩更高。

但是，RV 减速器的结构远比谐波减速器复杂，且有正齿轮、差动齿轮 2 级变速齿轮，其传动间隙较大，定位精度一般不及谐波减速器。此外，由于 RV 减速器的结构复杂，不能像谐波减速器那样直接以部件形式由用户在工业机器人的生产现场自行安装，故在某些场合的使用也不及谐波减速器方便。

总之，RV 减速器具有传动比大、结构刚性好、输出转矩高等优点，但由于传动精度较低、生产制造成本较高、维护修理较困难，因此，多用于机器人机身上的腰、上臂、下臂等大惯量、高转矩输出关节减速，或用于大型搬运和装配工业机器人的手腕减速。

任务描述：减速器、CRB 轴承、同步皮带、滚珠丝杠、直线滚动导轨等传动部件是直接决定机器人运动速度、定位精度、承载能力等关键技术指标的核心部件。

工作目标：掌握工业机器人核心零部件的结构与工作原理。

工作准备：

1. 减速器的_____、_____、_____和_____，决定了工业机器人对应运动轴的运动速度、定位精度和承载能力。

2. 谐波减速器主要由_____、_____、_____3 个基本部件构成。

3. RV 减速器是_____减速器的简称，它是在_____、_____传动装置的基础上发展出来的一种新型传动装置。

4. 同步皮带传动系统由_____和_____所组成。

5. 滚动导轨的优点有_____、_____、_____。

工作实施：

阐述谐波减速器和 RV 减速器的工作原理。

工作提高：

1. CRB 轴承与传统轴承相比，其优势在哪里？

2. 滚珠丝杠可以在哪些方面进行改进？

工作反思：

任务 8.3 工业机器人典型结构

知识目标

（1）学习垂直串联机器人的典型结构；

（2）认识 SCARA 机器人和 Delta 机器人的典型结构。

技能目标

（1）掌握垂直串联机器人的典型结构；

（2）了解 SCARA 机器人、Delta 机器人的典型结构。

素养目标

（1）培养学生坚强的意志力和坚忍不拔的精神；

（2）引导学生建立积极乐观的心态，正确进行自我认识，不断提高自我完善的能力。

任务引入

任务描述：工业机器人有不同的结构形式，但是，相近规格的同类机器人的机械结构大多相似，部分产品甚至只是结构件外形的区别，其机械传动系统几乎完全一致。因此，全面了解一种典型产品的结构，即可为此类机器人的机械结构设计、维护维修奠定基础。

相关知识链接

一、垂直串联机器人典型结构

工业机器人关节和连杆的结构有垂直串联、水平串联和并联等多种形式，每一关节都是由一台伺服电动机或者多台伺服电动机通过减速器进行驱动的。

垂直串联是工业机器人最常见的结构形态，它被广泛用于加工、搬运、装配、包装等场合。垂直串联工业机器人传动系统结构的区别主要在手腕和上臂的传动方式上，小规格机器人的 B、T 轴驱动电动机一般直接安装在上臂前端，称为前驱结构；大中型机器人的 B、T 轴驱动电动机通常安装在上臂后端，称为后驱结构；而大型搬运、码垛机器人的上臂摆动轴，则常采用平行四边形连杆驱动。

1. 传动系统结构形式

垂直串联是工业机器人常见的形状之一，其结构与承载能力有关，机器人本体的常用结构有以下几种：

1）电动机内置前驱结构

小标准、轻量级 6 轴垂直串联机器人经常采用电动机内置前驱结构。这种机器人外形简练、防护性能好；传动系统结构简略，传动链短，传动精度高。

图 8-16 所示为 6 轴垂直串联机器人，它的运动首先要包含腰反转轴 J1、下臂摇摆轴 J2、上臂摇摆轴 J3 及手腕反转轴 J4、腕摇摆轴 J5、手反转轴 J6，每一运动轴都需要有相应的电动机驱动。交流伺服电动机是现在常用的驱动电动机，具有恒转矩输出特性。机器人的所有反转轴，原则上都需要配套结构紧凑、承载能力强、传动精度高的大比例减速器。

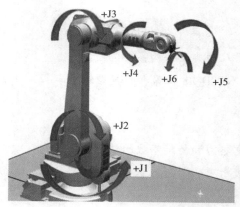

图 8-16　6 轴垂直串联机器人

选用电动机内置结构的机器人具有结构紧凑、外观整洁、运动灵活等特色，但驱动电动机的安装空间受限、散热条件差、修理维护不方便。此外，因为手反转轴的驱动电动机直接安装在手腕摇摆体上，虽然传动直接、结构简单，但会添加手腕部件的体积和质量，影响手运动的灵活性，因而一般只用于 6 kg 以下小标准、轻量级机器人中。

2）电动机外置前驱结构

为了保证驱动电动机的安装、散热空间，方便修理维护，承载力大于 6 kg 的中小型机器人一般选用电动机外置前驱结构，如图 8-17 所示。

图 8-17　电动机外置前驱

在该机器人上,机器人的腰反转、上下臂摇摆及手腕反转轴驱动电动机均安装在机身外部,其安装、散热空间不受限制,故可提高机器人的承载能力,方便修理和维护。

电动机外置前驱结构的腕摆动轴 J5、手回转轴 J6 的驱动电动机同样安装在手腕前端(前驱),但是,其手回转轴 J6 的驱动电动机被移至上臂内腔,电动机通过同步带、伞齿轮等传动部件将驱动力矩传送至手回转减速器上,从而减小了手腕部件的体积和质量。

3)手腕后驱结构

大、中型工业机器人对作业范围、承载能力有较高的要求,其上臂的长度、结构刚度、体积和质量均大于小型机器人,此时,如采用前驱结构,不仅限制了驱动电动机的安装散热空间,而且手臂前端的质量将大幅增加,上臂摆动轴的重心将远离摆动中心,从而导致机器人重心偏高,运动稳定较差。为此,大、中型垂直串联结构工业机器人通常采用腕摆动、手回转轴驱动电动机后置的后驱结构,如图 8 – 18 所示。

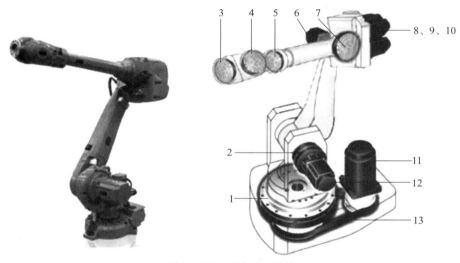

图 8 – 18　手腕后驱结构

1、2、3、4、5、7—减速器;6、8、9、10、11、12—电动机;13—同步皮带

在手腕后驱结构的机器人上,手腕回转轴、弯曲轴及手回转轴的驱动电动机 8、9、10 并列布置在上臂后端,不仅可增加驱动电动机的安装和散热空间,便于大规格电动机安装,而且还可大幅度降低上臂体积和前端质量,使上臂重心后移,从而起到平衡上臂重力、降低机器人重心、提高机器人运动稳定性的作用。

后驱垂直串联机器人的腰回转、上下臂摆动轴结构,一般采用与电动机外置前驱机器人相同的结构,驱动电动机均安装在机身外部。

腰回转轴 J1 驱动电动机采用的是侧置结构,电动机通过同步皮带与减速器连接,这种结构可增加腰回转轴的减速比,提高驱动转矩,并方便内部管线布置。为了简化腰回转轴传动系统的结构,实际上,机器人也经常采用驱动电动机和腰回转同轴布置、直接传动的结构形式。手腕后驱结构的机器人需要通过上臂内部的传动轴将腕弯曲及手回转轴的驱动力传递到手腕前端,其传动系统复杂,传动链较长,传动精度相对较低。

4）连杆驱动结构

图 8-19 所示为连杆驱动结构的垂直串联工业机器人的结构示意图，它采用平行四边形连杆驱动机构，不仅可加长上臂摆动轴 U 的驱动力臂、放大驱动电动机转矩、提高负载能力，而且还可将 U 轴的驱动部件安装位置下移至腰部，从而降低机器人的重心，增加运动的稳定性，如图 8-29 所示。

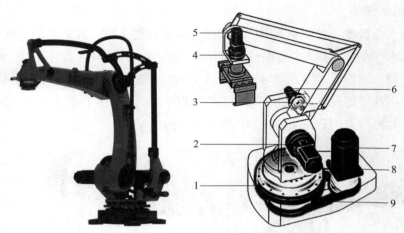

图 8-19　连杆驱动结构

1，2，3，4—S、L、U、T 轴减速器；5，6，7，8—T、U、S、L 轴电动机；13—同步皮带

作为连杆驱动垂直串联工业机器人的常见结构，其腰回转轴 S 的驱动电动机以侧置的居多，驱动电动机和减速器间同样采用同步皮带连接；下臂摆动轴 L 的驱动形式通常与中小型垂直串联工业机器人相同；其上臂摆动轴 U 的驱动电动机、减速器均安装在腰上。

大型连杆驱动垂直串联工业机器人多用于大宗物品的搬运、码垛等平面作业，其手腕的结构通常比较简单，一般只有手回转运动轴 T，其驱动电动机和减速器直接连接，手腕的摆动可利用上臂摆动轴 U 的驱动电动机进行同步驱动。

由于机器人的基座、连杆、手臂等均为普通结构件，故减速器、同步皮带等是此类工业机器人的机械核心部件。

2. 机身传动系统结构

1）腰回转轴 S

垂直串联机器人的腰回转轴 S 主要有如图 8-22 所示的 3 种结构形式。

（1）图 8-20（a）所示为驱动电动机和减速器直连结构。虽然直连结构也存在驱动电动机安装较紧凑、电动机散热条件较差、调试和维修不是很方便的问题，但是由于其 S 轴驱动电动机和减速器同轴安装、电动机轴和减速器输入轴直接连接，其传动系统结构最为简单，减速器几乎不需要任何输入连接件，因此，它是目前中、小规格机器人最为常用的结构形式。

（2）图 8-20（b）所示为大、中型机器人常见的驱动电动机侧置结构。侧置结构的 S 轴驱动电动机输出轴线和减速器输入轴线并行，电动机轴和减速器输入轴间，需要有同步皮带或齿轮等输入传动部件；侧置结构的电动机安装灵活、散热条件好、调试维修方便。此外，它还可通过同步皮带或齿轮输入传动增加减速比、放大电动机转矩，同时也便于采用中空减速器，进行连接电缆、润滑管的走线，故多用于大、中型垂直串联机器人。

图 8 – 20　腰回转轴 S 的结构形式

(a) 直连；(b) 侧置；(c) RS 减速箱

（3）大型重载机器人的驱动电动机一般为水平布置，其轴线和减速器轴线垂直，S 轴驱动电动机输出轴和减速器输入轴需要通过伞齿轮连接和换向。为了简化设计和制造，也可以直接选配图 8 – 20（c）所示的 Nabtesco Corporation RS 系列扁平减速箱。

以上 3 种结构的 S 轴传动系统，实际上只是电动机和减速器输入轴连接形式不同，减速器输出和腰体的结构并无太大区别。以最常见的驱动电动机和减速器直连结构为例，S 轴传动系统的一般结构如图 8 – 21 所示。

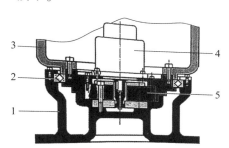

图 8 – 21　S 轴传动系统的一般结构

1—基座；2—CRB 轴承；3—腰体；4—驱动电动机；5—RV 减速器

腰回转轴 S 需要驱动机器人进行整体回转，其负载较重，故通常需要使用 RV 减速器，以增强刚性。此外，为了方便电动机的安装、调试和维修，驱动电动机 4 一般安装在腰体 3 上。因此，RV 减速器 5 可采用输出法兰固定、针轮（壳体）回转的安装形式，减速器的输出法兰和基座 1 连接、针轮（壳体）和腰体 3 连接。对于规格较大的机器人，为了保证腰回转的精度与稳定性，基座 1 和腰体 3 间一般安装有 CRB 轴承 2，但如果 RV 减速器的轴向载荷允许，则也可省略 CRB 轴承 2，直接利用 RV 减速器的输出轴承支承腰体。

2）上、下臂摆动轴 U、L

垂直串联机器人的上、下臂摆动轴如图 8 – 22 所示，不同规格机器人上、下臂摆动轴 U、L 的结构形式基本上没有区别。

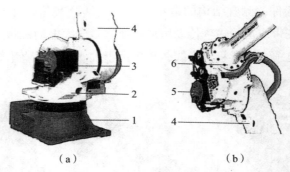

图 8 - 22　上、下臂摆动轴

（a）下臂；（b）上臂

1—基座；2—腰体；3—L 轴电动机；4—下臂；5—S 轴电动机；6—上臂

机器人的腰体 2 是下臂摆动轴 L 的回转支承，L 轴驱动电动机 3 一般固定在腰体上；下臂 4 是下臂摆动轴 L 的减速输出，它通常连接 RV 减速器的输出；驱动电动机和减速器输入多采用直连结构。下臂 4 同时又是上臂摆动轴 U 的回转支承，摆动轴 U 的减速输出驱动上臂 6 摆动；为了简化下臂结构、方便电动机安装，上臂摆动轴 U 的驱动电动机通常固定于上臂回转关节部位，U 轴 RV 减速器大多采用输出法兰固定、针轮（壳体）回转的安装形式；驱动电动机和减速器输入同样采用直连结构。

机器人的上、下臂回转中心离负载重心的距离远、负载惯量大，通常是垂直串联机器人负载最重的运动轴，故要求传动系统有足够的刚度和驱动转矩。因此，绝大多数机器人都采用输出转矩大、结构刚性好的 RV 减速器减速。

垂直串联机器人下臂摆动轴 L 的传动系统结构如图 8 - 23 所示。

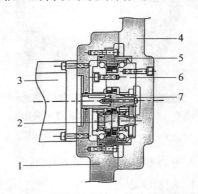

图 8 - 23　下臂摆动轴 L 的传动系统结构

1—腰体；2—RV 减速器；3—驱动电动机；4—下臂；

5—减速器壳体（针轮）；6—减速器输出；7—减速器输入

驱动下臂摆动的伺服电动机 3 和 RV 减速器壳体（针轮）5 均固定安装在腰体 1 上；驱动电动机的输出轴直接与减速器输入轴 7 连接；RV 减速器的输出法兰 6 连接下臂 4。因此，当驱动电动机 3 旋转时，将驱动 RV 减速器的行星齿轮旋转；RV 减速器减速后的输出，可驱动下臂 4 进行摆动运动。

由于下臂摆动轴 L 的负载惯量大、对减速器的输出转矩要求高，故通常需要使用大规格的 RV 减速器减速。如 RV 减速器的载荷允许，下臂可按图 8 – 23 所示直接利用 RV 减速器的输出轴承作为下臂的回转支承；否则，可以在腰体 1 和下臂 4 之间增加 CRB 轴承，作为下臂的回转支承，以保证下臂摆动的精度与稳定性。

垂直串联机器人上臂摆动轴 U 传动系统的结构实际上和下臂摆动轴 L 相同，如果将图 8 – 23 旋转 180°，并将图 8 – 23 中的腰体 1 改为上臂，它就成了 RV 减速器输出法兰固定、针轮（壳体）回转、驱动电动机和减速器输入直连的上臂摆动轴 L 的传动系统。

3. 手腕结构形式

1）组成与安装

工业机器人的手腕主要用来改变末端执行器的姿态（Working Pose），进行工具控制点的定位，它是决定机器人作业灵活性的关键部件。手腕的安装形式主要有如图 8 – 24 所示的 2 种。

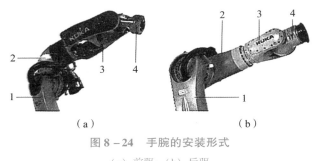

（a）　　　　　　　　　　（b）

图 8 – 24　手腕的安装形式

（a）前驱；（b）后驱

1—下臂；2—上臂；3—腕部；4—手部

垂直串联机器人的手腕由腕部和手部组成。腕部用来连接上臂和手部，其前端呈 U 形；手部用来安装执行器（作业工具），它可整体在上臂前端的 U 形叉内摆动。

腕部 3 通常与上臂 2 同轴，故可视为上臂的延伸部件；腕部可绕上臂轴线回转，实现手腕回转轴 R 的回转运动。中、小规格机器人的上臂通常较短，而前驱结构手腕的 B、T 轴驱动电动机需要安装在腕部内侧，其腕部通常较长，因此，在多数情况下，腕部实际上就相当于上臂。通常采用后驱结构的大、中型机器人的上臂长，为了保证上臂结构的刚性，其腕部通常较短，一般安装于上臂前端。

手部 4 通常安装在腕部前端 U 形叉内侧，由摆动体（外壳）和回转内芯组成，摆动体可在 U 形叉内摆动，以实现腕摆动轴 B 的运动；回转内芯可在摆动体内回转，以实现手回转轴 T 的运动。

为了保证机器人能够进行灵活作业，手腕应结构紧凑、运动快捷，但其负载小于机身上的运动轴 S、L、U，对传动系统的刚性要求相对较低。因此，手腕通常选择结构紧凑、重量轻、减速比大的谐波减速器进行减速。

2）结构形式

垂直串联机器人手腕的结构形式主要有如图 8 – 25 所示的 3 种。

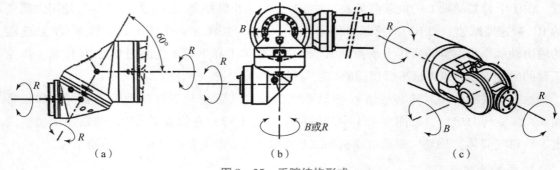

图 8 – 25　手腕结构形式

(a) 3R；(b) BRR 或 BBR；(c) RBR

在工业机器人上，如果运动轴能够进行 4 象限（360°或接近 360°）回转，这样的回转轴称为回转轴或 R 型轴（Roll）；如果运动轴只能在 3 象限内（小于 270°）回转，则称为摆动轴或 B 型轴（Bend）。

图 8 – 25（a）所示为由 3 个回转轴组成的手腕，称为 3R（RRR）结构手腕，简称 3R 手腕。3R 手腕的结构紧凑、动作灵活、密封性好，但由于 3 个回转轴的中心线互不垂直，其控制难度较大，因此，多用于对密封防护性能要求高、定位精度要求低的油漆、喷涂等涂装作业机器人，在通用型工业机器人上较少使用。

图 8 – 25（b）所示为"摆动轴 + 摆动轴 + 回转轴"或"摆动轴 + 回转轴 + 回转轴"组成的手腕，称为 BBR 或 BRR 结构手腕，简称 BBR 手腕或 BRR 手腕。BBR 或 BRR 手腕的回转中心线相互垂直，并和三维空间的坐标轴一一对应，其操作简单、控制容易，但结构松散，因此，多用于大型、重载机器人，并且还常被简化为 BR 结构的 2 自由度手腕。

图 8 – 25（c）所示为"回转轴 + 摆动轴 + 回转轴"组成的手腕，称为 RBR 结构手腕，简称 RBR 手腕。RBR 手腕的回转中心线同样相互垂直，并和三维空间的坐标轴一一对应，它不仅操作简单、控制容易，而且结构紧凑、动作灵活，因此，它是垂直串联工业机器人使用最为广泛的结构形式。前述的前驱手腕、后驱手腕均属于 RBR 手腕。

4. 前驱 RBR 手腕结构

1）结构与特点

小型垂直串联机器人的手腕承载要求低，驱动电动机的体积小、重量轻，为了缩短传动链、简化结构、便于控制，通常采用如图 8 – 26 所示的前驱 RBR 手腕结构。

前驱 RBR 结构手腕有手腕回转轴 R、腕摆动轴 B 和手回转轴 T 三个运动轴。其中，R 轴通常利用腕部（上臂延伸段）的回转实现，其驱动电动机和主要传动部件均安装在上臂后端摆动关节处；B 轴、T 轴驱动电动机直接布置于上臂前端内腔，驱动电动机和手腕间通过同步皮带连接。三个运动轴的传动系统都有大比例的减速器进行减速。

绝大多数前驱机器人的 R 轴传动系统结构类似，有关内容可参见后述的典型机器人结构说明；B、T 轴传动系统则有采用部件型谐波减速器和单元型谐波减速器两种不同的结构形式，其特点分别如下。

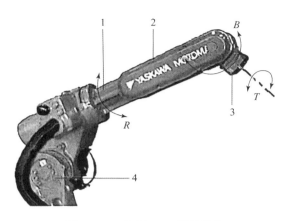

图 8-26　前驱 RBR 手腕结构

1—上臂；2—B/T 轴电机安装位置；3—摆动体；4—下臂

　　在早期设计的产品上，手腕大多采用部件型谐波减速器减速，这种结构的不足是：减速器采用的是刚轮、柔轮、谐波发生器分离型结构，减速器和传动部件都需要在现场安装，其零部件多、装配要求高、安装复杂、传动精度很难保证。特别是在手腕维修时，同样需要分解谐波减速器和传动部件，并予以重新装配，这不仅增加了维修难度，而且减速器和传动部件的装拆会导致传动系统性能和精度的下降。采用部件型谐波减速器的前驱手腕结构可参见后述的典型机器人结构说明。

　　采用单元型谐波减速器的手腕，可将 B、T 轴传动系统的全部零件设计成可整体安装、专业化生产的立组件。与采用部件型谐波减速器的手腕比较，它不仅可解决机器人安装与维修时的谐波减速器及传动件分离问题，且在装拆时无须进行任何调整，故可提高 B、T 轴的传动精度和运动速度、延长使用寿命、减少机械零部件数量；其结构简洁，生产制造方便，装配维修容易。

　　2）传动组件

　　采用单元型谐波减速器的前驱 RBR 手腕传动系统的结构如图 8-27 所示，它主要由 B 轴减速摆动、T 轴中间传动、T 轴减速输出 3 个可整体安装、专业化生产的独立组件组成，其 B、T 轴驱动电动机安装在上臂内腔；手腕摆动体安装在 U 形叉内侧；B 轴减速摆动组件、T 轴中间传动组件分别安装于上臂前端 U 形叉两侧；T 轴减速输出组件安装在摆动体前端，作业工具安装在与减速器输出轴相连接的工具安装法兰上。

　　以上 3 个传动组件的结构和功能分别如下。

　　（1）B 轴减速摆动组件。

　　B 轴减速摆动组件由 B 轴谐波减速器、摆动体 9 及连接件组成。单元型谐波减速器的刚轮、柔轮、谐波发生器、输入轴、输出轴、支承轴承是一个可整体安装的独立单元，其输入轴上加工有键槽和中心螺孔，可直接安装同步带轮或齿轮；输出轴上加工有定位法兰，可直接连接负载；壳体和输出轴间采用了可同时承受径向和轴向载荷的 CRB 轴承支承。因此，只需要在减速器输入轴 7 上安装同步皮带轮 5，将壳体固定到上臂 U 形叉上，并使输出轴 6

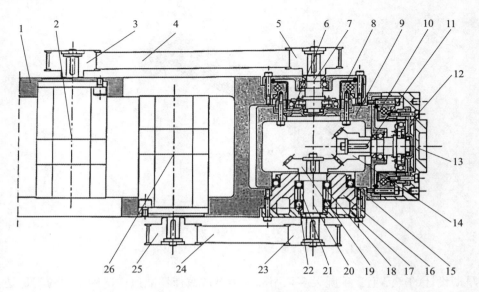

图 8 – 27   前驱 RBR 手腕传动系统

1—上臂；2，26—伺服电动机；3，5，23，25—带轮；4，24—同步带；6，12—输出轴；7，11—输入轴；
8，10—CRB 轴承；9—摆动体；13—工具安装法兰；14，19—伞齿轮；15，18，22—轴承；
16—支承座；17—端盖；20—中间传动轴；21—隔套

与摆动体 9 连接便可完成安装。

摆动体 9 的另一侧利用安装在 T 轴中间传动组件上的轴承 15 进行径向定位、轴向浮动辅助支承。B 轴伺服电动机 2 和减速器输入轴 7 间通过同步皮带 4 连接，驱动电动机旋转时将带动减速器输入轴旋转，减速器输出轴 6 可带动摆动体实现低速回转。

（2）T 轴中间传动组件。

T 轴中间传动组件由摆动体辅助支承轴承 15、支承座 16、密封端盖 17、伞齿轮 19、中间传动轴 20、同步皮带轮 23 及中间传动轴支承轴承、隔套、锁紧螺母等件组成，用以连接 T 轴驱动电动机和 T 轴减速输出组件，并对摆动体进行辅助支承。

中间传动轴 20 的一端通过同步皮带轮 23、同步皮带 24 和驱动电动机输出轴连接，另一端通过伞齿轮 19 与 T 轴谐波减速器输入伞齿轮 14 啮合、变换转向。中间传动轴的支承轴承采用的是 DB（背对背）组合的角接触球轴承，可同时承受径向和轴向载荷，并避免热变形引起的轴向过盈。

（3）T 轴减速输出组件。

T 轴减速输出组件固定在摆动体前端，减速器输入轴 11 上安装伞齿轮 14，输出轴 12 连接工具安装法兰 13，壳体固定在摆动体前端。当减速器输入轴在伞齿轮的带动下旋转时，输出轴可带动工具安装法兰低速回转。

图 8 – 29 中的伞齿轮 14 和 19 不仅起到转向变换的作用，同时还可通过改变直径，调节 T 轴减速输出组件和中间传动组件的相对位置。工具安装法兰 13 上设计有标准中心孔、定位法兰和定位孔、固定螺孔，可直接安装机器人的作业工具。

以上 3 个传动组件均利用安装法兰定位、连接螺钉固定，装拆时无须进行任何调整；同时，B、T 轴谐波减速器也无须分解，故其传动精度、摆动速度、使用寿命等技术指标可保持出厂指标不变。

二、SCARA 机器人典型结构

SCARA 机器人通过 2~3 个回转关节实现平面定位，结构类似于水平放置的垂直串联机器人，手臂为沿水平方向串联延伸、轴线互相平行的回转关节；驱动臂回转的伺服电动机可前置在关节部位（前驱），也可统一后置在基座部位（后驱）。

1. 前驱 SCARA 机器人

1）结构与特点

前驱 SCARA 机器人的典型结构如图 8 – 28 所示，机器人机身主要由基座 1、后臂 11、前臂 5、升降丝杠 7 等部件组成。后臂 11 安装在基座 1 上，它可在 C_1 轴驱动电动机 2、减速器 3 的驱动下水平回转。前臂 5 安装在后臂 11 的前端，它可在 C_2 轴驱动电动机 10、减速器 4 的驱动下水平回转。

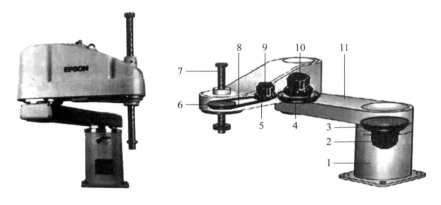

图 8 – 28　前驱 SCARA 机器人的典型结构

1—基座；2—C_1 轴驱动电动机；3—C_1 轴减速器；4—C_2 轴减速器；5—前臂；
6—升降减速器；7—升降丝杠；8—同步皮带；9—升降电动机；10—C_2 轴驱动电动机；11—后臂

前驱 SCARA 机器人执行器的垂直升降通过滚珠丝杠 7 实现，丝杠安装在前臂的前端，它可在升降电动机 9 的驱动下进行垂直上下运动；机器人使用的滚珠丝杠导程通常较大，而驱动电动机的转速较高，因此，升降系统一般也需要使用减速器 6 进行减速。此外，为了减轻前臂前端的质量和体积，提高运动稳定性，降低前臂驱动转矩，执行器升降电动机 9 通常安装在前臂回转关节部位，电动机和减速器 6 间通过同步皮带 8 连接。

前驱 SCARA 机器人的机械传动系统结构简单、层次清晰、装配方便、维修容易，它通常用于上部作业空间不受限制的平面装配、搬运和电气焊接等作业，但其转臂外形、体积、质量等均较大，结构相对松散，加上转臂的悬伸负载较重，对臂的结构刚性有一定的要求，因此，在多数情况下只有 2 个水平回转轴。

2）传动系统

前驱 SCARA 机器人的转臂传动系统结构如图 8-29 所示。

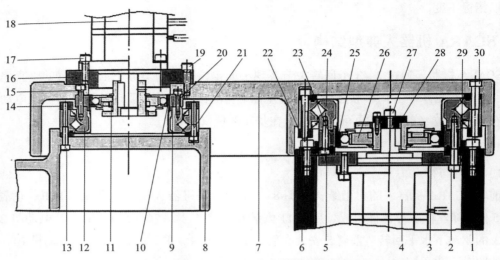

图 8-29　前驱 SCARA 机器人的转臂传动系统结构

1—基座；2, 5, 6, 13, 15, 17, 19, 20, 21, 27, 30—螺钉；3, 16—过渡板；4, 18—驱动电动机；
27—后臂；8—前臂；9, 23—谐波减速器刚轮；10, 25—谐波减速器柔轮；11, 26—谐波发生器；
12, 24—CRB 轴承；14, 22—固定环；28—固定板；29—后臂连接板

在图 8-29 所示的前驱 SCARA 机器人上，后臂回转轴 C_1 的驱动电动机 4 通过过渡板 3、后臂连接板 29，倒置安装在基座 1 的内腔；前臂回转轴 C_2 的驱动电动机 18 利用过渡板 16，垂直安装在后臂 7 的前端关节上方。如果在前臂 8 的前端同样安装一个结构与 C_2 轴类似的第 3 轴转臂、驱动电动机、减速器及相关的连接部件，即可组成具有 3 转臂的前驱 SCARA 机器人。

SCARA 机器人的结构紧凑、负载轻、运动速度快，为此，多采用结构简单、体积小、重量轻的谐波减速器减速。为了简化结构，图 8-29 中的 C_1、C_2 轴均采用了刚轮、柔轮和 CRB 轴承一体化设计的简易单元型谐波减速器（如 Harmonic Drive System SHG-2SO 系列等）减速，减速器的刚轮 9、23 及 CRB 轴承 12、24 的内圈，分别通过连接螺钉 20、5 连为一体；减速器的柔轮 10、25 和 CRB 轴承 12、24 的外圈，分别通过固定环 14、22 及连接螺钉 21、6 连为一体。

C_1、C_2 轴谐波减速器采用的是刚轮固定、柔轮输出的安装形式。C_1 轴减速器的谐波发生器 26，通过固定板 28、键和驱动电动机 4 的输出轴连接；刚轮 23 固定在后臂连接板 29 的上方；柔轮 25 通过连接螺钉 30 连接后臂 7；当驱动电动机 4 旋转时，谐波减速器的柔轮 25 可驱动后臂 7 低速回转。C_2 轴减速器的谐波发生器 11 和驱动电动机 18 的输出轴间用键、支承螺钉连接；刚轮 9 固定在前臂 8 上；柔轮 10 通过螺钉 13 连接前臂 8；当驱动电动机 18 旋转时，谐波减速器的柔轮 10 可驱动前臂 8 低速回转。

前驱 SCARA 机器人的结构简单，安装、维修非常容易。例如，取下减速器柔轮和转臂

的固定螺钉 13、30，即可将前臂 8、后臂 7 连同前端部件整体取下；取下安装螺钉 19、2，即可将驱动电动机 18、4，连同过渡板 16、3 及谐波发生器 11、26 整体从转臂、基座上取下。如需要，还可按图继续分离谐波减速器的刚轮、柔轮和 CRB 轴承。机器人传动部件的安装可按上述相反的步骤依次进行。

2. 后驱 SCARA 结构

1）结构特点

后驱 SCARA 机器人的结构如图 8 – 30 所示，它的悬伸转臂均为平板状薄壁，结构非常紧凑。

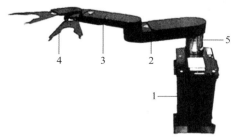

图 8 – 30　后驱 SCARA 机器人的结构

1—基座；2—后臂；3—前臂；4—工具；5—升降套

后驱 SCARA 机器人前后转臂及工具回转的驱动电动机均安装在升降套 5 上，升降套 5 可通过基座 1 内的滚珠丝杠（或气动、液压）完成升降动作。转臂回转减速的减速器均安装在回转关节上，安装在升降套 5 上的驱动电动机可通过转臂内的同步皮带连接减速器，以驱动前、后转臂及工具的回转。

由于后驱 SCARA 机器人的结构非常紧凑、负载很轻、运动速度很快，为此，回转关节多采用结构简单、厚度小、重量轻的超薄型减速器进行减速。

后驱 SCARA 机器人结构轻巧、定位精度高、运动速度快，它除了作业区域外，几乎不需要额外的安装空间，故可在上部空间受限的情况下进行平面装配、搬运和电气焊接等作业，因此，多用于 3C 行业印刷电路板器件的装配和搬运。

2）双转臂传动系统

双转臂后驱 SCARA 机器人转臂传动系统的结构如图 8 – 31 所示。

图 8 – 31 中 C_1、C_2 轴的驱动电动机 30、23 均安装在升降套 21 的内腔，当驱动电动机规格较大时，可采用 C_2 轴驱动电动机 23 和中间传动轴 26 直连，C_1 轴驱动电动机 30 外置，电动机和谐波发生器 18 为同步皮带连接的结构，以减小升降套 21 的外径。

为了布置 C_2 轴传动系统，C_1 轴谐波减速器采用的是中空轴、单元型谐波减速器（如 Harmonic Drive System SHG – 2UH 系列等），减速器的谐波发生器输入轴和驱动电动机 30 间通过齿轮 25、29 传动；减速器的中空内腔上，安装有 C_2 轴的中间传动轴 26；谐波减速器采用的是壳体（柔轮）固定、输出轴（刚轮）回转的安装方式，壳体固定在机身 21 上；当谐波发生器 18 在驱动电动机 30 及齿轮 29、25 带动下旋转时，输出轴将带动 C_1 轴后臂 15 低速回转。

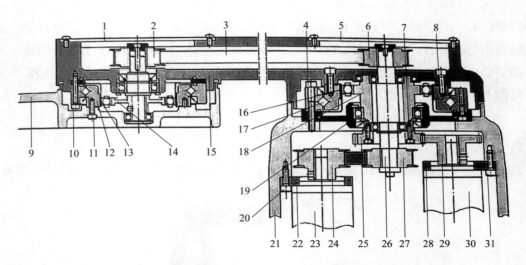

图 8 – 31　双转臂后驱 SCARA 机器人的转臂传动系统结构

1，5—盖板；2，6，24，27—同步带轮；3—同步带；4，7，8，10，11，20，31—螺钉；9—前臂；
12，17—CRB 轴承；13，16—柔轮；14，18—谐波发生器；15—后臂；19—壳体；21—升降套；
22，28—电动机安装板；23—C_2 轴驱动电动机；25，29—齿轮；26—中间传动轴；30—C_1 轴驱动电动机

C_2 轴谐波减速器采用的是刚轮、柔轮和 CRB 轴承一体化设计的简易单元型谐波减速器（如 Harmonic Drive System SHG – 2SO 系列等），减速器输入与驱动电动机 23 间采用了 2 级同步带传动。减速器的谐波发生器 14 通过输入轴上的同步带轮 2、同步皮带 3，与中间传动轴 26 输出侧的同步带轮 6 连接；中间传动轴 26 的输入侧，通过同步带轮 27 及同步皮带与 C_2 轴驱动电动机 23 输出轴上的同步带轮 24 连接。

C_2 轴谐波减速器同样采用壳体（柔轮）固定、输出轴（刚轮）回转的安装方式，壳体固定在 C_1 轴后臂 15 上；当谐波发生器 14 在同步皮带传动系统的带动下旋转时，输出轴将带动 C_2 轴前臂 9 低速回转。

如图 8 – 31 所示的后驱 SCARA 机器人进行维修时，可先取下 C_1 轴转臂上方的盖板 1、5，松开同步带轮 2、6 上的轴端螺钉，取下同步带带轮后，便可逐一分离 C_1 轴和 C_2 轴传动部件，进行维护、更换和维修。例如，取下连接螺钉 8，转臂 15 连同前端 C_2 轴传动部件即可整体与升降套 21 分离；取下连接螺钉 11，则可将前臂 9 连同前端部件，从 C_2 轴减速器的输出轴上取下，将其与后臂 15 分离。

在升降套 21 的内侧，取下 C_1 轴驱动电动机安装板的固定螺钉 31，便可将驱动电动机连同安装板 28、齿轮 29 从内套中取出。松开同步带轮 27 的轴端固定螺钉后，如取下 C_2 轴驱动电动机安装板 22 的固定螺钉 20，便可将驱动电动机 23 连同安装板 22、同步带轮 24 从内套中取出。如需要，还可按图继续取下谐波减速器、中间传动轴等部件。机器人传动部件的安装可按上述相反的步骤依次进行。

以上传动系统最大限度地缩小了回转臂的厚度，其层次清晰、运动平稳、回转灵活、结构轻巧。

任务描述：全面了解一种典型产品的结构，即可为此类机器人的机械结构设计、维护维修奠定基础。

工作目标：掌握垂直串联机器人的典型结构。

工作准备：

1. 小规格机器人的 *B*、*T* 轴驱动电动机一般直接安装在_____，称为前驱结构；大、中型机器人的 *B*、*T* 轴驱动电动机通常安装在_____，称为后驱结构；而大型搬运、码垛机器人的上臂摆动轴，则常采用_____驱动。

2. 机器人的所有反转轴，原则上都需要配套_____、_____、_____的大比例减速器。

3. 垂直串联机器人的手腕由_____和_____组成。_____用来连接上臂和手部，手部用来_____。

4. 前驱 SCARA 机器人的执行器垂直升降通过_____实现，升降系统需要使用_____进行减速。

工作实施：

简述垂直串联机器人典型结构。

工作提高：

SCARA 机器人的结构特点是什么？

工作反思：

蒋新松：中国机器人之父。

蒋新松，男，江苏省江阴人，原中科院沈阳自动化研究所所长、研究员、博士生导师，863 自动化领域首席科学家，中共党员。

1977 年，蒋新松在中科院自然科学规划大会上提出了发展机器人和人工智能的设想。在他和一批科学家的不懈努力下，机器人和人工智能被列入 1978 年至 1985 年中国科学院自然科学发展规划。1979 年，蒋新松提出把"智能机器人在海洋中应用"作为国家重点课题，并把"海人一号"水下机器人作为最初的攻坚目标。1985 年 12 月，由蒋新松任总设计师设计的中国第一台水下机器人样机首航成功，并于 1986 年深潜成功。随后，我国首台"CR－01"6 000 m 水下自治机器人研制成功，并于 1995 年夏天在太平洋海试成功，初步完成了我国实验区内太平洋洋底探测任务，为我国进一步开发海洋奠定了技术基础。

作为"863 计划"自动化领域的首席科学家，蒋新松卓有成效地指挥了 CIMS（计算机集成制造系统）的技术攻关。在他的领导下，我国 CIMS 技术进入国际先进行列，获得美国 SME"大学领先奖"和"工业领先奖"。他对"863 计划"的贡献不仅体现在许多技术路线的建议和决策上，对于具体科研项目的管理和指导，更是提出了一系列战略性建议。他重视国外先进经验又不照搬，与众多从事"863 计划"研究发展的专家一道创出了一条适合中国国情的自动化发展道路。

蒋新松说过："生命总是有限的，但让有限的生命发出更大的光和热，让生命更有意义，这是我的夙愿。我只讲生命的质量，不求生命长短的数量，活着干，死了算！"在他看来，他生命的最大意义莫过于为祖国和科学献身，这就是他的追求。他说："祖国和科学，我心中的依恋和追求。"

能在多大程度上占据机器人研发和制造的顶峰，取决于科技的力量。我们需要千千万万个"蒋新松"为时代赋予的历史重任，为国家未来科技事业发展的重大使命而不懈奋进。

附　录

附录 A　金属切削机床类、组划分表

类别 / 组别	0	1	2	3	4	5	6	7	8	9
车床	仪表小型车床	单轴自动车床	多轴自动、半自动车床	回轮、转塔车床	曲轴及凸轮轴车床	立式车床	落地及卧式车床	仿形及多刀车床	轮、轴、辊、锭及铲齿车床	其他车床
钻床		坐标镗钻床	深孔钻床	摇臂钻床	台式钻床	立式钻床	卧式钻床	铣钻床	中心孔钻床	其他钻床
镗床			深孔镗床		坐标镗床	立式镗床	卧式铣镗床	精镗床	汽车拖拉机修理用镗床	其他镗床
磨床　M	仪表磨床	外圆磨床	内圆磨床	砂轮机	抛光机	导轨磨床	刀具刃磨床	平面及端面磨床	曲轴、凸轮轴、花键轴及轧辊磨床	工具磨床
磨床　2M		超精机	内圆珩磨机	外圆及其他珩磨机		砂带抛光及磨削机床	刀具刃磨床及研磨机床	可转位刀片磨削机床	研磨机	其他磨床

类别 组别	0	1	2	3	4	5	6	7	8	9
磨床（3M）		球轴承套圈沟道磨床	滚子轴承套圈滚道磨床	轴承套圈超精机		叶片磨削机床	滚子加工机床	钢球加工机床	气门、活塞及活塞环磨削机床	汽车、拖拉机修理用磨床
齿轮加工机床	仪表齿轮加工机		锥齿轮加工机	滚齿及铣齿机	剃齿及珩齿机	插齿机	花键轴铣床	齿轮磨齿机	其他齿轮加工机	齿轮倒角及检查机
螺纹加工机床				套丝机	攻丝机		螺纹铣床	螺纹磨床	螺纹车床	
铣床	仪表铣床	悬臂及滑枕铣床	龙门铣床	平面铣床	仿形铣床	立式升降台铣床	卧式升降台铣床	床身铣床	工具铣床	其他铣床
刨插床		悬臂刨床	龙门刨床			插床	牛头刨床	边缘及模具刨床	其他刨床	
拉床			侧拉床	卧式外拉床	连续拉床	立式内拉床	卧式内拉床	立式外拉床	键槽、轴瓦及螺纹拉床	其他拉床
锯床			砂轮片锯床		卧式带锯床	立式带锯床	圆锯床	弓锯床	锉锯床	
其他机床	其他仪表机床	管子加工机床	木螺钉加工机		刻线机	切断机	多功能机床			

附录 B 通用机床组、系代号及主参数

类	组	系	机床名称	主参数折算系数	主参数
车床	1	1	单轴纵切自动车床	1	最大棒料直径
	1	2	单轴横切自动车床	1	最大棒料直径
	1	3	单轴转塔自动车床	1	最大棒料直径
	2	1	多轴棒料自动车床	1	最大棒料直径
	2	2	多轴卡盘自动车床	1/10	卡盘直径
	2	6	立式多轴半自动车床	1/10	最大车削直径
	3	0	回轮车床	1	最大棒料直径
	3	1	滑鞍转塔车床	1/10	卡盘直径
	3	3	滑枕转塔车床	1/10	卡盘直径
	4	1	曲轴车床	1/10	最大工件回转直径
	4	6	凸轮轴车床	1/10	最大工件回转直径
	5	1	单柱立式车床	1/100	最大车削直径
	5	2	双柱立式车床	1/100	最大车削直径
	6	0	落地车床	1/100	最大工件回转直径
	6	1	卧式车床	1/10	床身上最大回转直径
	6	2	马鞍车床	1/10	床身上最大回转直径
	6	4	卡盘车床	1/10	床身上最大回转直径
	6	5	球面车床	1/10	刀架上最大回转直径
	7	1	仿形车床	1/10	刀架上最大车削直径
	7	5	多刀车床	1/10	刀架上最大车削直径
	7	6	卡盘多刀车床	1/10	刀架上最大车削直径
	8	4	轧辊车床	1/10	最大工件直径
	8	9	铲齿车床	1/10	最大工件直径
	9	0	落地镗车床	1/10	最大工件回转直径
	9	3	气缸套镗车床	1/10	床身上最大回转直径
	9	7	活塞环车床	1/10	最大车削直径
钻床	1	3	立式坐标镗钻床	1/10	工作台面宽度
	2	1	深孔钻床	1/10	最大钻孔直径
	3	0	摇臂钻床	1	最大钻孔直径

类	组	系	机床名称	主参数折算系数	主参数
钻床	3	1	万向摇臂钻床	1	最大钻孔直径
	4	0	台式钻床	1	最大钻孔直径
	5	0	圆柱立式钻床	1	最大钻孔直径
	5	1	方柱立式钻床	1	最大钻孔直径
	5	2	可调多轴立式钻床	1	最大钻孔直径
	8	1	中心孔钻床	1/10	最大工件直径
	8	2	平端面中心孔钻床	1/10	最大工件直径
	9	1	数控印刷板钻床	1	最大钻孔直径
	9	2	数控印刷板铣钻床	1	最大钻孔直径
镗床	4	1	立式单柱坐标镗床	1/10	工作台面宽度
	4	2	立式双柱坐标镗床	1/10	工作台面宽度
	4	3	卧式单柱坐标镗床	1/10	工作台面宽度
	4	4	卧式双柱坐标镗床	1/10	工作台面宽度
	6	1	卧式镗床	1/10	镗轴直径
	6	2	落地镗床	1/10	镗轴直径
	6	3	卧地铣镗床	1/10	镗轴直径
	6	9	落地铣镗床	1/10	镗轴直径
	7	0	单面卧式精镗床	1/10	工作台面宽度
	7	1	双面卧式精镗床	1/10	工作台面宽度
	7	2	立式精镗床	1/10	最大镗孔直径
	9	0	卧式电机座镗床	1/10	最大镗孔直径
磨床	0	4	抛光机		
	0	6	刀具磨床		
	1	0	无心外圆磨床	1	最大磨削直径
	1	3	外圆磨床	1/10	最大磨削直径
	1	4	万能外圆磨床	1/10	最大磨削直径
	1	5	宽砂轮外圆磨床	1/10	最大磨削直径
	1	6	端面外圆磨床	1/10	最大回转直径
	2	1	内圆磨床	1/10	最大磨削直径
	2	5	立式行星内圆磨床	1/10	最大磨削直径
	3	0	落地砂轮机	1/10	最大砂轮直径
	5	0	落地导轨磨床	1/100	最大磨削宽度

类	组	系	机床名称	主参数折算系数	主参数
钻床	5	2	龙门导轨磨床	1/100	最大磨削宽度
	6	0	万能工具磨床	1/10	最大回转直径
	6	3	钻头刃磨床	1	最大刃磨钻头直径
	7	1	卧轴矩台平面磨床	1/10	工作台面宽度
	7	3	卧轴圆台平面磨床	1/10	工作台面直径
	7	4	立轴圆台平面磨床	1/10	工作台面直径
	8	2	曲轴磨床	1/10	最大回转直径
	8	3	凸轮轴磨床	1/10	最大回转直径
	8	6	花键轴磨床	1/10	最大磨削直径
	9	0	曲线磨床	1/10	最大磨削长度
齿轮加工机床	2	0	弧齿锥齿轮磨齿机	1/10	最大工件直径
	2	2	弧齿锥齿轮铣齿机	1/10	最大工件直径
	2	3	直齿锥齿轮刨齿机	1/10	最大工件直径
	3	1	滚齿机	1/10	最大工件直径
	3	6	卧式滚齿机	1/10	最大工件直径
	4	2	剃齿机	1/10	最大工件直径
	4	6	珩齿机	1/10	最大工件直径
	5	1	插齿机	1/10	最大工件直径
	6	0	花键轴铣床	1/10	最大铣削直径
	7	0	碟形砂轮磨齿机	1/10	最大工件直径
	7	1	锥形砂轮磨齿机	1/10	最大工件直径
	7	2	蜗杆砂轮磨齿机	1/10	最大工件直径
	8	0	车齿机	1/10	最大工件直径
	9	3	齿轮倒角机	1/10	最大工件直径
	9	9	齿轮噪声检查机	1/10	最大工件直径
螺纹加工机床	3	0	套丝机	1	最大套丝直径
	4	8	卧式攻丝机	1/10	最大攻丝直径
	6	0	丝杠铣床	1/10	最大铣削直径
	6	2	短螺纹铣床	1/10	最大铣削直径
	7	4	丝杠磨床	1/10	最大工件直径
	7	5	万能螺纹磨床	1/10	最大工件直径
	8	6	丝杠车床	1/10	最大工件直径
	8	9	多头螺纹车床	1/10	最大车削直径

类	组	系	机床名称	主参数折算系数	主参数
铣床	2	0	龙门铣床	1/100	工作台面宽度
	3	0	圆台铣床	1/10	工作台面宽度
	4	3	平面仿形铣床	1/10	最大铣削宽度
	4	4	立体仿形铣床	1/10	最大铣削宽度
	5	0	立式升降台铣床	1/10	工作台面宽度
	6	0	卧式升降台铣床	1/10	工作台面宽度
	6	1	万能升降台铣床	1/10	工作台面宽度
	7	1	床身铣床	1/100	工作台面宽度
	8	1	万能工具铣床	1/10	工作台面宽度
	9	2	键槽铣床	1	最大键槽宽度
刨插床	1	0	悬臂刨床	1/100	最大刨削宽度
	2	0	龙门刨床	1/100	最大刨削宽度
	2	2	龙门铣磨刨床	1/100	最大刨削宽度
	5	0	插床	1/10	最大插削长度
	6	0	牛头刨床	1/10	最大刨削长度
	8	8	模具刨床	1/10	最大刨削长度
拉床	3	1	卧式外拉床	1/10	额定拉力
	4	3	连续拉床	1/10	额定拉力
	5	1	立式内拉床	1/10	额定拉力
	6	1	卧式内拉床	1/10	额定拉力
	7	1	立式外拉床	1/10	额定拉力
	9	1	汽缸体平面拉床	1/10	额定拉力
锯床	2	2	卧式砂轮片锯床	1/10	最大锯削直径
	2	4	摆动式砂轮片锯床	1/10	最大锯削直径
	5	1	立式带锯床	1/10	最大锯削厚度
	6	0	卧式圆锯床	1/100	最大圆锯片直径
	7	1	夹板卧式弓锯床	1/10	最大锯削直径
其他机床	1	6	管接头螺纹车床	1/10	最大加工直径
	2	1	木螺钉螺纹加工机	1	最大工件直径
	4	0	圆刻线机	1/100	最大加工直径
	4	1	长刻线机	1/100	最大加工长度

参考文献

［1］ 李莉，刘彩琴．机械加工设备［M］．北京：北京理工大学出版社，2021．

［2］ 白雪宁．金属切削机床及应用［M］．北京：机械工业出版社，2020．

［3］ 韩鸿鸾，孙永伟．数控机床结构与维护［M］．北京：机械工业出版社，2021．

［4］ 于涛，武洪恩．数控技术与数控机床［M］．北京：清华大学出版社，2019．

［5］ 张普礼．机械加工设备［M］．北京：机械工业出版社，2016．

［6］ 夏凤芳．数控机床［M］．北京：高等教育出版社，2014．

［7］ 韩鸿鸾，相洪英．工业机器人的组成一体化教程［M］．西安：西安电子科技大学出版社，2020．

［8］ 顾维邦．金属切削机床概论［M］．北京：机械工业出版社，2017．

［9］ 戴曙．金属切削机床［M］．北京：机械工业出版社，2017．

［10］ 毕毓杰．机床数控技术［M］．北京：机械工业出版社，2013．

［11］ 恽达明．金属切削机床［M］．北京：机械工业出版社，2013．